清华大学水利工程系列教材

水力发电站

马吉明 张明 罗先武 郑双凌 编著

清华大学出版社
北京

内 容 简 介

本书是清华大学水利工程系水利专业的教学参考书,主要内容包括:水力发电工程概述、常用水轮机、水泵水轮机、水轮机调节、无压引水沿线的建筑物、有压引水沿线的建筑物、水电站压力管道、发电引水系统中的不稳定问题、调压室、水电站厂房、地下水电站与抽水蓄能电站等。每章后附有习题。书中内容涵盖了水利水电专业必须掌握的有关水电站建筑物方面和水力机械方面的知识。

本书体系清晰,深入浅出,图文并茂,作业经过精选,适合高等院校水利专业的学生作为教材使用,也可供从事水利水电专业的教师、工程技术人员参考。

版权所有,侵权必究。举报: 010-62782989, beiqinquan@tup.tsinghua.edu.cn。

图书在版编目(CIP)数据

水力发电站/马吉明等编著. —北京:清华大学出版社,2022.7
清华大学水利工程系列教材
ISBN 978-7-302-57291-6

Ⅰ. ①水… Ⅱ. ①马… Ⅲ. ①水力发电站—高等学校—教材 Ⅳ. ①TV74

中国版本图书馆 CIP 数据核字(2021)第 005957 号

责任编辑:张占奎
封面设计:常雪影
责任校对:王淑云
责任印制:宋 林

出版发行:清华大学出版社
网　　址: http://www.tup.com.cn, http://www.wqbook.com
地　　址:北京清华大学学研大厦 A 座　　邮　编:100084
社 总 机: 010-83470000　　邮　购: 010-62786544
投稿与读者服务: 010-62776969, c-service@tup.tsinghua.edu.cn
质量反馈: 010-62772015, zhiliang@tup.tsinghua.edu.cn

印 刷 者:北京富博印刷有限公司
装 订 者:北京市密云县京文制本装订厂
经　　销:全国新华书店
开　　本: 203mm×253mm　　印 张: 14.25　　插 页:4　　字 数: 363 千字
版　　次: 2022 年 7 月第 1 版　　印 次: 2022 年 7 月第 1 次印刷
定　　价: 49.80 元

产品编号: 078690-01

前 言

本教材是在李仲奎、马吉明、张明编写的高等学校教材《水力发电建筑物》的基础上，结合编者多年清华大学水利专业课《水电站》的教学实践重新编写的。编写工作得到了"清华大学教学改革项目"的资助。

从《水力发电建筑物》2007年出版至今，我国的水力发电事业有了很大的发展，以三峡水电站为代表的一批水头高、容量大、技术先进的水电站陆续建成，与水电站建设相关的技术规范也有了更新。为了能够及时反映水能资源开发的新理念、工程上采用的新技术，同时为了配合教学改革，去掉过时冗长的内容和做到与时俱进，我们编写了此教材。

此次编写，在如下方面有大的变动：

一是教材体系有了大的变化。首先概述了水能利用的历史和中国水力发电的概况，从中可以了解到人类如何利用水能、世界水力发电的状况，尤为重要的是能够了解到我国劳动人民很早就开始利用水能，而今中国的水力发电事业是走在世界前列的；然后介绍了水电站中的机电设备，便于学习掌握不同类型的机电设备所必有的基本知识以及水轮机调节的知识；再然后按水流路线介绍涉及到的各类建筑物、设备、压力管道，最后介绍厂房，这样安排内容的好处是便于辨识不同建筑物（及附属设备）所处的位置，掌握其功能；鉴于目前常规水电站多采用地下厂房，抽水蓄能电站与风电、光伏发电等可再生新能源的结合发展很快，其厂房也多为地下厂房，故而将地下厂房与抽水蓄能电站单独辟为一章。

二是扩充了水力机械方面的内容，将原教材"水电站主要机电设备"一章，扩充为"水轮机与水泵水轮机"和"水轮机调节"两章。

教材尽量做到体系完整，为适应专业课时普遍减少的情况，对内容做了适当剪裁，做到"少而精"。书后附有主要术语的英文词，便于参阅。

本书第1、4、7、8、10章由马吉明教授编写，第2章由罗先武教授编写，第3章由罗先武教授、樊红刚副教授共同编写，第5章由马吉明教授、张明副教授共同编写，第6、9章张明副教授编写，习题由郑双凌老师编写。全书统稿工作由马吉明教授完成。

清华大学李仲奎教授审阅了全书，给出了不少指导和修改意见，特此致谢！

黄伟博士校阅了本书的第4章、第7章和第8章，特此致谢！

本教材脉络清晰，深入浅出，图文并茂，适合作为高等院校水利专业教材使用。本书的主要内容虽然为水利水电专业学生的必备知识，但对学科的新发展、新方向也有所反映，教师在讲授时可有所侧重，有所选择。本书对相关专业的工程技术人员或研究者也有一定的参考价值。限于编者水平，其中不免有错误和不当之处，请读者随时批评指正。

作 者

2022年4月

目 录

第1章 水力发电工程概述 ·· 1

1.1 水能利用与中国水力发电概况 ·· 1
 1.1.1 人类对水能资源利用的历程 ·· 1
 1.1.2 中国的水能资源与水力发电事业 ·· 3

1.2 水电站的装机容量和水电的开发方式 ·· 6
 1.2.1 水电站的装机容量与出力公式 ·· 6
 1.2.2 水电站的开发方式 ·· 6
 1.2.3 中国水电开发的未来 ·· 10

习题及思考题 ··· 11
参考文献 ·· 11

第2章 水轮机与水泵水轮机 ·· 12

2.1 水轮机的工作原理 ·· 12
2.2 水轮机的类型、基本参数及适用条件 ·· 13
 2.2.1 水轮机分类 ·· 13
 2.2.2 水轮机的基本参数 ·· 14
 2.2.3 水轮机的适用条件 ·· 15
 2.2.4 水轮机的牌号 ·· 15

2.3 水轮机的典型结构 ·· 16
 2.3.1 反击式水轮机的过流部件 ·· 16
 2.3.2 反击式水轮机的典型结构 ·· 20
 2.3.3 冲击式水轮机 ·· 24

2.4 水泵水轮机 ·· 25
2.5 水轮机的相似特性 ·· 27
 2.5.1 水轮机的单位参数 ·· 27
 2.5.2 水轮机相似换算 ·· 28
 2.5.3 水轮机效率换算 ·· 28

2.6 水轮机的综合特性曲线 ·· 29
2.7 水轮机的空化与空蚀 ·· 30
 2.7.1 水轮机内的空化与空蚀 ·· 30
 2.7.2 水轮机吸出高度 ·· 30
 2.7.3 水轮机安装高程 ·· 32

习题及思考题 …………………………………………………………………………… 33
参考文献 ………………………………………………………………………………… 34

第3章 水轮机调节 ……………………………………………………………………… 35

3.1 水轮机调节的基本概念 …………………………………………………………… 35
3.1.1 水轮机调节的任务 ………………………………………………………… 35
3.1.2 水轮机调节的基本原理 …………………………………………………… 36
3.1.3 水轮机调节系统的静态特性 ……………………………………………… 37
3.1.4 水轮机调节系统的动态特性 ……………………………………………… 38

3.2 水轮机调节系统的构成 …………………………………………………………… 39
3.2.1 调节系统的构成 …………………………………………………………… 39
3.2.2 被调节控制系统的特征参数 ……………………………………………… 40
3.2.3 对调节控制装置的总体要求 ……………………………………………… 41

3.3 调速器的分类与典型调节系统 …………………………………………………… 42
3.3.1 调速器分类 ………………………………………………………………… 42
3.3.2 调速器的型号 ……………………………………………………………… 43
3.3.3 调速器的典型系统结构 …………………………………………………… 43

3.4 调速器的主要部件 ………………………………………………………………… 46
3.4.1 飞摆 ………………………………………………………………………… 47
3.4.2 电液转换器 ………………………………………………………………… 47
3.4.3 主配压阀 …………………………………………………………………… 48
3.4.4 接力器 ……………………………………………………………………… 49

习题及思考题 …………………………………………………………………………… 50
参考文献 ………………………………………………………………………………… 50

第4章 无压引水式电站沿线建筑物 …………………………………………………… 51

4.1 无压进水口 ………………………………………………………………………… 51
4.2 进水口防沙及排沙措施 …………………………………………………………… 52
4.3 沉沙池 ……………………………………………………………………………… 54
4.4 无压引水渠 ………………………………………………………………………… 55
4.4.1 渠线选择所遵循的原则 …………………………………………………… 55
4.4.2 两种类型的渠道 …………………………………………………………… 55
4.4.3 渠道水力学计算 …………………………………………………………… 56

4.5 无压引水隧洞 ……………………………………………………………………… 57
4.6 调节池 ……………………………………………………………………………… 58
4.7 前池 ………………………………………………………………………………… 59
4.7.1 前池的位置与功用 ………………………………………………………… 59
4.7.2 前池的进流方式和组成 …………………………………………………… 59

4.7.3　前池的特征水位及轮廓尺寸拟定的原则 …………………………………… 61
　4.8　尾水渠 …………………………………………………………………………………… 62
　习题及思考题 ………………………………………………………………………………… 63
　参考文献 ……………………………………………………………………………………… 63

第 5 章　有压引水式电站沿线建筑物　64

　5.1　有压进水口 ……………………………………………………………………………… 64
　　　5.1.1　坝式进水口 …………………………………………………………………… 64
　　　5.1.2　塔式进水口 …………………………………………………………………… 65
　　　5.1.3　岸式进水口 …………………………………………………………………… 65
　　　5.1.4　生态进水口 …………………………………………………………………… 67
　5.2　有压进水口前的最小淹没深度 ………………………………………………………… 67
　5.3　有压进水口的轮廓与渐变段 …………………………………………………………… 68
　5.4　有压进水口的主要设备 ………………………………………………………………… 69
　　　5.4.1　拦污设备 ……………………………………………………………………… 69
　　　5.4.2　闸门及启闭机 ………………………………………………………………… 71
　　　5.4.3　通气孔和充水阀 ……………………………………………………………… 72
　5.5　有压隧洞 ………………………………………………………………………………… 72
　　　5.5.1　隧洞布置的一般原则 ………………………………………………………… 73
　　　5.5.2　隧洞的断面型式及面积 ……………………………………………………… 74
　　　5.5.3　引水隧洞水力计算 …………………………………………………………… 74
　5.6　调压室 …………………………………………………………………………………… 74
　5.7　尾水建筑物 ……………………………………………………………………………… 75
　习题及思考题 ………………………………………………………………………………… 75
　参考文献 ……………………………………………………………………………………… 76

第 6 章　水电站压力管道　77

　6.1　地面压力管道 …………………………………………………………………………… 77
　　　6.1.1　功用与特点 …………………………………………………………………… 77
　　　6.1.2　布置 …………………………………………………………………………… 77
　　　6.1.3　敷设方式和支承结构 ………………………………………………………… 79
　　　6.1.4　材料、组成和阀门 …………………………………………………………… 81
　　　6.1.5　管身设计 ……………………………………………………………………… 84
　6.2　地下压力管道 …………………………………………………………………………… 89
　　　6.2.1　特点 …………………………………………………………………………… 89
　　　6.2.2　布置 …………………………………………………………………………… 90
　　　6.2.3　构造与施工要求 ……………………………………………………………… 90
　　　6.2.4　承受内压分析 ………………………………………………………………… 91

6.2.5 外压稳定分析 ········· 93
6.3 岔管 ········· 95
6.3.1 功用、特点和要求 ········· 95
6.3.2 布置 ········· 96
6.3.3 结构型式 ········· 96
6.3.4 荷载及结构设计要求 ········· 100
6.4 坝内埋管 ········· 100
6.4.1 特点 ········· 100
6.4.2 布置 ········· 100
6.4.3 结构分析 ········· 102
6.5 坝后背管 ········· 104
6.5.1 特点 ········· 104
6.5.2 明背管 ········· 105
6.5.3 钢衬钢筋混凝土背管 ········· 106
习题及思考题 ········· 107
参考文献 ········· 108

第7章 水电站水力系统中的瞬变流及调节保证计算 ········· 109
7.1 电力系统及引水系统中的瞬变现象 ········· 109
7.1.1 瞬变现象简述 ········· 109
7.1.2 阀门突然关闭的水击现象及不稳定工况 ········· 110
7.1.3 水击的分类 ········· 112
7.2 水击基本方程组及波的传播速度 ········· 112
7.2.1 水击基本方程组 ········· 112
7.2.2 水击波的传播速度 ········· 113
7.2.3 常用初始条件与边界条件 ········· 115
7.3 简单管中最大正、负水击压力的计算 ········· 116
7.3.1 开度按任意规律变化时水击压力的计算 ········· 116
7.3.2 直线关闭规律时水击压力的计算 ········· 117
7.3.3 阀门开启时最大负水击的计算 ········· 119
7.3.4 起始开度与关闭规律对水击的影响 ········· 121
7.4 复杂管道水击的简化计算 ········· 123
7.4.1 串联管的水击计算 ········· 123
7.4.2 分岔管的水击计算 ········· 124
7.4.3 蜗壳、尾水管的水击计算 ········· 125
7.5 水击计算的特征线法 ········· 125
7.5.1 特征线与特征方程 ········· 126
7.5.2 差分方程及边界条件 ········· 127

7.6 调节保证计算 …………………………………………………………… 130
    7.6.1 基本概念与计算任务 …………………………………………… 130
    7.6.2 机组转速变化计算 ……………………………………………… 130
    7.6.3 水击计算的条件选择 …………………………………………… 132
    7.6.4 限制水击压力与转速上升常用的措施 ………………………… 133
习题及思考题 ……………………………………………………………… 134
参考文献 …………………………………………………………………… 134

第8章 调压室 ……………………………………………………………… 136

8.1 调压室的设置条件、类型及布置方式 ………………………………… 136
    8.1.1 调压室的设置条件 ……………………………………………… 136
    8.1.2 调压室的基本类型、基本要求 ………………………………… 138
    8.1.3 调压室的基本布置方式 ………………………………………… 140
8.2 调压室的涌浪计算及压力叠加 ………………………………………… 141
    8.2.1 简单、阻抗调压室涌浪计算的解析法 ………………………… 141
    8.2.2 涌浪计算的条件选择 …………………………………………… 144
    8.2.3 涌浪压力与水击压力的叠加 …………………………………… 145
8.3 调压室的波动稳定问题 ………………………………………………… 145
    8.3.1 调压室水位波动的稳定条件 …………………………………… 146
    8.3.2 波动稳定性分析 ………………………………………………… 148
8.4 调压室构造与结构设计 ………………………………………………… 149
    8.4.1 荷载及其组合 …………………………………………………… 149
    8.4.2 计算假定与结构设计 …………………………………………… 150
习题及思考题 ……………………………………………………………… 151
参考文献 …………………………………………………………………… 151

第9章 水电站厂房 ………………………………………………………… 153

9.1 厂房的功用、组成和类型 ……………………………………………… 153
    9.1.1 功用与特点 ……………………………………………………… 153
    9.1.2 组成 ……………………………………………………………… 153
    9.1.3 类型 ……………………………………………………………… 157
9.2 厂房内的机电设备 ……………………………………………………… 161
    9.2.1 发电机 …………………………………………………………… 161
    9.2.2 起重设备 ………………………………………………………… 165
    9.2.3 油系统 …………………………………………………………… 167
    9.2.4 压缩空气系统 …………………………………………………… 168
    9.2.5 水系统 …………………………………………………………… 168
9.3 主厂房平面尺寸的确定 ………………………………………………… 170

9.3.1 主厂房的长度 ………………………………………………………… 170
9.3.2 主厂房的宽度 ………………………………………………………… 173
9.4 主厂房高程的确定 …………………………………………………………… 175
9.5 厂房典型结构的结构设计 …………………………………………………… 178
9.5.1 厂房的结构特点 ……………………………………………………… 178
9.5.2 厂房的整体稳定和地基应力计算 …………………………………… 180
9.5.3 发电机机墩结构设计 ………………………………………………… 181
9.5.4 蜗壳结构设计 ………………………………………………………… 185
9.5.5 弯肘形尾水管结构设计 ……………………………………………… 189
习题及思考题 …………………………………………………………………… 193
参考文献 ………………………………………………………………………… 194

第10章 地下厂房与抽水蓄能电站 ………………………………………… 195

10.1 地下厂房的布置及地下水电站的优缺点 ………………………………… 195
10.1.1 地下厂房的布置 …………………………………………………… 195
10.1.2 地下厂房方案的优缺点 …………………………………………… 197
10.2 地下厂房设计中的围岩稳定问题 ………………………………………… 198
10.3 缩小地下厂房空间尺寸的主要措施 ……………………………………… 201
10.4 地下厂房其他方面的特殊事项 …………………………………………… 201
10.5 地下水电站的结构设计 …………………………………………………… 202
10.5.1 支护设计 …………………………………………………………… 202
10.5.2 岩锚吊车梁与顶棚 ………………………………………………… 205
10.6 抽水蓄能电站 ……………………………………………………………… 206
10.6.1 抽水蓄能的概念及发展历程 ……………………………………… 206
10.6.2 抽水蓄能电站的主要分类型式及特点 …………………………… 207
习题及思考题 …………………………………………………………………… 210
参考文献 ………………………………………………………………………… 211

附录 专业英语词汇 …………………………………………………………… 212

第 1 章 水力发电工程概述

水力发电工程,简称水力发电,是指通过水工建筑物和机电设备,将水体的机械能转化为电能的工程。水力发电是现代社会开发和利用水能资源的主要手段。"水力发电站"是水利水电工程专业的一门重要专业课,其重点在于学习如何修建水电站。水电站,可以是只有单一发电功能的水力发电站,也可以是具有综合利用功能的水利枢纽工程(hydraulic complex engineering),因此,水电站也常常成为水利枢纽工程的简称。

1.1 水能利用与中国水力发电概况

1.1.1 人类对水能资源利用的历程

人类的文明演化离不开对能源的开发利用,水能资源是最容易获得的一种能源,因而其利用历史久远。

事实上,人们难以确切知晓早期的人类是从什么时候开始,以及用什么样的方式利用水能资源的。水体动能的表现型式最为直观,也最易于被直接利用。早期的水能利用装置多采用"冲击"的方式,即通过水流的冲击力带动水轮做功。据记载,约在公元前 2 世纪,古希腊就有使用水磨的例子。我国古代水利科技发达,春秋战国时期已有成熟的大面积灌区;时至西汉末,堰、闸、坝、涵洞、渡槽等各类水工技术的应用已经成熟,已有利用水力驱动水碓的确切记载;东汉的著名科学家张衡发明了水力浑天仪;据《后汉书·杜诗传》记载,公元 31 年,杜诗发明了水排,通过水力冲击转轮,拨动皮制排橐鼓风冶金,水排中还引入了曲柄连杆机构;晋代,发明了水转连磨,用于粮食加工(元,王桢《农书》。中国国家博物馆根据《后汉书》和《农书》,制作有水排和水转连磨的模型);唐宋时期,水力机具已经普遍被应用,主要用于粮食加工,明宋应星《天工开物》对水碓总结记载:"凡水碓,山国之人,居河滨者之所为也。攻稻之法,省人力十倍,人乐为之。"再如明徐光启《农政全书》卷十九对龙尾车的记载:"龙尾车者,河滨挈水之器也。"我国古代的许多机械极具奇思妙想,明代时的德国传教士曾加以总结,其中就包括水力机构,可参阅《奇器图说》。图 1-1 是古代水砻示意图(源于《奇器图说》)。

图 1-1　古代水砻示意图

中世纪末期,欧洲最值得令人称道的技术进步就是非人力动力的使用。非人力动力主要来自于水力,可用来锯木、推动风箱、排干沼泽和矿井中的积水、加工粮食和木头等。水轮机的雏形早在我国宋代就已经出现,"古之所创泾函(涵洞)在运河之下,用长梓木为之,中用铜轮刀,水冲之则可以刈草"。工业革命之后,有关水力机械的理论和技术都有了长足的进步。1755 年,瑞士科学家 Euler 给出了描述动量变化规律的流体动力学方程,这可视为反击式水轮机的理论基础;1834 年,法国人 Fourneyron 发明了向心式水轮机;1849 年,美国工程师 Francis 发明了混流式水轮机;1878 年,法国建成世界第一座水电站;1880 年,美国人 Pelton 发明了水斗式水轮机;1920 年,奥地利工程师 Kaplan 改进发明了轴流式水轮机。这些水力机械被广泛应用于矿山开采、机械纺织等领域,随着电力应用技术的发展成熟和社会对电力需求的不断增高,水力发电事业就以澎湃之势发展起来了。

苏联曾修建了不少有影响的水电站,如当时最大的水电站萨扬-舒申斯克(Саяно-Шушенская ГЭС)水电站,单机容量达 640MW,总装机容量 6400MW;克拉斯诺雅尔斯克水电站(Красноярская),单机容量 500MW,总装机 6000MW。在北美,美国的大古力(Grand Coulee)水电站在相当长时间内都是世界最大水电站,并装设有抽水蓄能机组,最大单机容量达 805MW,经过多次扩容后的总装机容量达 6809MW;美国的胡佛大坝(Hoover Dam)在世界坝工史上占有重要地位,扩容后的水电站装机容量达 2080MW,胡佛水电站修建于美国大萧条时期,为促进美国的经济复苏做出了重要贡献,这也说明,大型水利水电工程在国民经济发展中具有举足轻重的地位。加拿大的丘吉尔瀑布(Churchill Falls)水电站是一个大型引水式电站,总装机容量达 5428MW,最大水头 322m。在南美,巴西与巴拉圭两国共建的伊泰普水电站,单机容量 700MW,总装机容量 14GW,是继美国大古力水电站之后世界最大规模的水电站,是典型的以发电为主要功能的电站,伊泰普水电站为巴西、巴拉圭两国的社会经济提供了重要的能源支撑;委内瑞拉的古里(Guri)水电站,最大单机容量 610MW,两期总装机容量达 10.305GW;此外,巴西的图库鲁伊(Tucurui)水电站,两期总装机容量 8370MW,是将水电站与矿产资源的开发相结合的典型例子,很具借鉴价值(类似功能的水电站欧洲也有,如挪威的 Aura 水电站,主要为铝厂供电)。在非洲,埃及的阿斯旺高坝(Aswan high dam)水电站,电站总装机容量

2100MW,水库总库容达 1689 亿 m³,库容极大,具有极大的综合效益,但也因负面效应明显而引起争议。在欧洲,水电开发得较早,许多国家的水电开发程度高,挪威多山,水电事业最为发达,全国 95%~99%的电力供应来源于水电(因风能等新能源的开发利用,水电所占比例近年有少许降低),是世界上水电比例最高的国家。挪威发展成一个富裕的国家,水电的开发功不可没。中国的水力发电事业居于世界领先水平,三峡水电站是世界第一大水电站,安装有 32 台大型水电机组,单机容量为 700MW,其中 26 台为地面厂房机组,6 台为地下厂房机组,总装机容量 22.4GW,此外,尚有两台 50MW 的电源机组。目前,白鹤滩水电站最大单机容量已达 1000MW,是世界上单机容量最大的机组。

抽水蓄能电站是专门用于电网调峰而设置的特殊水电站。1882 年,世界上首座抽水蓄能电站诞生在瑞士,装机容量仅为 515kW,是一座季调节型抽水蓄能电站。到 1950 年,全世界建成抽水蓄能电站 28 座,投产容量仅有 1994MW。之后,抽水蓄能开始规模化发展,西欧各国的抽水蓄能装机总量曾占到世界总装机的 35%~40%,其中具有代表性的有:英国的狄诺维克(Dinorwic)抽水蓄能电站,电站设计水头 534m,装设有 6 台单机容量 300MW 的可逆式水泵-水轮机;法国大屋(Grand Maison)抽水蓄能电站则是一座混合式抽水蓄能电站,由常规冲击式水轮机组和混流式水泵-水轮机组组成。到 20 世纪 60 年代后期,美国抽水蓄能装机跃居世界第一,其中巴斯康蒂(Bath County)抽水蓄能电站装有 6 台可逆式水泵水轮机,机组总容量为 2280MW,于 1986 年全部投产,一度是世界上装机容量最大的抽水蓄能电站,后被日本和中国超越。2009 年,巴斯康蒂电站增容至 3003MW,再次成为世界上装机容量最大的抽水蓄能电站。进入 20 世纪 90 年代之后,日本后来居上,超过美国成为抽水蓄能装机容量最大的国家,其中葛野川(Kazunogawa)抽水蓄能电站装设 4 台可逆式机组设计水头达 714m,单机容量 400MW,是世界上水头最高的单级可逆式水泵-水轮机组,且有两台变速机组;神流川(Kannagawa)抽水蓄能电站是日本最大的抽水蓄能电站,总装机容量 2820MW,一期厂房内安装有 4 台单机容量 470MW 的抽水蓄能机组,设计水头也达到了 653m;这两座电站的机组代表了当时世界单级可逆式水泵-水轮机的最高技术水平。20 世纪 90 年代以后,世界抽水蓄能电站的建设重心已转移至亚洲,尤其是中国。

1.1.2 中国的水能资源与水力发电事业

1. 中国的水能资源

中国的地形,总体上西高东低,分为三个阶梯。巨大的地形差异,使我国的水能资源蕴藏量居世界第一位。水能资源,又称水力资源,或叫水电资源。水能资源不是水资源,但依赖于水资源,水力发电转换的是水能资源,但不消耗水资源。我国曾在不同时期对水力资源蕴藏量进行过普查,见表 1-1 和表 1-2。其中表 1-1 为不同年代普查的结果,表 1-2 是 2005 年对不同流域的普查结果。

由表 1-2 可以看出,我国的水力资源主要富集于西南地区的诸河流。西南地区,地形上处于第一级阶梯,地形高差大,水能资源蕴藏量丰富;而经济发达的东部地区,处于第三级阶梯,地形高差小,水能资源蕴藏量小。另外,水能资源依赖于河川径流,南方河流众多,径流量大,水能资源较北方丰富。由此知道,中国水能资源的分布在空间上是不均匀的;由于河流有丰水期和枯水期,水能资源在时间分布上也不均匀。水能资源的这些特点与水资源的特点一致。有鉴于此,水库的调节作用就非常重要。

表 1-1 我国水力资源历年普查概况

普查时间		1950 年	1955 年	1980 年	2005 年
统计河流/条			1598	3019	3886**
理论蕴藏量	平均功率/GW	149	544(583*)	650	694.4
	年发电量*/(10^{12} kW·h)	1.30	4.76(5.11)	5.7	6.0829
技术可开发量	装机容量/GW	—	—	378.53	541.64
	年发电量*/(10^{12} kW·h)			1.9233	2.4740
经济可开发量	装机容量/GW				401.795
	年发电量*/(10^{12} kW·h)				1.7534

* 1958 年修正,包括台湾的水能资源 8840MW。

** 水力资源理论蕴藏量在 10MW 及以上的河流,和这些河流上单站装机容量 0.5MW 及以上的水电站,不含港澳台地区。

表 1-2 2005 年全国各流域水力资源普查结果

流 域	理论蕴藏量		技术可开发量		经济可开发量	
	年发电量/(10^8 kW·h)	平均功率/MW	年发电量/(10^8 kW·h)	装机容量/MW	年发电量/(10^8 kW·h)	装机容量/MW
长江	24 335.98	277 808.0	11 878.99	256 272.9	10 498.34	228 318.7
黄河	3794.13	43 312.1	1360.96	37 342.5	1111.39	31 647.8
珠江	2823.94	32 236.7	1353.75	31 288.0	1297.68	30 021.0
海河	247.94	2830.3	47.63	2029.5	35.01	1510.0
淮河	98.00	1118.5	18.64	656.0	15.92	556.5
东北诸河	1454.80	16 607.4	465.23	16 820.8	433.82	15 729.1
东南沿海诸河	1776.11	20 275.3	593.39	19 074.9	581.35	18 648.3
西南国际诸河	8630.07	98 516.8	3731.82	75 014.8	2684.36	55 594.4
雅鲁藏布江及西藏其他河流	14 034.82	160 214.8	4483.11	84 663.6	119.69	2595.5
北方内陆及新疆诸河	3633.57	41 479.1	805.86	18 471.6	756.39	17 174.0
合计	60 829.36	694 399.0	24 740.00	541 640.0	17 534.00	401 795.0

中国大型水电站的比例大,统计装机容量超过 2000MW 的水电站,其资源量要占到 50%。以长江为例,除三峡水电站为世界第一大水电站外,金沙江梯级的乌东德、白鹤滩、溪洛渡、向家坝水电站,装机规模均居世界前列。

根据表 1-2,通过计算可知,年理论发电量的发电小时数为 8760h,受制于河流流量随季节的变化,水电站不可能做到全年全时满发,洪水季节还会产生弃水,所以,理论发电量只具有参考意义。而在计算水电的技术可开发量和经济可开发量时,各条河流所采用的发电小时数又各不相同,这反映了每条河流流量过程的不同。

2. 中国水能资源的开发

中国的第一座水电站,是1912年建于云南昆明的石龙坝水电站。石龙坝水电站最初装设两台单机容量240kW的机组,为民间集资建造,采用西门子机组。当年《西门子》杂志为该电站专门刊发了消息,盛赞中国有识之士的开拓精神。

1937年,为配合侵华战争,日本人在吉林市松花江上开始修建丰满电站。当时丰满电站的规模为亚洲最大,及至日本战败投降,工程并未完工。至1949年,中国大陆实际运行的水电站总规模只有约360MW。可以说,中国的水能资源基本上是1949年以后开发的。

1957年,我国自行设计、建造了第一座大型水电站——新安江水电站,装机容量855MW。新安江水电站的建设,除提供巨大的电力外,还形成了美丽的"千岛湖"。1958年,黄河刘家峡水电站开始建设,为我国第一座百万千瓦级水电站。目前,黄河龙羊峡以下梯级大多数已经开发,而龙羊峡以上梯级正在开发建设中。万里长江第一坝为葛洲坝,葛洲坝水电站为中国最大的河床式水电站,该水电站的建设为三峡电站的建设提供了良好的基础。截至目前,三峡水电站,为世界第一大水电站;而长江上游金沙江梯级乌东德、白鹤滩、溪洛渡、向家坝水电站的建设,又使该地区成为世界上水力发电站最为集中的区域。根据国家统计局的数据,至2021年底,中国的水电装机容量已达390 920MW。图1-2为中国水电站历年装机容量统计图。

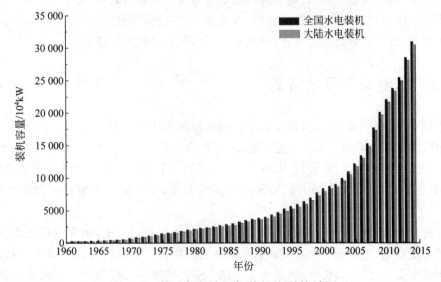

图1-2 中国水电站历年装机容量统计图

我国于1968年和1973年先后在华北地区建成岗南和密云两座小型混合式抽水蓄能电站(抽水蓄能机组单机容量11MW)。中国抽水蓄能建设的发展速度很快,浙江长龙山抽水蓄能电站总装机容量2100MW,2021年底全部完工,最大发电水头756m,世界第一。河北丰宁抽水蓄能电站总装机容量高达3600MW,为世界上装机规模最大的抽水蓄能电站,共安装12台300MW的水泵水轮机机组,2021年底已有两台机组投产。

1.2 水电站的装机容量和水电的开发方式

1.2.1 水电站的装机容量与出力公式

水电站的装机容量指本电站所有机组的出力之和。单个机组的出力公式为

$$N = 9.81 \eta Q H \tag{1-1}$$

式中，N 为出力，kW；η 为效率，是水轮机效率与发电机效率的乘积；Q 为机组的引用流量，m³/s；H 为作用在水轮机上的净水头，m。

水轮机的效率是变化的，不但与水轮机的类型有关，也与引用流量和水头有关；不同类型的机组具有不同的效率，一般来说，机组越大，效率越高，小型机组的效率为 0.65~0.80，中型机组的效率为 0.80~0.85，大型机组的效率一般在 0.9 之上。

水轮机的净水头，指水轮机进口断面与出口断面的水流总能量之差。在水电站中，有不同名称的水头称谓，其含义各不相同，请参阅后面章节与水轮机相关的内容。

实际进行水电站设计时，流量是变化的，水头也是变化的，因此，要科学、合理地决定一个水电站的装机容量，就必须进行水能计算，可参见《水能规划》等相关书籍。

1.2.2 水电站的开发方式

开发水能资源，利用水力发电，就是将水流的机械能转化为电能。由式(1-1)知道，水流机械能转化为电能需要两个必要因素：一是流量 Q，二是净水头 H。流量 Q 取决于河道来流，可看作天然因素(无论流量是否可调节)；而净水头 H，近似等于地形高差。虽然地形高差也是天然因素，但如何集中水头，则取决于人们所采用的开发方案，也就成为水电站开发建设中的关键因素。

水电站的分类方式有多种。按有无调节能力，可分为径流式水电站(常见的如山区小水电，依赖于天然来流发电，无调节能力)、有调节水电站(通过水库、调节池等予以调节)；按水头的大小又可分为低水头电站、中水头电站、高水头电站；按装机规模又可分为大型水电站、中型水电站和小型水电站；按水电站厂房是处于地面还是地下，可分为地面水电站和地下水电站。

鉴于集中水头的方式取决于所采取的开发方案，而水头的大小，是水电开发中首先考虑的因素，因此，本书按集中水头的方式对水电站进行分类。

按集中水头的方式，水电站分为三类：坝式水电站、引水式水电站以及混合式水电站，其中前两种水电站最为常见。另外，还有一种特殊的水电站，即抽水蓄能电站。抽水蓄能电站的水头是由有压隧洞集中的，引水系统的建筑物与有压引水式电站相同，事实上可归为引水式电站。与常规水电站不同的是，抽水蓄能电站并不产生电力的净输出，属于蓄能装置，但在电力系统中起着重要的调节作用。

就引水系统来讲，有压引水式电站、坝后式电站(电站厂房直接处于挡水坝下游侧)、坝后河

岸引水式(厂房远离挡水建筑物,厂房可位于地面或地下)电站、混合式电站及抽水蓄能电站都是相同的,不同的只是压引水管道的长度,这类电站众多,所涉及的建筑物较多,问题具有代表性,因而,本书以引水式电站为重点进行讲授。

1. 坝式水电站

坝式水电站是通过在河流上筑坝壅水,抬高水位,将河段的高差集中于坝的上下游,从而引水发电的一类水电站。图1-3是坝后式水电站的示意图(隶属于坝式),上游河段天然水位Z_1,下游河段天然水位Z_2,通过筑坝,获得了坝前后水位差H_{1-2}(H_{1-2}一般称为毛水头,也叫装置水头,真正作用在水轮机上、推动机组发电的水头需要扣除各种损失)。

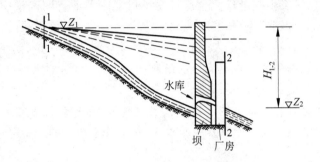

图1-3 坝式水电站的示意图

坝式水电站主要适用于河道坡度较小(但在适当的河段长度内,能够获得可观的落差)、河流流量较大、有成库条件的场合。

根据大坝与厂房之间的位置关系,坝式水电站又分为若干类型:坝后式水电站,电站位于挡水坝的下游,典型的如三峡水电站;坝内式水电站,厂房置于坝体内部,如枫树坝水电站;河床式水电站,电站厂房具有挡水功能,如葛洲坝水电站;河岸引水式电站,有大坝,但水头是由坝集中的,虽然有较长的引水道,但引水道只起输水的作用,并不集中水头,其发电厂房,或位于地面之上,如隔河岩水电站,或处于地下,如小浪底水电站;厂顶溢流式水电站,如新安江水电站;挑越式水电站,如乌江渡水电站等。

相应于这些类别的水电站,称其厂房为某类厂房,如坝后式厂房、河床式厂房等。为避免重复,将细分的各类型电站(以及各类型厂房)的适用条件、典型特征等详细的内容,放置在厂房部分。

坝式水电站中,发电水头由挡水坝集中,水头一般小于300m。目前,国内坝高最大的水电站为锦屏一级水电站,最大坝高305m。需注意的是,筑坝壅水,坝体不宜太高,坝体过高、库容过大,上游淹没损失太大,同时下游所承担的安全负担也过重,技术难度和要求也会过高。因此,坝高的选择,要通过利弊分析,给出优选方案。

坝式水电站由于有水库,因此流量有保证,具有调节功能,依据调节库容的大小,可以进行日调节、周调节,甚至年际调节。该类水电站的水能利用充分,具有较高的发电效益。

坝式水电站的规模一般较大,有综合利用功能,诸如防洪、发电、供水、航运、旅游、生态等,具有较高的社会、经济效益,因此,坝式水电站一般又称为水利枢纽(complex)工程,如三峡水利枢纽工程、小浪底水利枢纽工程。坝式水电站的枢纽建筑物较多,相关内容参阅《水工建筑物》。

本书所涉及的建筑物为水电站建筑物。

坝式水电站中,除河岸引水式以外,各类建筑物及设备相对集中,便于进行运行管理。

需要注意的是,坝式水电站由于必须淹没河谷地带才能成库,因此会带来淹没损失和移民问题。从自然地理的角度来讲,一方面,傍河地带,一般具有肥沃的田地,筑坝壅水,一部分土地资源就会损失掉;另一方面,村落傍水而居,水库淹没,移民成本高,还会带来社会问题。如果想获得较高的水头,在条件合适情况下,可采用引水式开发或混合式开发的方案,切不可盲目追求高坝大库而导致淹没损失过大,发电效益的考虑必须有全局的眼光。拦河筑坝,阻断了原本通畅的河道,不可避免地会带来生态与环境问题,必须予以充分的重视,因为根据热力学第二定律,"要使自然界任何已经发生的过程完全逆转是不可能的""而且明确说明自然界所有过程都是不可逆的"。虽然如此,但要正确和客观地评价生态、环境的正负影响,大型水利水电工程具有巨大的社会效益,任何时候,都要把人民的生命财产安全放在第一位,防洪本身也是巨大的生态工程、环境工程,清洁、绿色水电也具有巨大的减排效益。因此,对水电开发的态度要客观,不可走极端,因噎废食的态度更不可取。

河谷地带,有时还会有非常珍贵的文物或人类文化遗产,这就需要妥善地保护或搬迁。埃及的阿斯旺水库、我国的三门峡水库以及三峡水库,都有非常成功的经验可资借鉴。

2. 引水式水电站

引水式水电站是利用引水道集中水头的电站。引水道可以是无压引水渠(free headrace channel)、无压引水隧洞(free headrace tunnel),也可以是有压引水隧洞(pressure tunnel)。通过相对平缓的引水道引水,可以在厂房上游形成集中的水头。相应地,引水式水电站可分为无压引水式水电站和有压引水式水电站两类。无论是无压引水式水电站还是有压引水式水电站,厂房前都有一段压力管道。

无压引水式水电站的开发适应于坡度较陡的河段上游,或在较短距离内能够获得较大水头的场合,比如截弯取水。为了能够顺利引到水,保证有足够的水量,常需在进水口前建低坝或堰;如果原河流的水量较大,可以采用无坝引水。

图 1-4 为无压引水式水电站开发示意图,接近于截弯取水;图 1-5 为有压引水式水电站开发示意图。

河流上游,河道较陡,通过筑坝,不可能获得更高的水头,这就要采用引水式开发。引水式水电站,可以获得远远大于坝式水电站的水头,目前引水式水电站的水头已接近 2000m。目前世界上最高水头的电站是瑞士毕奥德隆(Bieudron)地下水电站,最大水头 1883m。但限于引用流量小,该水电站规模较小。山区小水电站一般都是引水式水电站。

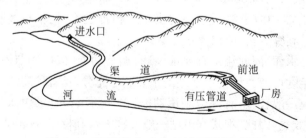

图 1-4　无压引水式水电站开发示意图

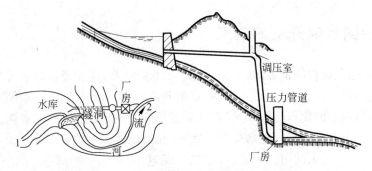

图 1-5 有压引水式水电站开发示意图

由于只有低坝或无坝,引水式水电站的淹没损失小、移民少,甚至完全没有淹没损失;但也因为没有调节水库,只能依靠径流发电,河流水量利用率低,综合效率低。

引水式水电站的引水线路通常比较长,因而建筑物比较分散,管理起来不方便。在有压引水的情况下,因为有压管道长,多需设置调压室,调压室由于尺寸大,特别是高度大,造价昂贵;管道长,水击压力比较大,因此对压力管道(或高压管道)的质量和安全要求比较高。

引水式水电站,无论是在河道上游通过修建引水渠道开发,还是跨流域开发,特别是裁弯取直的方式开发,一定要注意,不能引走原有河道所有的流量,要保证原来河道的生态流量,或满足原河道供水的要求。我国是小水电大国,有为数众多的小水电,小水电在解决山区的用电问题和以电代柴方面有诸多效益,应当鼓励发展,但是,有的小水电(或引水式开发的水电)将原河道的水流全部引走,导致一段河流完全干涸,这是不可取的。

近些年,国外出现了潜坝引水式开发的例子,即在河道内建潜坝(也可以视为低堰),在潜坝前设置水下进水口,采取有压引水的方式开发,原始河道几乎未受干扰,能够保持原河道的自然风貌,有很好的环境效益,也不影响鱼类的洄游,这是值得借鉴的一种方式——因为,到目前为止,水工建筑物中鱼道或鱼梯的设置,无论中国还是国外,成功的例子不多,如果某河道有珍稀的鱼类,但计划进行水电开发,就可采用潜坝开发的方案。采取潜坝引水式开发的方案,必须有合适的地形,即旁通的发电引水管道(bypass)能够在较短的距离内获得较大的落差,比如流入位置高程较低的另一条河道。

3. 混合式水电站

混合式水电站实际上是上述两种方式的结合,即集中的水头由两部分组成:一部分由坝集中,一部分由有压管道集中。这种类型的电站依赖于合适的地形条件,即坝体上游坡度较缓,有成库的条件;坝体下游坡度较陡,在较短的距离之内能够集中较大的落差。这是一种较为理想的开发方式,上游的水库,除了具有诸如防洪、发电、供水等综合效益外,很重要的一点是为发电的可靠性提供了保证,并具有调节的能力,而下游的引水道又集中了较大的落差,因此,混合式电站兼具坝式开发和引水式开发的优点。

以上叙述水电站的类型是按集中水头的方式划分的,概念上很清楚。需说明的是,随着地下工程技术的进步,结合西南地区高山峡谷的地形条件,很多水电站都采取筑坝拦水、隧洞引水、再接厂房的方案(多为地下厂房),这在建筑物布置上与混合式电站是一样的,只是引水隧洞不集中水头。这类电站,也称为河岸引水式电站。

1.2.3 中国水电开发的未来

中国水电总的蕴藏量位居世界第一,随着科学技术的进步,无论是经济可开发容量,还是技术可开发容量,还会进一步增加,因此,中国的水电开发还有一段路要走。这不仅仅是开发水能资源的问题,还因为我国的化石能源缺乏,石油储量不多,而探明储量的煤炭资源,以现在的开发速度,在不足百年的时间内也将挖掘殆尽。此外,化石能源的燃烧会带来严重的环境问题,比如排放大量温室气体会带来酸雨。很显然,比之于煤电,水电是一种绿色、清洁的能源,开发水电对控制温室气体的排放有着举足轻重的意义。

1. 高水头坝式开发

这是中国水利水电工程的主战场,将来一段时间,仍会是中国水利水电工程建设的主要方式。中国尚未开发的水电资源多集中在西南地区,该地区因为处于高山峡谷地区,多会采用坝式开发的方案;也因为河流流量大,河谷窄,为解决总体布置问题,为泄洪建筑物留下空间,会采取地下厂房方案。很显然,这是在单一河流上开发的。该类地区的水电站多采用的布置方案为:坝—长引水道—地下厂房。过去,受制于地下施工技术和开发区域,地面厂房的情况较多;随着地下施工技术的进步,以及水电向西南进军,地下电站的情况会显著增多。

2. 引水式开发

我国过去的引水式开发主要是小型电站,针对的也是单一的河流。事实上,在高山地区,可能近距离内溪流纵横,而将这些溪流通过输水隧洞集中起来,是集中水头、进行水电开发的好方法,也就是说,视点不能局限于一条河流。如果将每一条小溪都视作一个"流域",则可谓之为"跨流域"开发。国际上,挪威有许多这样的电站,挪威现在所从事的水电建设,多采取这种开发方式,即无坝开发。

另外,单一河流上的低坝引水式开发方案也是值得提倡的,主要原因是可以避免高坝所带来的弊端。

3. 低水头开发

我国东部地区,特别是东南地区,河网纵横,河水丰沛,许多地区或局部地段具有修建低水头水电站的条件,过去,可能因为历史的原因,看不上这些"低水头"的资源;或者即使开发了,近些年来因为水变得比电更为宝贵或缺水而废弃了(如北京近郊的田村水电站)。从可持续发展的视点看,这种开发方式不存在或只存在较小的环境负效应,应当纳入开发的视野。

4. 抽水蓄能电站

抽水蓄能电站在电网系统中起着重要的调节作用,按装机比例进行类比分析,我国目前抽水蓄能的装机容量仅占全国电力总装机的 1.5%,远远不能满足电网的要求,其装机比例远低于日本与欧美国家。因此,抽水蓄能在我国将会大力发展。

但也应注意到,水电的发展存在着制约因素。中国的水电技术居于世界前列,制约水电发展的不是技术因素;随着我国经济的发展,水电投资也不是制约因素。制约水电发展的因素主要来自两方面:一是移民因素,二是生态环境因素。进行水电规划和水电开发,首先必须解决好这两方面的问题,才能走出一条水电开发的可持续发展之路。

习题及思考题

1. 试以装机容量和年发电量两种视角来分析我国水电开发的水平,简述自己的观点。
2. 掌握中国水能资源的特点,熟悉水能资蕴藏量丰富的主要河流。
3. 掌握进行水能开发的三种方式及适用特点。

参 考 文 献

[1] 姚汉源. 中国水利发展史[M]. 上海:上海人民出版社,2005.
[2] [德]邓玉函口述. 王徵笔述绘图. 奇器图说[M]. 雷钊,译注. 重庆:重庆出版社,2010.
[3] [美]斯塔夫里阿诺斯. 全球通史[M]. 吴象婴,梁赤民,董书慧,译. 北京:北京大学出版社,2006.
[4] 邱彬如. 世界抽水蓄能电站新发展[M]. 北京:中国电力出版社,2005.
[5] 张春生,姜忠见. 抽水蓄能电站设计(上册)[M]. 北京:中国电力出版社,2012.
[6] 中国水力发电工程学会. 中国水力发电年鉴[M]. 北京:中国电力出版社,2011.
[7] 李仲奎,马吉明,张明. 水力发电建筑物[M]. 北京:清华大学出版社,2007.
[8] 中国水力发电工程学会. 中国水力发电年鉴[M]. 北京:中国电力出版社,2016.
[9] 中国水力发电工程学会. 截至2016年4月全国抽水蓄能电站装机容量详表[EB/OL]. http://www.hydropower.org.cn/showNewsDetail.asp?nsId=19431,2016-09-22.
[10] HOKIKIAN J. 无序的科学[M]. 吴象婴,梁赤民,董书慧,译. 长沙:湖南科学技术出版社,2007:16-17.
[11] 李胜兵,赵琨. 浅议我国大型水电机组的发展[J]. 水力发电,2013,39(7):64-67.
[12] 陆佑楣. 中国水电开发与可持续发展[J]. 水利水电技术,2005(2):1-4.

第 2 章 水轮机与水泵水轮机

2.1 水轮机的工作原理

水轮机是一种实现能量转换的装置。水轮机工作时,利用拦河坝上下游水位差所集聚的水体能量对转轮叶片做功,通过主轴将转轮的机械能输入发电机。因此,水轮机的作用就是将水体积蓄的能量转化为机械能。

如图 2-1 所示,水轮机所能利用的电站总落差为 $(Z_A - Z_B)$,即电站上库与下库的高程差。我国习惯称之为"毛水头"。从严格意义上讲,电站的有效落差 H_g 应按式(2-1)计算:

$$H_g = \left(\frac{p_{a,A}}{\rho_A g_A} - \frac{p_{a,B}}{\rho_B g_B}\right) + \left(\frac{v_A^2}{2g_A} - \frac{v_B^2}{2g_B}\right) + (Z_A - Z_B) \tag{2-1}$$

式中,下标 A 表示电站的取水口截面(图 2-1 中的 A 处);下标 B 表示出水口截面(图 2-1 中的 B 处);p_a、v 分别为截面上的大气压与水流速度;ρ 为水的密度;g 为重力加速度;Z 为截面相对海平面的高程。

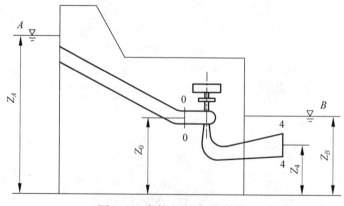

图 2-1 水轮机的各种高程

通常电站上库与下库的大气压相等、重力加速度相等。因而,式(2-1)可简化为

$$H_g = \frac{v_A^2 - v_B^2}{2g} + Z_A - Z_B \tag{2-2}$$

若取水口与出水口的动压差可以忽略,则电站的有效落差与电站毛水头相等。

对于水轮机而言,水头等于在蜗壳进口截面 0—0 与在尾水管出口截面 4—4 上单位重量水体的平均能量差,其表达式为

$$H = \frac{p_0 - p_4}{\rho g} + \frac{v_0^2 - v_4^2}{2g} + Z_0 - Z_4 \tag{2-3}$$

式中,下标 0 表示水轮机的入口截面(图 2-1 中的截面 0—0);下标 4 表示出口截面(图 2-1 中的截面 4—4);p、v 分别为截面上的压力与速度。

由水轮机水头的定义式(2-3)可知,

(1) 电站毛水头应大于水轮机的水头,二者之间的差值主要来源于水体从电站上库至水轮机蜗壳进口截面 0—0 之间的流动损失;

(2) 水轮机可以利用的单位重量水体能量包括三部分:①位能,$Z_0 - Z_4$;②压能,$\frac{p_0 - p_4}{\rho g}$;③动能,$\frac{v_0^2 - v_4^2}{2g}$。

2.2 水轮机的类型、基本参数及适用条件

2.2.1 水轮机分类

按照水轮机在能量转换过程中利用水体能量的型式,可将水轮机分为反击式和冲击式两大类型。为此,先定义"反击度"的概念。

水轮机的反击度(degree of reaction)R 是指在水轮机转轮中的压力变化与水轮机总能量变化的比值,可定义为

$$R = (p_{in} - p_{out})/(\rho g H) \tag{2-4}$$

式中,p_{in} 为转轮进口的静压,p_{out} 为转轮出口的静压。

当 $R > 0$ 时,水轮机利用了水体的压能或动能做功。这类水轮机称为反击式水轮机(reaction turbine)。

当 $R = 0$ 时,水轮机转轮中仅利用了水体的动能做功。这类水轮机称为冲击式水轮机(pelton turbine)。

1. 反击式水轮机

反击式水轮机主要利用水体的压能和动能,水体的位能在水流进入转轮前就已经转换为压能和动能了。在转轮中,水流的压能和动能再发生变化而转化为机械能。

由反击式水轮机利用水流能量的方式可知,转轮内的流动就必然是有压流动,转轮的工作

过程不可能在大气中,而必须在密闭的流道中进行。这是反击式水轮机的主要特点。

反击式水轮机的另一特点是由于转轮必须处于有压的水流包围之中,转轮的四周均可进水,所以水轮机的过流量大。

反击式水轮机属于叶片式流体机械,根据水轮机转轮中的流动方向不同而选择不同的结构型式:混流式(Francis)、轴流式(Kaplan,定桨轴流式也称 propeller)或贯流式(tubular)、斜流式(Deriaz 或 diagonal)。

2. 冲击式水轮机

冲击式水轮机的转轮仅仅利用水流的动能做功,在转轮前后水流的压能基本保持不变。因此,冲击式水轮机的工作过程在大气中进行,水流不可能充满转轮室,这是冲击式水轮机的主要工作特点。

冲击式水轮机的另一工作特点是,在同一时刻,只有部分水斗接触由喷嘴喷射出的水流。

在冲击式水轮机组中,上游水流由压力钢管引向水轮机的喷嘴,在喷嘴内水流的能量均转变为动能,形成高速的射流冲向转轮的水斗上,产生相对于水轮机主轴的扭矩,使转轮发生旋转而做功。

按照水流作用型式的不同,冲击式水轮机可分为切击式、斜击式、双击式三种。

2.2.2　水轮机的基本参数

水轮机的基本运行参数包括流量、水头、出力、效率、转速等。

1. 流量

在单位时间内通过水轮机水体的体积或质量称为流量(flow discharge)。流量常以字母 Q 表示,体积流量的单位为 m^3/s 或 m^3/h,而质量流量的单位为 kg/s 或 kg/h。

2. 水头

水头(head)表示单位质量水体具有的能量。水头以字母 H 表示,单位为 m。对于通过水轮机流量为 Q、水头为 H 的水体,其具有的能量为

$$P = \rho g Q H \tag{2-5}$$

3. 出力

水轮机通过主轴输出的功率称为出力(output),有时也直接称为功率。出力以字母 N_T 表示,出力的单位是 kW。

4. 效率

水轮机效率(efficiency)指水轮机出力与在单位时间内通过水轮机水体能量的比值。因此,效率不是水轮机工作的直接参数。水轮机效率以字母 η 表示,$\eta = N_T/P$,则

$$\eta = N_T/(\rho g Q H) \tag{2-6}$$

5. 转速

转速(rotational speed 或 revolution speed)指水轮机主轴在单位时间(如 1min)内转动的圈数,用符号 n 表示,单位为 r/min。尽管转速与水轮机的能量转化没有直接关联,但水轮机的工作特性与转速密切相关。

2.2.3 水轮机的适用条件

原则上,电站水轮机选型须考虑水轮机的水头。对于高水头、较小流量的电站,优先选择冲击式水轮机;对于低水头、大流量的电站,推荐采用轴流式水轮机或贯流式水轮机;对于大量中等水头段的电站,常选用水力效率较高的混流式水轮机。目前斜流式水轮机应用较少。

表 2-1 给出了各种水轮机的适用情况。实际上,现代水轮机的水头应用范围越来越广,各种机型的应用水头相互重叠。

表 2-1 现代水轮机的适用情况

水轮机型式	冲击式	混流式	斜流式	轴流式		贯流式
				转桨式	定桨式	
水头 H/m	300~1770(大型) 40~250(小型)	40~700(大型) 10~200(小型)	40~120	5~80	2~70	2~25
转轮最大直径 D_1/m	5.2	10.44	7.65	11.3	9.0	7.5
最大额定出力 P_{max}/MW	315	1000	250	200	150	55

近年来随着水能利用技术和现代制造水平的不断进展,水轮机的应用水平有了很大的提高。一方面不断突破水轮机的使用水头与单机容量,另一方面采用新型设计手段大幅度提升了水能的利用效率。我国已经成功研制了 1000MW 级巨型水轮机及水轮发电机。从效率水平来说,200m 水头段水轮机模型转轮的水力效率达到 95.2%,属世界领先水平。

2.2.4 水轮机的牌号

作为产品的法定标示,水轮机在铭牌上都注有标准的牌号。水轮机的牌号是反映水轮机的型式、转轮型号、结构特征以及水轮机特征尺寸等的一组简明符号。

水轮机的牌号由三部分组成。第一部分为以汉语拼音字母和阿拉伯数字表达的转轮型式。转轮型式以水流在转轮区域的流动方向和叶片的固定方式表示,如 HL300,表示混流式水轮机,其转轮型号为 300(转轮实验序号)。第二部分表达水轮机主轴的布置方式及引水室特征,也以汉语拼音字母表示。第三部分表达水轮机的特征尺寸,如以 cm 为单位表示的水轮机转轮的标称直径 D_1。

表 2-2 为水轮机型式的代表符号,表 2-3 为主轴布置方式或引水室特征的代表符号。

按以上符号的规定,举例说明如下:

(1) HLA858a-LJ-1044,"HL"表示混流式水轮机;"A858a"为转轮型号,是根据转轮开发商设计时确定的代号;"LJ"表示立轴、金属蜗壳;"1044"表示转轮标称直径为 1044cm。

(2) ZZ560-LH-1130,"ZZ"表示轴流转桨式水轮机,转轮型号 560;"LH"表示立轴、混凝土蜗壳;转轮标称直径 1130cm。

(3) XLN200-LJ-300,"XLN"表示斜流式可逆水泵水轮机,转轮型号 200;"LJ"表示立轴、金属蜗壳;转轮标称直径 300cm。

表 2-2 水轮机型式的代表符号

水轮机型式	代表符号
混流式	HL
斜流式	XL
轴流定桨式	ZD
轴流转桨式	ZZ
贯流定桨式	GD
贯流转桨式	GZ
切击式	CJ
斜击式	XJ
双击式	SJ
可逆式	加标"N"

表 2-3 主轴布置方式或引水室特征的代表符号

主轴布置方式或引水室特征	代表符号
立轴或立式	L
横轴或卧式	W
金属蜗壳	J
混凝土蜗壳	H
灯泡式	P
明槽式	M
罐式	G
竖井式	S
虹吸式	X
轴伸式	Z

(4) GZV301-WP-560,"GZV"表示贯流转桨式水轮机,转轮型号 301;"WP"表示横轴、灯泡式引水室;转轮标称直径 560cm。

(5) CJA779-L-156.5/3×11,"CJA"表示切击式水轮机,转轮型号 779;"L"表示立轴;转轮节圆直径 156.5cm,喷嘴数量 3 个、射流直径 11cm。

2.3 水轮机的典型结构

2.3.1 反击式水轮机的过流部件

按照水流经过水轮机的途径,反击式水轮机具有四大过流部件,即引水部件(suction passage)、导水机构或导叶、转轮和尾水管。

1. 引水部件

对反击式水轮机,设置引水部件的目的是根据水头和机组尺寸,采用不同的引水室将水流沿圆周方向相对均匀地引入转轮或导水机构之前。水轮机引水室的型式概括起来有四种:明槽式、罐式、蜗壳式及引水管道。

(1) 明槽式引水室(open channel suction chamber)属于开敞的明槽、水面和大气相接,且转轮和导水机构直接安装在明槽的底板上,引水室结构简单。该引水室型式一般使用于水头在 10m 以下,且机转轮直径小于 2m 的情况。

(2) 罐式引水室(pot type suction chamber)属于有压、类似罐状的引水室,通常应用于横轴小型水轮机。由于罐式引水室沿水轮机主轴方向进水,而在转轮进口处转为径向,所以水力损失较大。目前罐式引水室已很少使用。

(3) 蜗壳式引水室(volute casing)形状类似蜗牛,简称蜗壳。与前两种引水室相比,蜗壳式引水室的效率高,且具有如下优点:

① 蜗壳断面从进口到尾部逐渐缩小,因此能满足流量逐渐减小、在导叶进口前沿圆周均匀

进水的要求,同时在导水机构前形成均匀分布的环量,为水轮机转轮进行能量转化创造良好的入流条件;

② 由于采用闭式引水,可以适合于各种水头条件;

③ 具有最小的外形尺寸,结构紧凑,可减小厂房尺寸及土建投资;

④ 水轮机主要零部件都不被引水室包围,处于其外部,便于检修和维护;

⑤ 具有足够的强度,原则上可适用于任何水头和尺寸的水轮机。

因此,蜗壳式引水室在反击式水轮机中得到广泛应用。在水头低于 40m 时,尤其是轴流式水轮机常用混凝土浇注的混凝土蜗壳。为了方便施工,混凝土蜗壳的断面为梯形。在水头高于 40m 时,对大型水轮机采用钢板焊接的金属蜗壳,如图 2-2 为岩滩焊接蜗壳在哈尔滨电机厂内预装的照片。因为在不同断面处受力不同,将蜗壳分成若干锥形环节,每个环节采用不同厚度的钢板,以节省钢板、减轻蜗壳的质量。蜗壳断面形状一般为圆形。但在蜗壳尾部,蜗壳断面变为椭圆形以便与座环搭接。

图 2-2　混流式水轮机蜗壳

(4) 引水管道。贯流式水轮机采用均匀收缩形引水管道作为引水部件,可以获得较好的水力性能。引水管道的形状和尺寸与灯泡体的设计有密切联系。如果采用较小的灯泡体,则引水管道尺寸小,流道平直,水流转弯小,从而减小水力损失。

2. 导叶

导叶是水轮机导水机构的过流部件。导叶(guide vane)的作用在于:一方面必须在水流进入转轮之前形成必需的环量;另一方面,还必须保证水轮机能够随时调节水流的流量适应电站负荷的变动,在停机时能够截断水流进入转轮。

导水机构的导叶数量一般为 16~32 个,视水轮机的大小而定。混流式与轴流式水轮机的导叶均匀、轴对称地布置在转轮外圈(径向),通过传动机构可调节导叶的角度,从而起到控制水流的方向、调节流量及关闭机器的作用。图 2-3(a)为五强溪电站水轮机导水机构的装配现场照片。这种导叶称为圆柱形导水机构,其导叶分布在与水轮机共同轴线的圆柱面上,而水流沿径向流过导叶后进入转轮。圆柱形导水机构的结构简单,便于制造与安装,所以在反击式水轮机中应用广泛。

图 2-3(b)表示圆柱形导水机构的传动原理。图中,接力器 3 的活塞两端分别连通第一油管

18　水力发电站

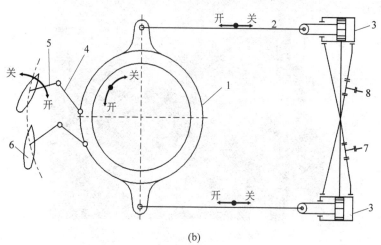

1—控制环；2—推拉杆；3—接力器；4—连杆；5—转臂；6—活动导叶；7—第一油管；8—第二油管

图 2-3　导水机构

（a）现场装配；（b）传动原理图

7 与第二油管 8，由于两个油管中的压力不同，压力差导致接力器产生直线位移。接力器 3 连接推拉杆 2，两个推拉杆分别推、拉控制环 1 的两个耳环，使控制环 1 发生旋转；一端固定在控制环 1 上的连杆 4 带动转臂 5 运动。由于转臂 5 与活动导叶 6 的枢轴固定连接在一起，当转臂运动时将驱动活动导叶 6 绕其枢轴转动，从而改变了活动导叶的开度，达到调整进入水轮机转轮流量的目的。

需要说明的是，贯流式水轮机一般采用轴向式导水机构，使用的导叶也为锥形，所以这种导水机构也称圆锥形导水机构。显然，水流是沿着轴向通过导叶后进入转轮的。圆锥形导水机构与圆柱形导水机构具有相同的传动原理，它们的构成零件也基本一样。

3. 转轮

转轮（runner）是水轮机实现能量转换的部分，是水轮机的核心过流部件。转轮的水力性能决定了水轮机组的性能。

混流式转轮由于比转速的不同,其外形略有差异。混流式转轮都由上冠、下环和叶片组成,如图 2-4(a)所示。上冠、下环分别为一整体,它们与叶片相连接的面均为流面(S1 流面)。上冠与叶片连接的部分为转轮的流道,而另外的一侧则与水轮机主轴连接;下环的作用除了形成流道外,主要是将转轮的叶片连接在一起。叶片的作用就是进行能量转换,一般设计为三维扭曲形,数量为 7~22 片,且随应用水头的升高而增加。

图 2-4(b)、(c)分别表示贯流式和轴流式转轮。贯流式和轴流式转轮的叶片数一般为 3~6 片。转轮叶片呈桨叶形,固定在转轮体上。转轮体的表面也是转轮流道的一部分,所以呈流线形。目前,较大容量的贯流式和轴流式水轮机一般都设计为转桨式,即叶片安装在转轮体上的角度可以通过油压装置操作而改变,目的是使得转轮内的流动适应水轮机运行工况变化的要求。

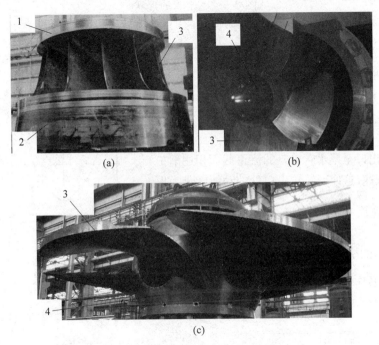

1—上冠;2—下环;3—叶片;4—转轮体

图 2-4　反击式水轮机转轮的实体照片

(a)混流式;(b)贯流式;(c)轴流式

4. 尾水管

反击式水轮机的尾水管(draft tube)位于转轮之后。常用的尾水管有直锥型(cone type)、带喇叭口的截短直锥型(cone type with bell-mouth)和弯肘型(elbow type)等几种形状,如图 2-5 所示。

直锥型尾水管的水力性能好,但水电站的开挖深度较大,因而通常用于小型水轮机。因为贯流式水轮机水头低,而且流道沿轴向布置,非常适宜采用直锥型尾水管。直锥型尾水管的锥角为 10°~26°,锥角越小,尾水管的水力性能越佳,但土建开挖量越大;当电站水头较低、开挖深度受限制时,可采用如图 2-5(b)所示的带喇叭口(bell-mouth)的截短直锥型尾水管,其水力性能与弯肘型尾水管的情况相当。

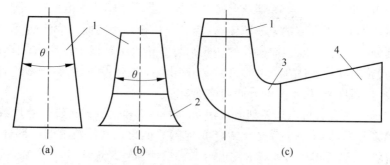

1—锥管；2—喇叭口；3—肘管；4—出口扩散管

图 2-5 尾水管的形状

(a) 直锥型；(b) 带喇叭口的截短直锥型；(c) 弯肘型

弯肘型尾水管由进口锥管、肘管和出口扩散管三部分组成。为了减少水电站的基础开挖深度，大中型水轮机通常选用弯肘型尾水管。

反击式水轮机尾水管的作用是回收转轮出口的水流动能以及转轮出口高出下游水面的一段位能。在图 2-6 中，截面 2—2 为转轮出口，截面 5—5 为尾水管出口。由于从转轮出口至尾水管出口的流道截面积逐渐扩大，则水流不断减速，这使得转轮出口处的动能转化为压能。因此，尾水管恢复的动能可表示为 $\dfrac{v_2^2-v_5^2}{2g}-h_\mathrm{d}$。

相对于水轮机转轮出口可利用的全部动能 $\dfrac{v_2^2}{2g}$，则尾水管的动能恢复系数定义为

$$\eta_\mathrm{d}=\dfrac{\dfrac{v_2^2-v_5^2}{2g}-h_\mathrm{d}}{\dfrac{v_2^2}{2g}} \qquad (2-7)$$

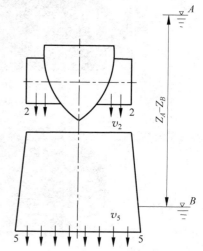

图 2-6 尾水管动能恢复关系示意图

式中，v_2、v_5 分别为截面 2—2、截面 5—5 的平均流速；h_d 是自转轮出口至尾水管出口的水力损失。由式(2-7)可知，当尾水管出口截面积越大时，水轮机出口的动能 $\dfrac{v_5^2}{2g}$ 越小，尾水管的动能恢复系数越大；当尾水管内的水力损失 h_d 越小，尾水管恢复的动能也越大。因此，η_d 也称尾水管效率，表征了尾水管的能量转换能力和尾水管的综合质量。

2.3.2 反击式水轮机的典型结构

本节主要针对现代水能开发中应用比较广泛的混流式、轴流式及贯流式等三种型式的水轮机，描述典型的机组布置方式和结构特点。目前斜流式水轮机的应用已经很少，故本书不进行具体介绍。

1. 混流式水轮机

混流式水轮机具有流量和水头的适宜范围广、高效运行区宽等优点,目前,世界上已经建成的水电站中,混流式水轮机是应用最多的。

图2-7为我国独立研制的长江三峡右岸的大型混流式水轮机的典型结构剖面图。水轮机的牌号为HLA858a-LJ-1044,设计水头为85m(最大水头为113m,最小水头为71m)、转速为75r/min、额定流量为960m³/s。水轮机转轮的标称直径为1044cm,立轴,金属蜗壳。

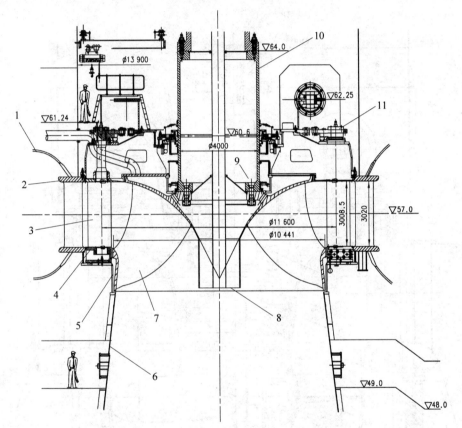

1—蜗壳;2—座环(固定导叶);3—活动导叶;4—底环;5—基础环;6—尾水管(直锥段)
7—转轮(叶片)顶盖;8—泄水锥;9—主轴联接螺栓;10—主轴;11—导水机构

图2-7 大型混流式水轮机的结构

该水轮机中,蜗壳1、座环2和基础环5等部件被埋入混凝土中,所以这几个部件也称埋入部件。由于这些部件的尺寸很大,从加工、运输等角度考虑都需要采用分瓣(块)结构,而且采用钢板焊接。

2. 轴流式水轮机

轴流式水轮机适合于中低水头电站的机组。轴流式水轮机的一般使用水头以3～50m为佳,水头过高时须增加转轮的叶片数与叶厚,降低水轮机转轮的过流能力,不利于机组的效率及空化性能。

轴流式机组的运行水头低、流量大,对蜗壳的强度要求不高,但截面积较大。故无论大型机组还是中小型机组,均采用混凝土蜗壳。这也是轴流式机组区别于混流式机组的显著特征之一。

轴流式机组主要有两种类型:转轮叶片固定的定桨(propeller)式;转轮叶片可转动的转桨式。轴流转桨式也称卡普兰式(Kaplan)。

图 2-8 为 ZZ105-LH-300 型轴流转桨式水轮机结构,设计水头为 18.5m,转速 187.5r/min。蜗壳采用混凝土梯形断面,为了防止水流冲刷及渗漏,在混凝土蜗壳和座环的连接部位加有钢衬板。

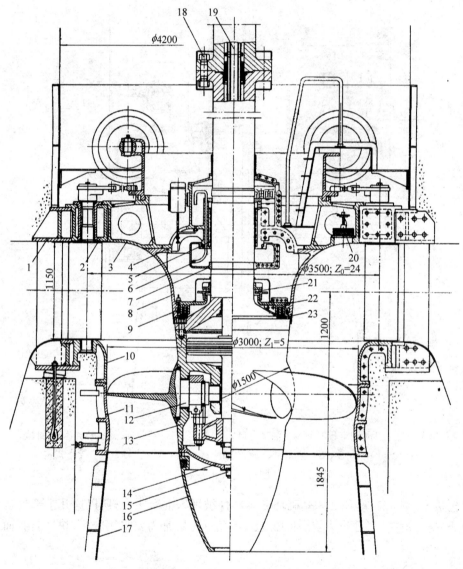

1—座环;2—顶环;3—顶盖;4—导轴承;5—轴瓦;6—升油管;
7—甩油盆;8—支持盖;9—减压管;10—低环;11—基础环;12—叶片;
13—转轮体;14—封油盖;15—泄油阀;16—泄水锥;17—尾水管里;18—连轴螺栓;
19—操作油管;20—真空破坏阀;21—端面密封;22—静密封环;23—动密封环

图 2-8 轴流转桨式水轮机结构

3. 贯流式水轮机

贯流式水轮机适用于 3~25m 水头,其实质是一种卧式(或横轴)轴流式水轮机。目前,随着我国水电资源逐渐走入深度开发,贯流式水轮机成为一种越来越重要的机型。与轴流式水轮机相比,贯流式水轮机没有蜗壳,且将引水管、导水机构、转轮和尾水管都布置在同一轴线上。由于贯流式机组的整个外形像一条管子,水流沿轴向流过机组,故称为贯流式,也称管式水轮机(tubular turbine)。

贯流式水轮机由于流道平坦,机组具有单位转速高、过流量大、效率高、结构紧凑、质量小、经济指标好等优点。贯流式水轮机具有较好的水力性能,主要表现在:

(1) 贯流式水轮机的流道基本为轴向,没有剧烈的转弯,所以流动损失较小。

(2) 取消了蜗壳,采用直收缩型引水管,减少了水流在蜗壳部分的绕流水力损失。

(3) 采用轴向导水机构,省去了径向导水机构到转轮的转弯流道,保证了转轮前的有势流动,减小了水力损失。

(4) 采用直锥型尾水管代替立式机组的弯肘型尾水管。直锥型尾水管的恢复系数较高,对于出口动能占很大比例的低水头、高比转速水轮机的水力性能改善有重要影响。

贯流式水轮机包括全贯流式和半贯流式两大类。全贯流式水轮机的含义是指水流沿着一个轴线通过水轮机的全部流道,具备良好的轴对称性。这种水轮机有前、后座环,转轮布置在二者之间。半贯流式则指水轮机的流道有不同型式的弯曲,并非直线型的流道。半贯流式水轮机有灯泡式(虹吸式、明槽式也属于灯泡式)、轴伸式和竖井式,其中灯泡贯流式水轮机目前在国内外均有广泛应用。

灯泡贯流式是近年来发展最快、应用范围最广泛的机型之一,是我国应用最多的半贯流式水轮机。灯泡贯流式水轮机流道的特点是把发电机内藏在流道中设置的灯泡体内,使水流绕流灯泡体而过。发电机位于水轮机的上游侧称为前置式,常用于较低水头的情况,此时可获得较高的效率;而发电机位于水轮机的下游侧称为后置式,适用于较高水头的情况,机组的强度和稳定性较好。

图 2-9 为典型的前置灯泡贯流式水轮机组的结构。从图形左侧进入的水流绕流灯泡形的发电机壳体(简称灯泡体)2,经过座环 3、一组圆锥导叶 4、转轮 6 后流入直锥型尾水管 12。发电机转子 10 和发电机定子 11 放置在灯泡体 2 内,由空气强制冷却。水轮机和发电机共用一根主轴 8,经主轴传递的径向力由水轮机导轴承 5、发电机导轴承 7 承受,双向推力轴承 9 则承受轴向的水推力和其他不平衡轴向力。转轮 6 以悬臂的型式安装在灯泡体 2 的下游侧。

因为灯泡体内部需要设置发电机、主轴及其支承装置,其尺寸一般很大。为了减小发电机的径向尺寸,可以采取增长定子铁芯的方法,有时也采用增速机构来减少发电机的磁极对数。随着发电机直径减小,可以达到减小灯泡体尺寸的目的。

贯流式机组的重量、水的各种作用力、各种结构的热变形应力,以及厂房的部分重量等都作用在水轮机的座环 3 和支柱 1 上。座环 3 一般由锥形的外环、内环和连接二者的固定导叶组成。固定导叶的数量为 8 个,其外表设计为流线型,内部中空。为了设置进人通道和管道,将 8 个固定导叶中上、下两个导叶设计成较大尺寸。支柱 1 一般设置在灯泡体的头部,三根支柱互成 120°,其中位于垂直位置的支柱也设计成最大尺寸,以便设置管道、发电机出线孔和进人口。需要说明的是,座环是主要的承重部件,而位于灯泡体头部的支柱仅起到辅助支撑作用。

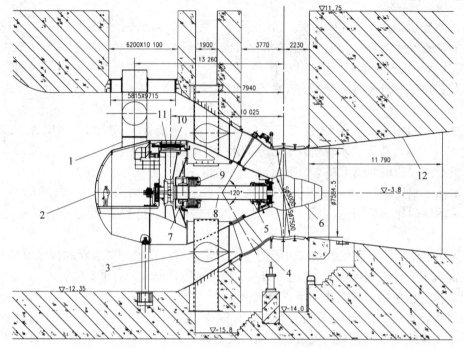

1—支柱；2—灯泡体；3—座环；4—圆锥导叶；5—水轮机导轴承；6—转轮；
7—发电机导轴承；8—主轴；9—双向推力轴承；10—发电机转子；11—发电机定子；12—尾水管

图 2-9　前置灯泡贯流式水轮机组的结构剖面图

2.3.3　冲击式水轮机

冲击式水轮机主要应用于高水头、小流量的水力资源的开发。因为需要形成高水头，使用冲击式水轮机的水电站均采用引水式电站布置，且多数位于高海拔地区。

冲击式水轮机的主要特点是：适用于高水头、小流量的情况，故水轮机采用高转速，比转速很低。冲击式水轮机机组成本低、运行维护方便。

冲击式水轮机有多种结构型式。从水流的作用方向看，可分为切击式、斜击式、双击式；从喷嘴的数量看，可分为单喷嘴、多喷嘴（2~6 个喷嘴）；按转轮数量，可分为单轮和多轮；从主轴的布置型式看，还可分为立式和卧式。

根据转轮叶片的形状，切击式水轮机也被称水斗式水轮机，是应用最多的一种冲击式水轮机，主要由喷管、控制机构、折向器、转轮、机壳、制动喷嘴等构成。图 2-10 为二喷嘴的水斗式水轮机，其中转轮 1 固定在主轴 2 上，机壳 3 将转轮 1、折向器 4 等过水部件与外界隔开，防止水流向外飞溅。水斗式水轮机的机壳需要有足够的空间，其形状应该有利于导水，对立式机组，在机壳下部设置平水栅，可使水流消能，也便于工作人员检查和维修。折向器 4 安装在喷管 6 的出口附近，其作用是当机组负荷减少或弃水时，为了防止机组转速急速升高，将水流迅速隔断。喷针 5 设置在喷管 6 中，通过接力器的操作起到调节流量的作用。切击式水轮机在甩负荷时，需要折向器和喷针同时动作,所以称为双重调节。

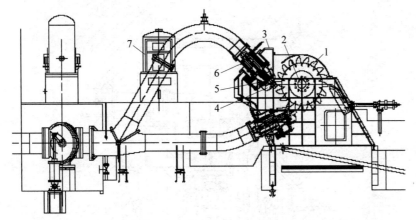

1—转轮;2—主轴;3—机壳;4—折向器;5—喷针;6—喷管;7—控制机构
图 2-10 水斗式水轮机

2.4 水泵水轮机

为解决我国电网日益尖锐的负荷调节问题,并配合核电、风电、光伏等电站平稳运行,从电网的安全、稳定及经济运行考虑,陆续建设或规划了一批抽水蓄能电站,如泰安、张河湾、桐柏、琅琊山、响水涧、西龙池、宜兴、宝泉、惠州等。抽水蓄能电站有两种典型工况:水轮机(即发电)工况与水泵(即抽水)工况,所以其机组被称为水泵水轮机(pump turbine),有时也称抽水蓄能机组(pumped storage turbine)、可逆式水轮机(reversible turbine)。

早期的抽水蓄能机组曾采用四机式组合,即承担抽水功能的水泵机组(包括水泵和电动机)、承担发电功能的水轮机机组(包括水轮机和发电机)。后来发展为三机式组合,由水泵、水轮机和可逆式发电电动机组成,其结构如图 2-11 所示。可逆式发电电动机(图中标号 2)的主轴分别与水泵(图中标号 1)的主轴和水轮机(图中标号 3)的主轴连接。

现代抽水蓄能机组出现于 20 世纪 40～50 年代,由水泵水轮机和可逆式发电电动机构成。水泵水轮机同时具备水轮机和水泵的功能,可以双向运行,即朝一个方向转动时充当水轮机发电,反向转动时充当水泵抽水。这样,现代抽水蓄能电站的尺寸显著减小,电站的结构得以简化。根据流道型式,水泵水轮机可以采取与混流式、斜流式、贯流式水轮机类似的流道。因此,在一些技术书籍中也将水泵水轮机归入水轮机。

图 2-12 为白山抽水蓄能电站水泵水轮机的结构剖面图,电站主要技术参数如下:

水轮机工况:最大净水头为 123.9m,额定净水头为 105.8m,最大出力为 153MW,额定出力为 139MW,额定转速为 200r/min;

水泵工况:最大扬程为 130.4m,最小扬程为 108.2m,最大输入功率为 151.3MW,最小输入功率为 148.7MW,额定转速为 200r/min。

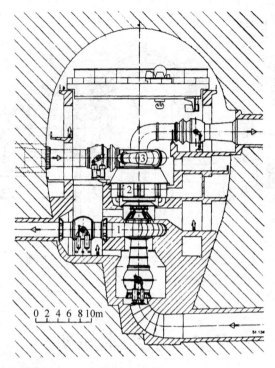

图 2-11 三机式抽水蓄能机组的布置型式

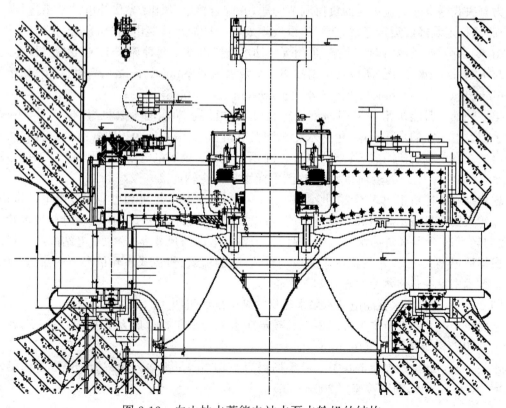

图 2-12 白山抽水蓄能电站水泵水轮机的结构

2.5 水轮机的相似特性

研究水轮机的相似关系有两方面作用：一是确定模型试验的几何参数与试验条件；二是对几何相似的水轮机进行性能换算。

水轮机相似指几何相似、动力相似与流动相似，而水轮机内流动相似的前提是几何相似与动力相似。

与流体机械的相似一样，水轮机的相似关系可以通过单位参数表示。

2.5.1 水轮机的单位参数

单位参数是指水轮机转轮名义直径 1m、水头 1m 所对应的运行参数。水轮机的单位参数包括单位转速 n_1'、单位流量 Q_1'、单位出力 N_1' 和比转速 n_s。

1. 单位转速

$$n_1' = \frac{nD_1}{\sqrt{H}} \tag{2-8}$$

式中，D_1 表示水轮机转轮的进口直径。

2. 单位流量

$$Q_1' = \frac{Q}{D_1^2 \sqrt{H}} \tag{2-9}$$

3. 单位出力

$$N_1' = \frac{N_T}{D_1^2 H^{3/2}} \tag{2-10}$$

4. 比转速

水轮机的比转速 (n_s) 由单位转速与单位功率的平方根相乘得到，即 $n_s = n_1' \sqrt{N_1'}$。将单位转速的定义式(2-8)与单位功率的定义式(2-10)代入 n_s 的定义式，则

$$n_s = \frac{nD_1}{\sqrt{H}} \left(\frac{N_T}{D_1^2 H^{3/2}} \right)^{0.5} = \frac{n\sqrt{N_T}}{H^{5/4}} \tag{2-11}$$

式(2-11)由两个单位参数组合得到，其中不包含水轮机的任何几何参数，因而比转速可以看作一种特殊的相似数。从数值上，n_s 相当于水头为 1m、功率为 1kW 时水轮机的转速。n_s 为有量纲数，工程上规定其单位为 m·kW。

一组几何相似的水轮机，在相似工况下的单位参数保持不变，则它们的比转速 n_s 均相同。因此，一种比转速的水轮机并非特指某一种水轮机，而是代表一系列的水轮机。

在水轮机研制过程中，首先须研发模型水轮机。依据模型水轮机的单位参数，可计算原型水轮机的实际运行参数，即

原型水轮机的转速为

$$n = \frac{n'_1 \sqrt{H}}{D_1} \tag{2-12}$$

原型水轮机的流量为

$$Q = Q'_1 \sqrt{H} D_1^2 \tag{2-13}$$

原型水轮机的出力为

$$N_T = \rho g Q H = \rho g Q'_1 H^{3/2} D_1^2 \tag{2-14}$$

2.5.2 水轮机相似换算

依据相似关系,可以由模型水轮机(下标"m")的转速、流量和功率进行换算,得到原型水轮机(下标"p")的对应参数。

转速的相似换算公式为

$$n_p = n_m \left(\frac{D_{1m}}{D_{1p}}\right) \sqrt{\frac{H_p}{H_m}} \tag{2-15}$$

流量的相似换算公式为

$$Q_p = Q_m \left(\frac{D_{1p}}{D_{1m}}\right)^2 \sqrt{\frac{H_p}{H_m}} \tag{2-16}$$

功率的相似换算公式为

$$N_{Tp} = N_{Tm} \left(\frac{D_{1p}}{D_{1m}}\right)^2 \left(\frac{H_p}{H_m}\right)^{3/2} \tag{2-17}$$

2.5.3 水轮机效率换算

在 2.5.2 节讨论相似关系过程中,实际隐含了一个假定,即相似水轮机在相似工况下水力效率 η_h 相等。而事实上,模型水轮机与原型水轮机通常尺度相差较大,这将导致模型与原型不可能保证完全动力相似,从而影响模型与原型水轮机的运动相似。因此,为了保证原型水轮机的预估精度,往往需要依据模型水轮机的试验数据进行相应的修正。

1. 最优工况的效率

由模型试验测得了模型水轮机的最优效率 η_{hm},则原型水轮机的最优效率 η_{hp} 可通过下列公式换算:

$$\eta_{hp} = \eta_{hm} + (\Delta \eta_h)_{m \to p} \tag{2-18}$$

$$(\Delta \eta_h)_{m \to p} = \delta_{ref} \left[\left(\frac{Re_{ref}}{Re_m}\right)^{0.16} - \left(\frac{Re_{ref}}{Re_p}\right)^{0.16} \right] \tag{2-19}$$

式中,Re_{ref} 为参考雷诺数,取 7×10^6;Re_m、Re_p 分别为模型与原型水轮机的雷诺数;δ_{ref} 为参考雷诺数 Re_{ref} 下可按比尺效应估算的相对水力损失,其值由下式计算:

$$\delta_{\text{ref}} = \frac{1-\eta_{\text{hm}}}{\left(\dfrac{Re_{\text{ref}}}{Re_{\text{m}}}\right)^{0.16} + \dfrac{1-V_{\text{ref}}}{V_{\text{ref}}}}$$

式中，V 为可按比尺效应估算的水力损失与总水力损失之比。对水泵水轮机，$V_{\text{ref}}=0.6$；对混流式或定桨轴流式水轮机，$V_{\text{ref}}=0.7$；对转桨轴流式水轮机或贯流式水轮机，$V_{\text{ref}}=0.8$。

2. 单位参数修正

由于模型与原型水轮机的水力效率不同，需要对水轮机的单位参数进行修正。

当模型与原型水轮机的容积效率相等，且容积损失相比于水力损失较小时，可以采用水轮机综合效率来修正单位参数，即

$$n'_{1\text{p}} = n'_{1\text{m}} \sqrt{\frac{\eta_{\text{p}}}{\eta_{\text{m}}}} \tag{2-20}$$

$$Q'_{1\text{p}} = Q'_{1\text{m}} \sqrt{\frac{\eta_{\text{p}}}{\eta_{\text{m}}}} \tag{2-21}$$

2.6 水轮机的综合特性曲线

综合特性曲线用于表征转轮直径为 1m、水头为 1m 的水轮机水力性能。水轮机综合特性曲线分为模型水轮机综合特性曲线、（依据模型试验换算的）运转综合特性曲线。模型水轮机综合特性曲线是采用标准尺度的模型水轮机通过模型试验测得。绘制综合特性曲线图时，一般横坐标为单位流量 Q'_1，纵坐标为单位转速 n'_1。图 2-13 为 HL180-46 水轮机模型综合特性曲线，包含如下信息：

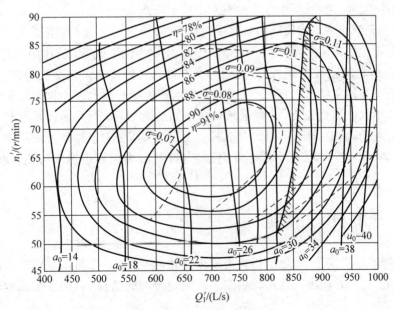

图 2-13 HL180-46 水轮机模型综合特性曲线

(1) 等效率线。在一条等效率线上,水轮机的运行效率均相同。由图 2-13 可知,该水轮机的最高模型效率为 91%。

(2) 等导叶开度线。开度以 a_0 表示,单位为 mm。图中,最小开度为 14mm,最大开度为 40mm。

(3) 等空化数线,在图中以虚线表示。水轮机空化数为无量纲数,符号为 σ。

(4) 水轮机出力限制线,图中以剖面线的型式表示。该线代表水轮机 95% 的额定出力。原则上,水轮机运行在该线时,仅有 5% 的出力裕度。

此外,对于轴流转桨式水轮机,还有桨叶等转角线。

2.7 水轮机的空化与空蚀

2.7.1 水轮机内的空化与空蚀

当水轮机内部流场中局部压力接近饱和蒸汽压力时,可能发生空化。空化是液体中的一种复杂流动现象,包括初生、发展、溃灭等一系列动态过程。

常见水轮机空化有翼型空化、间隙空化、空腔空化和局部空化四种类型。其中,翼型空化主要发生在叶片表面,形态比较稳定;间隙空化发生在轴流式转轮与转轮室之间、导叶端面、迷宫密封等部位,但不同位置的空化形态不同;空腔空化是指水轮机尾水管中的空化涡带;局部空化是指由水轮机过流部件表面结构不平整、因加工与装配不良而造成的壁面不平整、局部缺陷等原因导致的空化。此外,水轮机中还可能出现通道涡空化、卡门涡空化等其他型式的空化。

空化对水轮机运行有一定的危害。由于空化是准周期性过程,通常诱发水压脉动。当空化频率与水轮机其他振动因素耦合时,会导致共振现象,危害机组安全。空化严重时,在水轮机流道中产生较大体积的空泡,从而引起水轮机水力效率降低、出力下降。

当空泡运动至流场中压力较高的流道壁面附近时,将发生溃灭。空泡溃灭伴随着高速微射流或冲击波,对水轮机流道壁面材料产生强烈作用。当空泡溃灭产生的作用力超过材料屈服应力或疲劳应力时,材料就被破坏,这种现象称为空蚀。空蚀使流道表面变粗糙、出现麻点或坑洞、造成疏松的海绵蜂窝状形貌,严重时甚至会使水轮机叶片穿孔。空蚀对水轮机的安全稳定运行极为不利,不仅破坏过流部件、降低水轮机的出力和效率,而且导致水电机组出现强烈振动、噪声及负荷波动,缩短机组的检修周期,耗费大量钢材以修补被蚀的过流部件。

水轮机空蚀一般发生在混流式转轮下环、转轮叶片吸力面靠近出水边侧、轴流式水轮机转轮室与叶片对应处等。

2.7.2 水轮机吸出高度

空化不利于水轮机安全、稳定运行。为避免空化的发生,一方面在水轮机水力设计中应注意改善空化性能,另一方面则须在水轮机安装时确定合理的高程 ∇_a,而安装高程与水轮机的吸出高度 H_s 有关。

首先,定义装置空化数(也称装置空化系数)σ_y

$$\sigma_y = \frac{(p_a - p_v)/(\rho g) - H_s}{H} \tag{2-22}$$

式中,p_a 为大气压;p_v 为水的饱和蒸汽压;H_s 为水轮机中最低压力点相对于电站下游水位的高度,也称吸出高度,如图 2-14 所示;H 为水轮机额定水头。

记 K 为水轮机叶片上压力最低点,$2'$ 为叶片出口处的点,3 为下游水位的标记点,则水轮机空化数(也称水轮机空化系数)

$$\sigma = \frac{(w_K^2 - u_K^2) - (w_{2'}^2 - u_{2'}^2) + v_{2'}^2}{2gH} - \xi_{K\text{-}3} \tag{2-23}$$

式中,w、u、v 分别为相对速度、牵连速度、绝对速度;$\xi_{K\text{-}3}$ 为自叶片上 K 点至下游水位 3 处的水力损失系数。

水轮机空化数 σ 是衡量水轮机空化性能的主要指标,通常可理解为一个与转轮中的最低压力有关的无因次系数。σ 的值越大,水轮机内越容易发生空化与空蚀,则水轮机的空化性能越差。σ 值随水轮机运行工况而变化,几何形状相似的水轮机在相似工况下的 σ 值相同。

水轮机空化数的影响因素较为复杂,目前工程上主要通过水轮机模型试验来确定。对于原型与模型尺度相差较大的水轮机,由于水轮机内水体的动力学与运动学特性均可能有较显著的差异,所以需要将模型水轮机空化数 σ_m 换算为原型水轮机空化数 σ_p。式(2-24)为一种简化的换算经验公式

$$\sigma_p = 1.17 \frac{\eta_p}{\eta_m} \sigma_m \tag{2-24}$$

式中,η_p、η_m 分别为原型水轮机与模型水轮机的效率。

原型水轮机空化数 σ_p 也可以直接根据额定水头 H 进行修正,即在模型水轮机空化数 σ_m 的基础上加上相应的修正量 $\Delta\sigma$(图 2-15):

$$\sigma_p = \sigma_m + \Delta\sigma \tag{2-25}$$

$\Delta\sigma$ 可按图 2-15 根据水轮机额定水头确定。

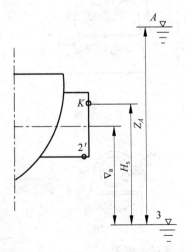

图 2-14 水轮机吸出高度的定义

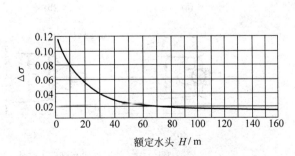

图 2-15 水轮机空化数修正曲线

为了叙述方便,将原型水轮机空化数 σ_p 也记成 σ。当 $\sigma_y \geqslant \sigma$ 时,水轮机内不发生空化。由式(2-22)可得出水轮机的吸出高度须满足

$$H_s \leqslant \frac{p_a - p_v}{\rho g} - \sigma H \tag{2-26}$$

2.7.3 水轮机安装高程

工程中为了方便标记,往往将不同类型的水轮机中心线作为安装基准,如图2-16所示。水轮机安装高程∇_a是指水轮机中心线至电站下游水面的高度差,如图2-14所示。对立轴反击式水轮机,规定水轮机安装高程∇_a为导叶中心平面相对于电站下游水面的高程;对立轴水斗式水轮机,∇_a为喷嘴中心平面的高程;对卧轴水轮机,∇_a为主轴中心线的高程。

从满足空化条件来讲,希望水轮机的安装高程越小越好,因为降低水轮机安装高程就对应着减小水轮机吸出高度H_s。但降低水轮机安装高程就会增大水电站的开挖工程量。所以,实际工程中需要均衡考虑水轮机安全运行与电站开挖工程量对机组安装的要求。

理论上,H_s应是转轮中压力最低点K到下游水面(图2-16中的设计尾水位)之间的垂直距离,但不同工况时K点位置有所变动,实际工程中难以确定。为此规定,计算H_s的下游水面取设计尾水位∇_w,而计算水轮机压力最低点的基准位置取在:①立轴转桨式轴流水轮机的叶片轴线,如图2-16(a)所示;②立轴混流式水轮机的导叶下环平面,如图2-16(b)所示;③卧轴反击式水轮机的叶片最高点,如图2-16(d)和(e)所示。

$$\frac{p_a}{\rho g} = 10.33 - \frac{\nabla_w}{900} \quad (m)$$

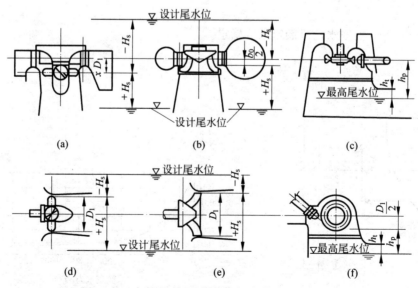

图 2-16 水轮机的吸出高度与安装高程示意图

在水温 20℃时，$\frac{p_v}{\rho g}=0.24(\text{m})$，则

$$\frac{p_a-p_v}{\rho g} \approx 10-\frac{\nabla_w}{900}(\text{m}) \tag{2-27}$$

考虑水轮机运行的空化裕度，可将式(2-26)可改写为

$$H_s \leqslant 10-\frac{\nabla_w}{900}-k\sigma H(\text{m}) \tag{2-28}$$

式中，k 为空化裕度系数，一般取 1.1～1.2。

若算得 $H_s>0$，表示水轮机压力最低点的基准位置在设计尾水位以上；若 $H_s<0$，表示该基准位置在设计尾水位以下。$H_s<0$ 说明 H_s 的作用不再是静力真空，而是产生适当的正压以抵消过大的动力真空，这种情况称为"倒灌"。为了使水轮机运行时不产生空化，须计算各种典型运行工况下的 H_s，并取其最小值。

确定了吸出高度 H_s，就可以计算出水轮机安装高程 ∇_a。

对于立轴轴流式水轮机，安装高程的计算式为

$$\nabla_a = H_s + \nabla_w + xD_1 \tag{2-29}$$

对于立轴混流式水轮机，安装高程的计算式为

$$\nabla_a = H_s + \nabla_w + b_0/2 \tag{2-30}$$

对于卧轴反击式水轮机，安装高程的计算式为

$$\nabla_a = H_s + \nabla_w - D_1/2 \tag{2-31}$$

对于图 2-16(c)所示的立轴水斗式水轮机，安装高程的计算式为

$$\nabla_a = \nabla_w + h_p \tag{2-32}$$

对于图 2-16(f)所示的卧轴水斗式水轮机，安装高程的计算式为

$$\nabla_a = \nabla_{w,\max} + h_p + D_1/2 \tag{2-33}$$

式中，b_0 为导叶高度；x 为轴流式水轮机的高度系数，取值约为 0.41；$\nabla_{w,\max}$ 为最高尾水位；h_p 是排出高度，为使水斗式水轮机避开变负荷的涌浪、保证通风和防止因尾水渠中水流飞溅造成能量损失的必要高度，$h_p=(0.1\sim0.15)D_1$（对立轴式取较大值，对卧轴式取较小值）。确定 h_p 时，要注意保证必要的通风高度 h_t，不宜小于 0.4m，如图 2-16(c)和(f)所示。

习题及思考题

1. 沿着水流方向，依次描述混流式水轮机各种流动部件的结构及其特征。
2. 在结构上，混流式转轮与轴流式转轮分别有何特点？
3. 水轮机导水机构主要包括哪些零部件？
4. 为什么潮汐发电站在机组选型时通常选择灯泡贯流式水轮机？
5. HL180-46 水轮机的转轮直径 $D_1=4.1$m，额定转速 $n=150$r/min。水轮机模型试验的综合特性曲线如图 2-13 所示。

(1) 试确定运行工况点($Q_1'=799$L/s、$n_1'=67$r/min)对应的水轮机流量 Q 与水头 H。

(2) 该水轮机安装在海拔 46m 位置,运行水温 18℃。计算水轮机的吸出高度。

参 考 文 献

[1] Turbomachinery Society of Japan. Hydro turbine[M]. Tokyo: Nippon Industry Publishing Co. Ltd. ,2006.
[2] 季盛林,刘国柱. 水轮机[M]. 北京:水利电力出版社,1986.
[3] 高建铭,林洪义,杨永荨. 水轮机及叶片泵结构[M]. 北京:清华大学出版社,1992.
[4] 罗先武,季斌,许洪元. 流体机械设计及优化[M]. 北京:清华大学出版社,2012.
[5] 中华人民共和国国家标准,GB/T 15613.1—2008. 水轮机、蓄能泵和水泵水轮机模型验收试验 第一部分:通用规定[S]. 北京:中国标准出版社,2008.
[6] 聂荣升. 水轮机中的空化与空蚀[M]. 北京:水利电力出版社,1985.
[7] 李仲奎,马吉明,张明. 水力发电建筑物[M]. 北京:清华大学出版社,2007.

第 3 章 水轮机调节

3.1 水轮机调节的基本概念

3.1.1 水轮机调节的任务

近年来,由于核能与风力发电、光伏发电等可再生能源的迅猛发展,水力发电在我国电力系统中发挥越来越重要的调节作用。水力发电机组利用可再生、无污染的水能,发电成本低;水力发电机组启停快,增减负荷迅速,可以承担各种类型的系统负荷或系统事故备用容量。水力发电企业的基本任务是安全、优质、经济地完成水能到电能的转换,并将足够的优质电能供给电力系统。由于电力用户的负荷随时都在变化,所以电力系统负荷在较大范围内不断波动。电力系统还必须最大限度地保持稳定,使得电网用户端的电能频率和电压值维持在标准规定的范围内。我国电力系统规定,交流电的额定频率为 50Hz、容量在 3000MW 以上的大容量电网允许频率偏差为±0.5Hz,而大容量系统频率偏差不得超过±0.2Hz。因而,电力系统要求水力发电机组必须具有优良的调节性能,能根据负荷的变化,随时改变各自的有功功率输出,并保证电能质量(频率 f、电压 U)符合标准规定。

交流发电机所产生的交流电的频率与发电机的转速之间的关系为

$$f = \frac{pn}{60} \tag{3-1}$$

式中,f 是发电机输出的交流电流的频率,Hz;n 是发电机的转速,r/min;p 是发电机的磁极对数。

由式(3-1)可知,要保证水力发电机组的电流频率不超出允许偏差,就必须控制水力发电机组,使其转速保持在允许范围之内。

因此,水轮机调节的基本任务就是根据系统负荷的变化,随时调节水力发电机组的有功功率输出,维持发电机频率稳定在允许的范围之内。

图 3-1 表示水力发电厂电能生产的控制与调节流程。在水电厂实际生产过程中,需要通过比较发动机与电力用户和系统的电能频率,生成相应的调节指令,并采用手动方式或自动调节

装置对水轮机的导水机构进行相应调节,保持水力发电机组在负荷不断变化的情况下,总能发出符合额定频率的、足量的交流电能。当然,随着现代社会的高速发展,手动方式进行水轮机调节的情况已很少见,高度智能化、高度自动化的水轮机调节装置成为主流。近年来,人工智能技术不断进展,在不久的将来势必影响水轮机调节技术,在调节策略、控制精度等方面带来巨大变化。

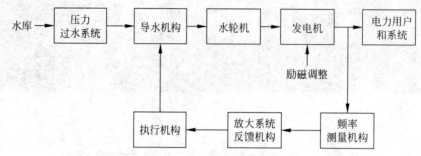

图 3-1 水力发电厂电能生产的控制与调节流程示意图

此外,水轮机调节还担负下列任务:

(1) 完成水力发电机组的正常操作,如开启、关闭机组,增加与减小负荷,以及必要的工况转换等。

(2) 保证机组的运行安全。在各种事故条件下,机组应能迅速稳定地在空载状态或紧急状态下停机。

(3) 实现机组的经济运行。在水力发电厂内,按照指令自动分配机组的负荷。

3.1.2 水轮机调节的基本原理

1. 水力发电机组的运动方程

运行中的水力发电机组的转子系围绕固定轴线旋转,其运动状态由水轮机的动力矩、发电机的阻力矩以及机组自身的转动惯量等因素决定。

描述水力发电机组旋转运动的基本方程式为

$$J \times \frac{d\omega}{dt} = M_t - M_g \tag{3-2}$$

式中,J 是机组转动部分的惯性矩,又称转动惯量,kg·m²;ω 是机组转动角速度,rad/s;M_t 是水轮机的动力矩,N·m;M_g 是转子轴系受到的阻力矩,N·m。

阻力矩 M_g 是对机组旋转运动产生阻碍作用的转矩,包括发电机阻力矩、空气阻力矩和机械摩阻力矩等,其方向与机组转动方向相反。

根据水轮机原理,水轮机动力矩可由如下公式求出

$$M_t = \frac{\rho g Q H \eta}{\omega} \tag{3-3}$$

式中,ρ 是水的密度,kg/m³;g 是重力加速度,m/s²;Q 是水轮机的流量,m³/s;H 是水轮机的水头,m(由于冲击式与反击式水轮机的水头有不同的定义方法,在使用公式时需要特别注意);

η 是水轮机的效率。

综合式(3-2)与式(3-3),当系统负荷变化引起阻力矩 M_g 变化时,必须通过改变动力矩 M_t 来维持角速度 ω 不变。由于水的密度 ρ、水轮机的水头 H 在短时间内基本不变,只有通过调节系统改变水轮机的流量 Q 使式(3-2)达到新的平衡。

2. 水轮机的力矩特性

水轮机的动力矩 M_t 是导叶开度、水头、转速 n 和效率的函数。在确定的导叶开度和水头下,水轮机的转速 n 与动力矩 M_t 之间具有如图 3-2 所示的对应关系。水轮机本身具有自平衡或自调节特性。图中的 AB 曲线是导叶开度为 a_0 时,水轮机动力矩与转速变化的关系曲线。当运行点为 O 时,转速为 n_0、动力矩为 M_{t0},水轮机的动力矩与阻力矩达到平衡;当电力系统负荷降低而导致发电机的阻力矩减小,则机组的转速从 n_0 升高为 n_1,水轮机的动力矩由 M_{t0} 减小到 M_{t1},水力发电机组将在 O_1 点运行,即机组运动达到了新的平衡;反之,当发电机的阻力矩增大,则机组转速由 n_0 降为 n_2,水轮机的动力矩由 M_{t0} 增大到 M_{t2},水力发电机组的运行平衡点由 O 移到 O_2。

当水轮机导叶开度改变时,水轮机的动力矩 M_t 与导叶开度的对应关系将随之改变,如导叶开度减小到 a_1 时,水轮机的力矩特性曲线成为 A_1B_1;增大到 a_2 时,力矩特性曲线变成 A_2B_2。在一定水头下,改变导叶开度可以得到一组水轮机的力矩特性曲线。

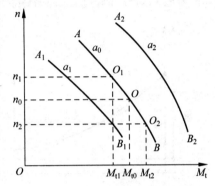

图 3-2 水轮机的力矩特性

因此,依据水轮机的力矩特性就可以确定水力发电机组的调节过程,从而实现水轮机的有效调节,使输出电能的频率保持稳定。

3.1.3 水轮机调节系统的静态特性

在水轮机调节系统中,各参数不随时间发生变化的工作状态称为平衡状态。各种平衡状态下参数之间的关系就是静态特性。

水轮机调节系统的静态特性是指被调节控制的水力发电机组在空载运行、带孤立负荷运行,以及并入电网运行等工况下的系统静态特性。衡量水轮机调节系统静态品质的主要指标有速度变动率、转速死区等。

1. 速度变动率

图 3-3 为水轮机调节系统的静态特性曲线。图中,横坐标 p 为机组有功功率与机组有功功率额度值之比,也称相对有功功率;纵坐标为电网频率 f_w 与额定频率 50Hz 之比,记为 x_f。当机组运行在工况 A 点时,过该点作静态特性曲线的切线,则这条切线斜率的负数为速度变动率 e_p。速度变动率也称为功率永态差值系数。

根据静态特性曲线,可以按下式计算速度变动率

$$e_p = \frac{dx_f}{dp} \tag{3-4}$$

在图 3-3 所示的水轮机调节系统静态特性曲线上，$p=0$ 与 $p=1$ 所对应的电网相对频率之差，记为最大速度变动率 e_s。在不同运行工况下，e_p 的数值不同；但在实际工程中，一般以 $e_p = e_s$ 来处理。

2. 转速死区

由于存在系统惯性、摩擦力等，水轮机调节系统的静态特性并非一条曲线，而是一个带状区域，如图 3-4 所示。对应导叶开度为 a_0 的工况，当机组转速处于 n_2 与 n_1 之间时，调节系统并不操作水轮机活动导叶来调整机组转速。只有当机组转速低于 n_2 时，调节系统根据指令开启水轮机活动导叶；而与此对应，只有当机组转速超过 n_1 时，调节系统才根据指令关闭水轮机活动导叶。所以，对导叶开度 a_0 而言，n_2 与 n_1 之间为调节系统的转速死区。

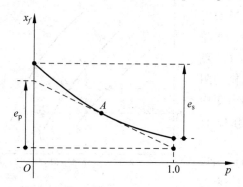

图 3-3 水轮机调节系统的静态特性曲线

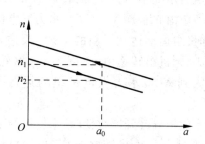

图 3-4 水轮机调节系统的转速死区

通常以 n_2 与 n_1 之差相对于额定转速 n_r 的相对值 i_n 来表示转速死区的大小，即

$$i_n = \frac{n_1 - n_2}{n_r} \times 100\% \tag{3-5}$$

转速死区的存在降低了水轮机调节系统对频率调节的质量，使得机组负荷分配误差增大，不利于调节系统的稳定性。因此，在水轮机调节系统的技术条件中，都要求转速死区不能超过规定的范围。

3.1.4 水轮机调节系统的动态特性

水轮机调节系统的动态特性体现了调节系统过渡过程的动态品质。水轮机调节系统动态特性可用机组转速(频率)随时间的变化关系表示，如图 3-5 所示。该曲线称为水轮机调节系统的动态特性曲线。该曲线表明，经 1.5 个周期衰减波动，调节系统即转入新稳态，转速 n 稳定在允许偏差范围 $\pm\Delta$ 之内。

由图 3-5 可知，调节系统的动态特性包含下列技术指标：

(1) 最大转速偏差 $\Delta n_{\max}$；

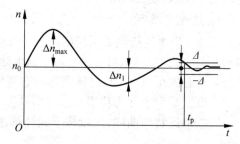

图 3-5 水轮机调节系统的动态特性

(2) 相对超调量 $\delta=(\Delta n_1/\Delta n_{\max})\times 100\%$;
(3) 波动次数,即出现一个正波峰和一个负波峰记为一次波动;
(4) 调节时间 t_p。

对水轮机调节系统而言,最大转速偏差与超调量越小、波动次数越少、调节时间越短,则动态特性越好。

3.2 水轮机调节系统的构成

3.2.1 调节系统的构成

图 3-6 表示水轮机调节系统的基本构成。水轮机调节系统按照属性可分成两大部分:调节控制装置和被调节控制系统。其中调节控制装置也称调速系统,即水轮机的调速器,包括测量元件、放大/校正元件、反馈元件、执行元件等基本环节。被调节控制系统包括水轮发电机组,引水和泄水系统,以及电力用户或电网。由系统中的信号传递关系可知,调节控制装置和被调节控制系统共同构成闭环的自动控制系统。

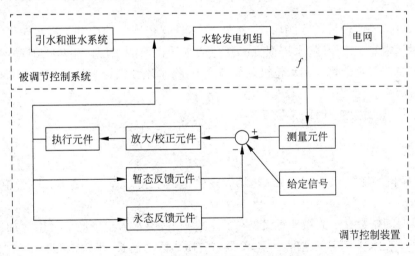

图 3-6 水轮机调节系统的基本构成

水轮机调节系统的主要工作过程如下:
(1) 由测量元件测出水力发电机组的频率、功率、水头、流量等参数。
(2) 比较测量元件传递的测量数据与给定信号,得出的综合信号(即各种物理量的偏差信号)传输至放大/校正元件。
(3) 经放大/校正元件处理的指令发送执行元件。
(4) 执行元件主要指油压装置驱动的导水机构、转桨机构。通过执行元件改变进入水轮机的流量,以及转桨式水轮机的桨叶角度,使得水轮机输出的动力矩发生变化,进而控制机组的频率、功率。

水轮机调节系统的工作状态一般可分为稳态、小波动工况、大波动工况等。不论出现小波动或大波动工况，调节控制装置都必须自动进行及时、恰当的调节，使系统经最优动态过程转入新的稳态。此时，水轮机调节系统测得的机组频率（转速）维持在允许范围之内，系统处于输入、输出能量平衡的稳定运行工况。

需要强调的是，水轮机调节系统是一个涉及水、机、电能量转换的多参数复杂控制系统。作为主要的被调节对象，水力发电机组具有较大的机械与流动惯性；系统处于外部负荷不断变化的扰动之下，必须随时满足电力系统的有功功率需求，且维持电流频率在允许范围之内；水轮机工作的水头受自然条件影响，随季节发生较大改变；调速系统本身也具有一定的惯性与延迟，等等。这些因素决定了水轮机调节系统是一个复杂的非线性的动态系统，从而对水电生产过程的调节控制装置提出了更高的要求。

3.2.2 被调节控制系统的特征参数

被调节控制系统的基本属性决定了水轮机控制与调节的难易程度，也是设计调速器的主要参考因素。被调节控制系统的特征参数包括引水系统的水力特征参数、由水轮机与发电机组成的机组的机械特性参数、电力负荷特征参数等。

1. 水力特征参数

压力引水管道一般较长，管道中的流量大、水体具有相当大的惯性。当水轮机调节使管道内流量在短时间内发生改变时，水流惯性必然造成水轮机前的水压产生较大波动（水击），对水轮机调节过程造成一定干扰。在水轮机调节理论中，将水流惯性影响调节控制装置的程度用水流惯性时间常数来表征。

压力引水管道水流惯性时间常数 T_w 的表达式为

$$T_w = \frac{\sum L_i V_i}{gH} \tag{3-6}$$

式中，H 是水轮机的额定水头，m；L_i 是第 i 段管道的长度，m；V_i 是第 i 段管道内的流速，m/s。

水流惯性时间常数 T_w 的物理意义是在额定水头下，引水管道中的流量由零加速到设计流量所需的时间。在水头一定的情况下，水轮机前的压力管道越长，水轮机的流量越大，则水流惯性时间常数 T_w 越大。因此，长引水管道水电站或低水头水电站的水流惯性时间常数数值较大，对调节滞后影响较为严重，水轮机调节系统的稳定性问题更突出。

为抵消此不利影响，水轮机调速器必须设置可以抵消水流惯性影响的校正元件。当 T_w 值过大，超出调速器可以保证调节系统稳定范围的情况时，有必要在设计压力引水系统时采取措施，如设置调压井以缩短水轮机前压力管道的长度等。

2. 机械特征参数

水力发电机组旋转部分的机械转动惯性，具有力图维持旋转运动状态不变，或阻碍运动状态改变的作用。机械转动惯性常用机组转动部分的转动惯量 J 表示，可由机组的飞轮力矩 GD^2 求出，即

$$J = 1000GD^2/4g \tag{3-7}$$

采用惯性时间常数 T_a 表示水力发电机组的机械旋转惯性,即

$$T_a = \frac{J_r}{M_{tr}} = \frac{GD^2 n_r^2}{3580 P_r} \tag{3-8}$$

式中,J_r 是额定转速时机组的惯性矩,kg·m^2;M_{tr} 是机组的额定转矩,即机组达到额定转速、额定功率时的动力矩,N·m;GD^2 是机组的飞轮力矩,kN·m^2;n_r 是机组的额定转速,r/min;P_r 是机组的额定功率,kW。

T_a 的物理意义是在额定动力矩 M_{tr} 作用下,机组转速由零上升至额定转速 n_r 所需要的时间。由于机组在额定转速、额定功率时的额定动力矩可认为是常数,所以飞轮力矩 GD^2 值越大,惯性矩 J_r 就越大,时间常数值 T_a 也越大。因此,在设计、制造水力发电机组时应保证机组具有符合调节保证计算要求的飞轮力矩,保证具有足够大的惯性时间常数是调节控制系统动态稳定的必要条件。

一般低转速的水力发电机组都有足够大的转动惯量。某些转速较高、尺寸较小的小型机组,有时需配置额外的飞轮以增大机组的飞轮力矩。通常水力发电机组的飞轮力矩以发电机为主,水轮机的飞轮力矩约占机组总飞轮力矩的1/10。

3. 电力负荷特征参数

发电机的阻力矩代表电力用户负荷的大小,阻力矩还与用户或电力系统的性质及频率变化有关。单独带负荷运行与并网运行的水力发电机组,都需要进行水轮机调节,二者的调节实质一致。

单机运行时,根据机组的运动状态与力矩平衡情况按式(3-2)进行调节。

当水力发电机组并入电网中运行时,须以电网的特性参数来计算。电网中机组的运动方程为

$$\frac{m}{f} \times \frac{d\omega}{dt} = \sum M_t - \sum M_g \tag{3-9}$$

式中,m 为电网的惯性常数,代表所有以同步转速并网运行机组转动惯性的综合效应(大型电力系统具有相当大的惯性常数);f 为电网的频率;$\sum M_t$ 是电网所有原动机的动力矩之和;而 $\sum M_g$ 是电网所有发电机的阻力矩之和。

3.2.3 对调节控制装置的总体要求

水轮机调速器除了具有一般原动机调节的基本特征之外,尚有如下具体要求:

(1) 调速器工作时须驱动较大几何尺度的导水机构,从而改变水轮机的流量,实现机组能量平衡控制,或者须按协联关系改变桨叶角度,进而控制水轮机内水流的流态,使之符合高效运行要求。所以,水轮机调节系统要求调速器具有足够的操作功率。为此,水轮机调速器必须采用液压放大装置,并具有压力油源。特小型水轮机的调速器采用一级液压放大即可,中小型水轮机调速器多采用二级液压放大,而大型调速器对其液压放大的输出级有更高要求。在一定油压下,要用较大尺寸的主接力器作为执行元件,以保证调速器具有足够大的调节功;如果提高调速

器的工作油压,则可减少液压放大环节,减小接力器尺寸,并有助于改善调速器的性能。

各种水轮机调速器中与流量、流态控制有关的装置,包括活动导叶、转轮桨叶、喷针与喷嘴、折向器,以及它们和接力器活塞之间的传动机构等,都属于水轮机调节系统的执行元件。驱动水轮机的活动导叶及转轮桨叶按调节要求动作,导叶接力器和桨叶接力器皆应有足够大的调节能力(如力矩、功率)。

(2) 调速器应有完善的校正元件,以抑制水流惯性导致的过调节,保持水轮机调节系统有良好的动态性能。传统的机械液压调速器具有很大的负反馈强度,调速器的系统较复杂、调整比较困难,而新型的 PID 调速器性能优异、调整方便,已得到广泛应用。

具有固定叶片的反击式水轮机一般只采用活动导叶作为流量调整机构,通过控制活动导叶开度,调整水轮机流量与负荷相适应。此时,水轮机调速器称为单调节调速器。

对于轴流转桨式水轮机、贯流式水轮机和斜流式水轮机,除了采用活动导叶及其操作机构来控制水轮机的流量外,还有必要采用桨叶协联调节装置来控制转轮叶片的安装角度,从而保证转轮内流动适应工况的变化;而控制冲击式水轮机的流量时,除了调整喷嘴开度的喷针及其操作机构,还配备了操作折向器的控制装置。当转速飙升时可通过折向器快速遮断射流,以保证大波动工况下机组的安全。这些水轮机的调节机构均有两套,称为双重调节调速器:第一套机构控制水轮机的流量;第二套机构调节桨叶实现高效运行或切断水流保证安全。

抽水蓄能机组有抽水、发电两种运行工况,要求特殊的双重调节,以及特定的运行控制方式。某些设有长引水管道的混流式水轮机,通常装有控制水击作用的调压阀,也属一种特殊的双重调节方式。

(3) 为了充分开发利用各种自然条件下的水能,水轮机调速器应有多种型号、多种规格,以满足各种不同属性被调节控制系统对水轮机调节系统的要求。除了单调节、双重调节的调速器,针对各种大、中、小、特小型水轮机须采用不同规格的调速器。

电力系统大型化、发电控制高度自动化要求调速器具有更多的控制、操作功能,对自动调节的指标要求也更高。水轮机调速器还可以和其他自动装置配合,实现多机组的成组调节、按水头调节等综合自动控制。尽管水轮机调速器属于相对成熟的技术,但随着数值制造、人工智能等方面的技术进步,调速器的技术仍需不断发展,以应对未来电力系统超大型化、智能化带来的巨大挑战。

3.3 调速器的分类与典型调节系统

水轮机调节控制是随着机械、电子、计算机、自动化等学科的发展而发展,适应电力系统与水轮机的技术发展而不断革新的技术。因而,水轮机调速器自 19 世纪末使用以来历经了巨大变化。

3.3.1 调速器分类

1. 按照调速器系统结构分类

水轮机调速器有许多类型,但通常由测量元件、放大元件、校正元件等环节组成。由于各个环节之间的信号传递、变换与综合的方式不同,所以调速器的结构不同。

依据调速器系统的基本组成结构,可分为机械液压调速器、电气液压调速器和微机调速器。其中微机调速器也称电子调节器型调速器,是目前国内外水电厂基本上都正在使用的一类调速器。

2. 按照调速器调节规律分类

按照调节控制规律的差异,调速器可分为PI(比例-积分)型调速器、PID(比例-积分-微分)型调速器。

3. 按照反馈的位置分类

调速器的反馈信号可以取自主接力器或中间接力器,所以这两类调速器分别称为辅助接力器型调速器和中间接力器型调速器。此外,还有电子调节器型调速器。

4. 按照调速器的容量分类

按照容量,调速器可分为中小型调速器和大型调速器。

中小型调速器采用接力器的操作功表征容量,如操作功小于或等于10 000N·m的调速器称为小型调速器;而操作功为10 000~30 000N·m的调速器称为中型调速器。但是,大型调速器则以主配压阀的直径表示容量,目前国家标准中规定了80mm、100mm、150mm和200mm四个等级。

此外,按照执行机构的数量,可分为单调节调速器、双重调节调速器;按照调速器油压装置和主接力器设置方式还可分为将机械液压柜、油压装置和主接力器作为一个整体布置的整体化调速器,以及将机械液压柜、油压装置和主接力器分散布置的分体化调速器。

3.3.2 调速器的型号

调速器产品的型号由三部分组成,彼此用"-"隔离。

第一部分表示调速器的基本特征与类型,最多有四个字符。其中第一个字符表示容量的代号,如大型(无代号)、通流式(T)、中小型带油压装置(Y);第二个字符表示调速器结构特点的代号,如机械液压型(无代号)、电气液压型(D)和微机型(W);第三个字符表示调速器执行机构数量的代号,如单调节(无代号)和双重调节(S);第四个字符为调速器的基本代号(T)。

第二部分包括最多两组字符。其中第一组字符表示调速器的容量大小。大型调速器以主配压阀直径表示,单位为mm;中小型调速器以主接力器容量表示,单位为9.8N·m。第二组字符为调速器的改型代号,如A、B、C等。

第三部分表示调速器的额度油压。当油压大于2.5MPa时,代号表示油压数值,单位为MPa;当油压在2.5MPa及以下时,无代号。

如调速器型号为DST-100-6.3,表示该调速器为电气液压型(D)、双重调节(S)的调速器(T),主配压阀直径100mm,额度油压6.3MPa。

3.3.3 调速器的典型系统结构

1. 机械液压调速器

早期的水轮机调速器都属于机械液压调速器。该类型调速器的测速、给定、反馈信号均采用机械方法产生,这些信号经机械方式综合后通过液压放大来控制水轮机的接力器,从而推动导水机构,调节水轮机的输出功率。

由图3-7可知,机械液压调速器主要元件及作用如下:

(1) 测速装置即测量元件,利用飞摆的离心效应来测量转动部件的位移。该位移信号转换为频率信号,并与转速调整机构给定的频率信号进行比较得出频率的偏差信号。

(2) 主配压阀的作用是控制活动导叶或转轮桨叶的接力器。辅助接力器是主配压阀的组成部分,是操作主配压阀活塞的控制接力器;引导阀是控制辅助接力器或中间接力器的配压阀。

(3) 缓冲器是实现缓冲功能的机械部件。

(4) 转速调整机构用于改变机组的转速。

(5) 依据主配压阀的动作,导叶接力器给活动导叶传递操作力,而转轮桨叶接力器则提供转动桨叶角度的操作力,这两种接力器均称为主接力器。对于冲击式水轮机,主接力器包括控制喷针、折向/偏流器的接力器。

(6) 开度限制机构一般指通过引导阀限制活动导叶或者喷针开度的机械装置。

机械液压调速器动态特性较好、可靠性较高,适合带独立负荷和中小型电网中运行的水力发电机组的调节。但在性能、精度与自动化程度等方面,机械液压调速器则存在明显不足,目前仅在我国极少数水电厂的小型机组上应用。

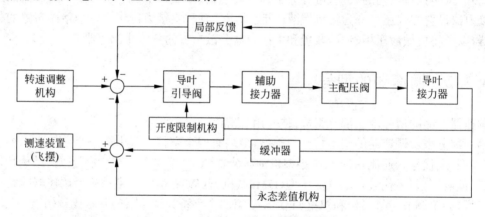

图3-7 机械液压调速器的典型结构

2. 电气液压调速器

电气液压调速器在20世纪60年代开始应用,它与机械液压调速器在工作原理、系统组成等方面基本相同,主要是采用电气部件取代了机械液压调速器中的飞摆、开度限制机构等测量、反馈与调节元件。电气液压调速器的结构如图3-8所示。

参照图3-8,列举电气液压调速器的主要功能模块如下:

(1) "给定频率"单元的功能等同于机械液压调速器中的转速调整机构,用于给定、改变机组的运行频率。

(2) "频率测量"单元的功能等同于机械液压调速器中的飞摆,采用模拟或数字方式检测机组的转速,并转变为相应的输出信号。

(3) "测速信号源"单元是产生并提供转速信号的电气装置。

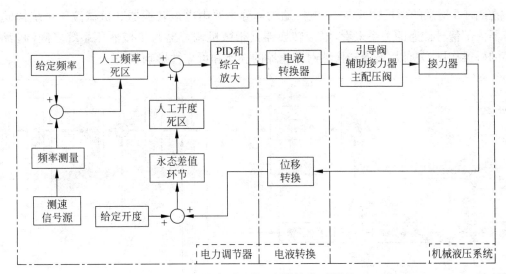

图 3-8 电气液压调速器的典型结构

(4)"人工频率死区"和"人工开度死区"单元,用于规定控制系统不起作用的被控制参数的范围,以便机组稳定地承担基本负荷。

(5)"PID 和综合放大"单元,用于将多种电气信号综合在一起,并进行适当放大。

(6)"电液转换器"单元用于将电气信号连续、线性地通过液压放大而转变为对应一定操作力和位移的机械位移信号,或者转换为具有一定压力的流量信号。电液转换器是连接调速器的电气部分与机械液压部分的元件。

(7)"位移转换"单元,用于将接力器(配压阀)的位移信号转换为相应的电气信号。

需要说明的是,目前电气液压调速器基本上已被微机调速器替代,且我国市场上已经没有电气液压调速器的生产企业。

3. 微机调速器

微机调速器也称为数字式电液调速器。与机械液压调速器、电气液压调速器相比,微机调速器是采用微机进行物理量信号的测量、变换与处理的电液调速器。因而,微机调速器具有极其明显的优势:①系统集成度高、可靠性好、体积小,十分有利于产品设计、制造、安装、调试与维护;②可按照拟定的任意规律,通过软件实现机组的开、停机,确保系统安全与稳定;③采用软件实现 PI、PID 控制,以及前馈控制、预测控制、自适应控制等调节规律,提升水轮机调节系统的静态与动态特性;④实现水电厂数字化操作与控制,大幅提高了水电厂自动化生产水平。

相比传统的机械液压调速器和电气液压调速器,微机调速器在结构上发生了很大的变化。图 3-9 表示一种微机调速器,包括微机调节器、电液随动系统(含机械液压系统)两大部分。按照微机的种类,微机调节器可分为单片机、PLC(可编程控制器)和基于工业控制机的微机调节器等。随着计算机与网络技术的不断发展,微机调速器将随时代进步而逐步更新,其功能会更加完善,为水力发电机组及电力系统安全稳定运行提供强有力的保障;依据调速器使用微机的数量,微机调速器可分为单微机调速器、双微机调速器和三微机调速器;按照所采用的电液随动系统的种类不同,可分为比例阀式、比例伺服阀式、直流伺服电机式、步进电机式调速器。

在图 3-9 所示的微机调速器中，电液随动部分主要由电液转换器和机械液压系统构成。从调速器内部信号传递的关系来看，电液转换器处于微机调节器与机械液压系统之间，起着中间连接的桥梁作用。所以，电液转换器对调速器的性能和可靠性影响很大。

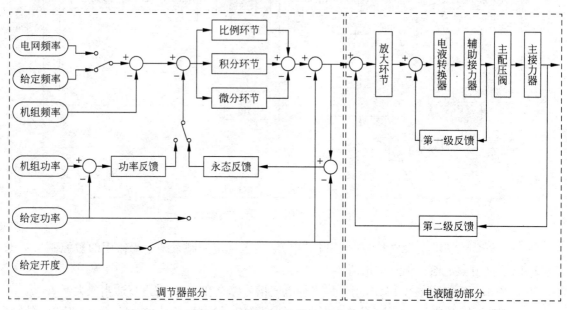

图 3-9　微机调速器的基本结构

图 3-10 表示采用微机调速器的水轮机调节控制系统结构，其中水力发电机组为被控制对象，由工业控制机、检测单元、输入与输出通道、执行器等组成微机调速器。显然，微机系统（此处为工业控制机）是整个调节控制过程的核心；输入通道与检测单元共同完成对整个系统的状态检测，主要测量电力系统的频率、机组频率、水轮机水头、发电机功率、接力器行程，以及其他模拟量与开关量等；输出通道将计算机输出的控制信号传递给执行器，通过执行器调节、控制机组；执行器可采用电液随动系统，也可采用步进电机或其他系统。

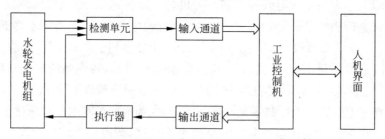

图 3-10　微机调速器型水轮机调节控制系统的典型结构

3.4　调速器的主要部件

目前，水轮机调节控制系统中常用微机调速器，因而本节主要介绍微机调速器的主要部件及其典型结构。尽管在实际生产中已经很少应用，但机械液压调速器的一些部件与微机调速器通用,而且机械液压调速器的测速原理与其他两种类型的调速器类似,所以在此一并进行简要说明。由于调速器型号繁多,每一类部件的原理与结构多种多样,在此仅选择一种结构举例说明。

3.4.1 飞摆

飞摆是机械液压调速器的测速元件,利用测速重块在离心力作用下产生的位移测量机组的转速,并通过输出位移量向调速器的执行机构发出操作指令。图 3-11 为飞摆的测速原理,图中钢带 5 的上端被固定在上支持块 6 上,测速重块 3 在径向的位移受到限位装置 4 的约束。

当飞摆旋转时,测速重块 3 在离心力作用下使钢带 5 向外张开、垂直向上运动。此时,下支持块 1 被钢带拉动,发生垂直向上的运动;而弹簧 2 由于下支持块的位置上升而受到挤压,对下支持块 1 产生一定的弹性推力。测速重块 3 在离心力、测速重块的重力,以及钢带 5 拉力作用下,分别在径向、轴向上达到平衡。而对于下支持块 1,它在自身重力、钢带拉力和弹性推力的作用下达到平衡。由于重力可视为保持不变,而作用在测速重块(下方)和下支持块上的钢带拉力是一对作用力与反作用力,所以测速重块 3 的力平衡主要是离心力与弹性推力的平衡。

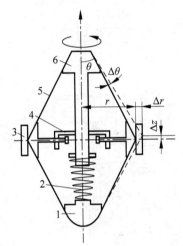

1—下支持块;2—弹簧;3—测速重块;
4—限位装置;5—钢带;6—上支持块

图 3-11 飞摆的测速原理

如果设定额度转速下,测速重块的离心力与弹性推力平衡,钢带与轴线的夹角为 θ。当机组转速发生变化时,测速重块的质心位置产生位移,其径向位移记为 Δr、轴向位移记为 Δz,钢带与轴线的夹角变化为 $\Delta \theta$,则位移量 Δr、Δz 与 $\Delta \theta$ 均为转速 n 的函数。

因此,飞摆的工作原理为:当电力用户负荷增加时,机组转速下降,测速重块受到的离心力减小,则钢带与轴线的夹角 θ 变小,下支持块位置垂直向下移动,从而发出了增大水轮机活动导叶开度的指令;反之,则钢带与轴线的夹角 θ 因机组转速增大而变大,下支持块位置垂直向上移动,飞摆发出减小水轮机活动导叶开度的指令。一方面利用离心力效应测量机组运行的转速;另一方面通过比较机组运行转速与额度转速,基于二者的差值输出位移信号。

3.4.2 电液转换器

电液转换器的作用是将电气信号连续、线性地进行液压放大,并转换为位移输出。通常有位移式电液转换器、电液伺服阀、比例伺服阀、电磁换向器等。

图 3-12 表示一种机械位移式电液转换器。伺服电机 1 与滚珠丝杠 3 通过联轴器 2 固定连接,滚珠螺母 4 与输出杆 6 连接,滚珠丝杠 3 与滚珠螺母 4 构成传动转换元件的摩擦副。伺服电机启动后带动滚珠丝杠旋转。由于滚珠丝杠的上端固定,滚珠丝杠的转动将驱动滚珠螺母连同

输出杆产生直线运动,完成了将电机的角位移转换为输出杆直线位移的过程。一旦伺服电机停止,则输出杆在弹簧 5 的作用下回复至中间平衡位置。

此外,手柄 8 通过啮合的齿轮 7 也可以转动联轴器 2,进而使输出杆 6 产生直线位移。

3.4.3 主配压阀

图 3-13 是一种带比例伺服阀的机械液压控制型主配压阀。它采用比例伺服阀作为电液转换器对主配压阀进行控制。

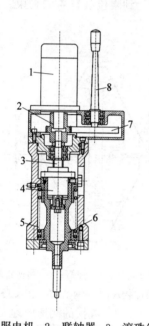
1—伺服电机;2—联轴器;3—滚珠丝杠;
4—滚珠螺母;5—弹簧;6—输出杆;
7—齿轮;8—手柄
图 3-12 机械位移式电液转换器

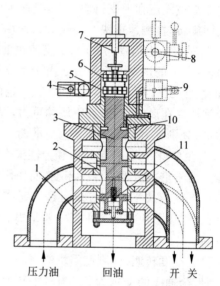
1—阀体;2—主衬套;3—主活塞;
4—比例伺服阀;5—关机时间调整螺母;
6—开机时间调整螺母;7—直线位移传感器;
8—双滤油器;9—紧急停机电磁阀;
10—控制腔;11—恒压腔
图 3-13 带比例伺服阀的机械液压控制型主配压阀

主配压阀主要由阀体 1、主衬套 2、主活塞 3、比例伺服阀 4、关机时间调整螺母 5、开机时间调整螺母 6 等构成。此外,还设置有双滤油器 8、紧急停机电磁阀 9。

当比例伺服阀 4 处于中间平衡位置时,主活塞 3 处于静止状态。当微机调节器的指令信号使比例伺服阀开启运动时,主配压阀的控制腔 10 的压力下降,主活塞 3 在恒压腔 11 的压力作用下向上移动,从而开启接力器;反之,微机调节器的指令信号使比例伺服阀朝关闭方向运动,则主配压阀的控制腔 10 的压力上升。此时,控制腔的压力大于恒压腔的压力,主活塞向下移动,关闭接力器。当主活塞向上或向下移动时,其位置变化被直线位移传感器 7 所检测,并转化为相应的信号。

主活塞 3 与控制腔 10、恒压腔 11 构成主配压阀的差压式辅助接力器,其中控制腔的面积较大,约为面积的 2 倍恒压腔。比例伺服阀 4 的控制油经过紧急停机电磁阀 9 与控制腔相连通;

而恒压腔则连通主配压阀的压力油(在图 3-13 中,压力油从左侧油管进,中间回油)。

3.4.4 接力器

图 3-14 表示直缸接力器与导水机构的连接关系:图 3-14(a)为全局布置图;图 3-14(b)表示接力器与导水机构之间的连接,为局部侧视图。其中接力器 1 通过活塞杆 2、转臂 3 和调速轴 4 带动下转臂 7 转动,从而驱动两根推拉杆 8 分别朝两个相反的方向移动,使控制环 9 产生旋转运动来操作导水机构(活动导叶)的开度增减。随着控制环的旋转,两根推拉杆之间的夹角 α 发生变化。

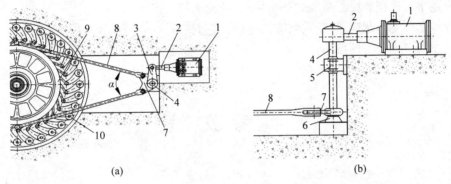

1—接力器;2—活塞杆;3—转臂;4—调速轴;5—轴承;6—径向止推轴承;
7—下转臂;8—推拉杆;9—控制环;10—活动导叶枢轴
图 3-14 直缸接力器与导水机构的连接关系

图 3-15 为一种直缸活塞式接力器结构。其中导管 4 固定在活塞 3 的右端,可以做直线运动。导管与前缸盖 9 之间须密封以防止压力油泄漏;活塞杆 6 可在导管内运动,通过连接套筒 8 和推拉杆(见图 3-14)相连接,从而推动导水机构的控制环转动(见图 3-14);开度表 7 与活塞杆相关联,指示活塞所处的位置。

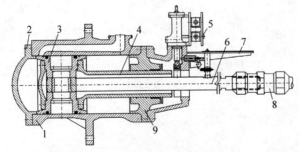

1—缸体;2—后缸盖;3—活塞;4—导管;5—锁定装置;6—活塞杆;7—开度表;8—连接套筒;9—前缸盖
图 3-15 直缸活塞式接力器结构

活塞左右两侧的腔室内通有两路相互隔离的压力油。油压不同使得活塞发生移动,从而推动活塞杆操纵导水机构。因而,开度表既可直接表示接力器活塞的行程,也可表示导水机构中活动导叶的开度。锁定装置 5 可以限制导管向右侧的移动位置,其作用是将接力器锁定在对应导叶关闭的位置,防止活动导叶被水流冲开。

直缸活塞式接力器是结构相对简单的一种接力器。此外,还有双直缸活塞式接力器、环形接力器等。

习题及思考题

1. 为什么要进行水轮机调节?
2. 发电机的频率和转速之间是什么关系?
3. 简述水轮机调节控制系统的基本构成,并说明其工作过程。
4. 什么是单调节调速器、双重调节调速器?它们二者可以相互替代吗?
5. 调速器有哪些特性指标?
6. 分别说明 ST-150 及 YT-6000 型号的调速器含义。

参 考 文 献

[1] 张昌兵.水轮机调节系统[M].成都:四川大学出版社,2015.
[2] 沈祖诒.水轮机调节[M].北京:中国水利水电出版社,1998.
[3] 魏守平.水轮机调节系统仿真[M].武汉:华中科技大学出版社,2011.
[4] 魏守平.水轮机调节[M].武汉:华中科技大学出版社,2009.
[5] 高建铭,林洪义,杨永荨.水轮机及叶片泵结构[M].北京:清华大学出版社,1992.

第4章 无压引水式电站沿线建筑物

水电站无压引水沿线的建筑物，是指从水电站进水口到尾水出口整个线路上所涉及的无压水工建筑物，包括机组上游段的引水段和机组下游的泄水段。

无压引水，广义来说，是指所引水流具有自由表面。具体到无压引水式水电站，则是指引水线路最上游一段的引水渠道或引水隧洞的水流具有自由表面。引水渠道、引水隧洞二者统称引水道。

无压引水式水电站沿线所涉及的水工建筑物包括无压进水口，沉沙、排沙设施，引水道，调节池，前池，尾水渠，防淤闸等。显然，这些建筑物不一定只属于无压引水式水电站，如尾水渠，任何类型的水电站都有尾水。

本书沿引水线路讲述水工建筑物，有利于理解各类水工建筑物所处的位置、设置的目的、具体的功用等。这些建筑物，在一个电站中并不一定全部包括。

即使是无压引水式水电站，前池下游与电站厂房之间也一定是压力管道，即以有压流的型式引水进入机组。所有类型的水电站，真正引水入机组时，水流一定是有压的。

鉴于压力管道的内容与有压引水式水电站没有差别，且内容较多，设专篇予以讲授。

有些水工建筑物或设施，比如清污设备与启闭机，在不同类型的水电站中是共有的，为避免重复，本书中只在一处讲授。

4.1 无压进水口

无压引水式水电站的特点是首部枢纽无坝，即或有坝也很低，只起抬高水位便于引水的作用。因此，进水口多为无压开敞式进水口（见图4-1）。这种进水口的水流具有自由表面，适用于河流水位变幅小的引水式电站，其特点是：①进水口内装设有检修闸门和工作闸门；②结构简单，闸门操作可靠；③有防沙、防污问题；④北方河流还有防冰问题。

无压进水口的功用是按负荷要求引水发电，因此应满足如下基本要求：

（1）足够的进水能力。在任何运行水位下，引水都能满足发电的要求，因此进水口的尺寸、位置高程及在枢纽布置中的位置必须合理。考虑到将来引水渠道糙率的变化，进水口的进流能

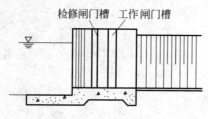

图 4-1　无压开敞式进水口

力需要有一定的富裕。

(2) 水质要符合要求。由于无压进水口前一般没有水库,在河中流速较大时,泥沙、污物等可顺流而下直至进水口前,严重的情况下泥沙淤积可堵塞进水口,污物能压坏拦污栅,必须慎重对待。为保证引到清洁的发电用水,设置拦污栅是必要的,有时,尚需在离进水口较远的河道上设置拦污排,拦污排主要用于拦漂。

(3) 流量可控制。明渠引水存在进水量的控制问题,所引水流也不一定全部用以发电,所以无压进水口除检修闸门外,工作闸门是不可缺少的。

(4) 进水口水头损失要小。电站常年运行,因此进水口要尽可能减少水头损失,为此,进水口流道要平顺,流速不宜过大。

除此之外,对于严寒地区的进水口,要有防冰、排冰措施。

进水口必须具备可靠的电源和良好的交通运输条件,以便于施工和运行管理;枢纽布置中,要同其他建筑物的布置相协调,以便于同其他建筑物相衔接。

4.2　进水口防沙及排沙措施

对于多泥沙河流,电站进水口的防沙措施是非常重要的。引水枢纽常设计成拦河闸的型式,进水口属于引水枢纽的组成部分。通过工程措施将大量泥沙拦截在进水口之前,并在进水口或前池采取有效措施,阻止有害粒径的砂砾进入水轮机。

典型的拦河闸式引水枢纽布置型式见图 4-2,其中冲沙槽的作用是将底沙沿河槽经冲沙闸排走,因此,槽内最大流速应大于最大推移质的起动速度。冲沙槽宜前宽后窄,以使进水口到引流后槽内纵向仍有足够大的流速。

拦沙坎的高度一般为 1.5～2.0m。对于大中型工程,坎高为 2～3m,或相当于冲沙槽内水深的 50%左右,但不宜太高。在闸前水深一定的情况下,坎越高,进水口水深越小,流速越大,高流速情况下越容易挟带底沙。

束水墙位于泄洪闸与冲沙闸之间,冲沙闸开启后,它起到束水攻沙作用,冲沙闸关闭后,它可使进水口前形成一定深度的静水区,以减少底沙进入进水口。

进水口防沙,不但对推移质要拦,还要立足于排。曾有水电站只拦不排,造成进水口前沿大量淤积,因此,冲沙闸的设置是必需的。冲沙闸的底板可与泄洪闸底板同高。闸底板高程的确定必须慎重,必须同时考虑下述两方面的因素,一是闸前的排沙效果,二是闸后河床的冲淤问

第4章 无压引水式电站沿线建筑物

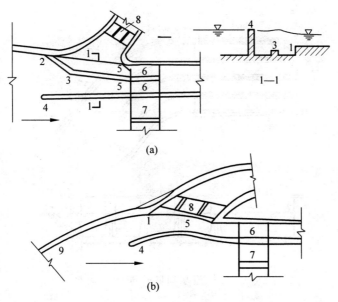

1—拦沙坎；2—导沙丁坎；3—导沙顺坎；4—束水墙；5—冲沙槽；
6—冲沙闸；7—泄洪闸；8—进水闸；9—天然或人工弯道

图 4-2 进水口及其防沙设施示意图

题，特别是多沙河流的大中型工程，可参考有关资料。

我国在许多多泥沙河流上修建了拦河闸式引水枢纽，取得了许多成功的经验，如西南地区的映秀湾、渔子溪、西洱河梯级等水电站。

图 4-2(b)中的 9 为天然或人工弯道，显示出进水口处于凹岸的一侧。凹岸取水是进水口防沙的重要措施，其原理是利用了弯道的横向环流作用。在弯道环流的作用下，凹岸一侧冲刷，凸岸一侧则因沉淀而淤积，所以凹岸一侧的水较清(河流的自然裁弯、牛轭湖的形成即因为此)。

利用弯道的环流作用进行防沙，早在 2000 多年前的都江堰工程中就得到了应用(都江堰的取水口——宝瓶口，即位于弯道凹岸的下游端)，并为此后众多的工程所采用，如映秀湾和龙渠水电站的引水渠，其进水口都接近弯道的末端；四川宝兴河上的甬城水电站是布置在平直河段的水利枢纽，但引水口前利用人工凸岸，造成弯道环流，达到引水排沙的目的。

需要说明的是，弯道横向环流强度过大也会对工程产生不利影响，例如，凹岸下游冲刷剧烈，泄洪闸前水位横比降大；闸孔泄洪能力不均匀，位于凸岸的闸孔泄洪量小且易在闸前闸后形成淤积。这些在设计中应予以注意。

进水口防沙除上述措施外，双层取水、底孔冲沙也是常用的一种措施(见图 4-3)。双层取水，清流进入引水渠，底部推移质则形成堆积。在冲沙底孔前，通过定期冲沙，将淤沙排走，底孔冲沙的水流速度一般要在 4~6m/s，图中导水墙的作用就是为了分隔水流，以形成较大的流速。

进水口除了防沙、排沙设施外，为了保证水质，尚需设置拦污栅和清污设备，这与有压引水式电站、坝式水电站是一样的，此内容将在第 5 章中讲授。

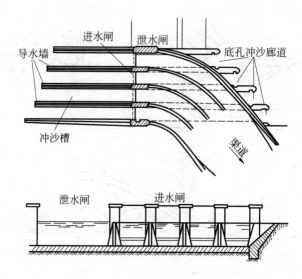

图 4-3 无压进水口底孔冲沙示意图

4.3 沉 沙 池

在进水口前设置拦沙坎(坝)可拦截推移质,但有害的悬移质和部分跳跃式推移质还会越过拦沙坎(坝)进入进水口。对于无压开敞式进水口,一般采用两道防线防沙,即除了进水口前的防沙措施外,在进水闸之后的适当位置,再设置截沙槽、截沙廊道,或沉沙池和冲沙建筑物,对泥沙进行第二次沉积、冲排(新疆地区的某些水电站对此有丰富的经验)。所谓沉沙池即进水口后一段扩大断面的渠道,通过加设分流墙或格栅形成均匀的低速区,使有害泥沙沉淀在池内。根据颗粒的大小,沉沙池内的平均流速一般为 0.25~0.70m/s,第二道防沙的重点是接近河底的悬移质。

沉沙池应有足够的长度,使水流在流出沉沙池之前能将挟带的有害泥沙沉入池底,所以沉沙池的构造和尺寸要进行专门的计算。对多泥沙河流上的大型工程,最终选定方案必须通过水工模型试验加以验证。

沉入沉沙池内的泥沙要及时清除,可分为机械清沙和动水冲沙两种。前者如四川映秀湾电站,采用挖泥船清沙;后者主要通过冲沙廊道清除淤积的泥沙,有定期冲沙和连续冲沙两种。为不影响连续发电,定期冲沙一般将沉沙池做成并排几个,轮流冲沙。进水口防沙设计需要弄清现有河流的泥沙状况,还需弄清上游泥沙来量的可能变化,比如,上游自然环境是否会因人类的活动得以改善(如上游修水库)或恶化,应恰当估计上游水土保持带来的实效,防止不切实际的设计造成防沙失误,这一点我国是有教训的。

沉沙池应用广泛,任何引水、输水建筑物,只要有防沙的要求,都可利用沉沙池来解决泥沙问题,它不局限应用于引水式水电站。

4.4 无压引水渠

无压引水式水电站输送水流的建筑物可以是常规的无压引水渠,也可以是无压隧洞。无压引水渠,指进水口建筑物之后、(压力)前池之前的一段引水建筑物,水流具有自由表面。引水渠道长度大,可能需要穿越河流、高山、道路,可能存在与其他建筑物的相交问题,断面形状多样化,因而投资比例大。引水渠道也称为动力渠道。

4.4.1 渠线选择所遵循的原则

引水渠道是集中落差的渠道,因而应当根据地形、地质条件,尽可能地选择位置高程较高的地段,这样可获得较高的水头;渠道坡度的设计要做到不冲不淤,因其与断面大小和水头损失相关,需通过比较分析定出。一般大型渠道的坡度较缓,在 1/5000~1/2000,小型渠道较陡,在 1/2000~1/500,无压渠道的经济流速为 1.5~2.0m/s;渠线尽可能短,且尽可能采用直线,当不可避免地要转弯时,弯道半径要大于 5 倍的水面宽度,以使转弯水流表面平稳、衔接良好,局部水头损失小;渠线选择要减少交叉建筑物的数量,还要考虑挖方和填方的平衡。

4.4.2 两种类型的渠道

引水渠道分为两类:自动调节渠道和非自动调节渠道。

自动调节渠道,是指无须受控水建筑物的节制,在水电站机组丢弃全负荷的情况下,渠道内的水位最多上涨到引水口前水面高程的渠道。渠道上没有泄水建筑物,不产生弃水,渠道引水因此具有自动调节的功能。而非自动调节渠道上设置有泄水建筑物,机组弃荷后,不经闸门控制则会产生弃水。自动调节渠道一般较短,堤顶设计接近为水平,渠底是正坡。很显然,越接近末端处,渠道断面越大,水深也越大。该类渠道适宜担任调峰任务、渠内水位变化频繁的水电站。非自动调节渠道渠线较长,堤顶与底坡基本平行,渠内近似产生均匀流。由于渠线较长,堤顶沿程降低,为使弃荷后不产生漫顶,渠道末端必须设置泄水建筑物,如侧堰或虹吸式溢洪道。两类渠道的示意图见图 4-4 和图 4-5。

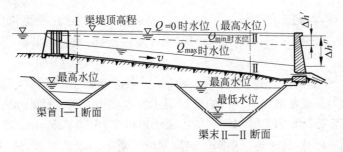

图 4-4 自动调节渠道示意图

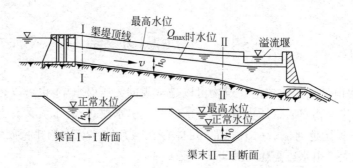

图 4-5 非自动调节渠道示意图

4.4.3 渠道水力学计算

渠道水力学计算的目的在于确定渠道的断面面积、底坡以及在设定断面情况下的水面变化。计算内容可分为恒定流计算和非恒定流的计算,其中恒定流计算的内容包括明渠恒定均匀流和明渠恒定非均匀流,主要为确定不同情况下的水深;而明渠非恒定流的计算主要是针对表面波的影响,研究水电站负荷变化时渠中的水位和流速变化过程。

1. 均匀流的计算

图 4-6 是各种情况下的渠末水深与流量的关系曲线,除 h_B 为堰上水深与流量的关系外,其余为渠末水深与流量的关系曲线。

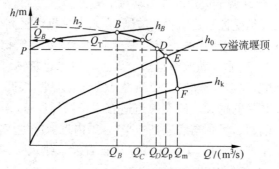

图 4-6 渠末水深与流量的关系曲线

通过均匀流计算,绘制正常水深 h_0 与流量的关系曲线。在给定断面形状、糙率系数、底坡的情况下,给定一系列的流量值,利用明渠均匀流计算,可得出相应的水深,于是,可方便地绘出曲线 $h_0\text{-}Q$。

然而,渠道内产生均匀流,只是理想的一种状况,渠道需要无穷长。实际发电时,机组不可能总是根据产生均匀流正常水深所对应的流量引水发电,h_0 可视为特征水深。因此,渠道内流量与水深的关系需要按计算明渠非均匀流的方法予以确定,也即推求水面线。

明渠非均匀流的计算,在于给出渠末的最高水位。对于给定的渠道,设定上游水位不变,给定不同的流量,进行明渠非均匀流计算,推求水面线,可获得渠末水深 h_2,绘出 h_2 与对应流量的关系,即图中的 ABCDEF 曲线。

ABCDEF 曲线与正常水深 h_0 的交点为 E 点。图中 h_k-Q 曲线为临界水深的曲线,h_k 也属于特征水深。一般地,取 E 点所对应的流量为渠道的设计流量 Q_p,原因如下:根据明渠流动水面线的特征可知,h_0 与 h_k 之间的水面线为降水曲线,一旦水电站引用流量超过 Q_p,则水深 h_2 降低很快,这会引起电站水头降低过快。h_2 的最低水深为 h_k,此时对应的流量为渠道的最大过流能力,即图中 F 点所对应的 Q_m。如果引用流量小于 Q_p,则渠道内出现壅水曲线,有利于增加发电水头,也可避免流量增大时水面线的快速跌落。鉴于此,水电站引水渠道应设计在壅水曲线范围内工作。

对于非自动调节渠道,一旦水位超过溢流堰,则将出现溢流现象,在图 4-6 中,h_B-Q_B 曲线实际上是堰上水头与对应溢流量的关系。

当水位低于堰顶时,渠道内的流量全部用于引水发电。当水位正好抵达堰顶时,处于即将溢流的极限状态,对应于曲线上的 D 点,渠末流量 Q_D 为引水发电的流量。当水位超越堰顶,则将出现溢流现象,比如 C 点,其对应的渠末流量 Q_C 并没有全部用来发电,溢走的流量为 Q_B(堰上水头所对应的流量),发电的流量为 Q_T,$Q_C = Q_B + Q_T$。需注意的是,堰流曲线 h_B 与非均匀流的 h_2-Q 曲线交点 B 位于 h_B-Q_B 曲线上,当然满足堰流的水位流量关系,从而得到 $Q_T = 0$,也就是说 Q_B 所对应的流量全部由溢流堰溢走,发电引用流量为 0。所以 AB 段是不存在引水发电流量的,用虚线表示。水电站的工作状态实际处于 BCDE 段。

以上曲线的计算与绘制是给定上游水位进行的。如果进水口处的水位发生变化,则相当于 A 点发生了变化,需要取典型的水位进行计算,经过分析比较后,定出渠末最高水位。

2. 非恒定流的计算

水电站非恒定流的计算,所基于的工况是电站突然丢弃负荷和增加负荷。对于明渠来讲,是为了确定涌浪引起的沿程最高水位和最低水位,从而确定出堤顶高程和前池进水口(压力管道进口)高程,通常有以下三种工况:

(1) 突然丢弃全部负荷,以确定最高涌浪水位;
(2) 最后一台机组投入运行,以确定渠末的最低水位;
(3) 水电站按日调节运行,研究渠道中的水位波动问题。

对于非自动调节渠道来讲,由于侧向溢流堰限制了水位的升高,所以是否计及涌浪的升高,可酌情考虑,但涌浪引起的渠末(前池)最低水位降低是必须考虑的。

4.5 无压引水隧洞

引水线路通过高山,或者跨流域引水,采用无压引水式开发时,就可能采用无压引水隧洞引水。

无压隧洞的断面形状通常为方圆形(城门洞形图 4-7(a)),顶拱中心角为 90°~180°,一般采用 120°。如果岩石较为破碎,则采用马蹄形(见图 4-7(b)),或卵形(见图 4-7(c))。

无压引水隧洞需要衬砌,以减小水头损失;为保证隧洞的安全性,衬砌顶部需要进行回填灌浆处理,以使衬砌与顶部岩石密切贴合;周围则予以固结灌浆,保证周围岩石的完整性,从而提

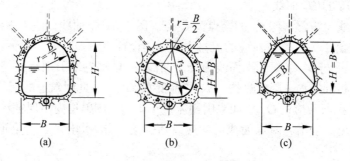

图 4-7 常用无压隧洞断面示意图

高洞室的稳定性。为减小外水压力的不利作用,洞体高于水面线部分要设径向排水孔,衬砌底部也要设渗流排水孔(见图 4-7)。

无压隧洞的顶部要留有足够的净空,以保证隧洞内始终为明流状态。

隧洞内的经济断面与流速相关,即有所谓的经济流速。经济流速可用动能经济的办法定出。一般隧洞的经济流速为 2.5～4.0m/s。由于水头损失与流速的平方成正比,宜采用较低的流速,特别是对隧洞较长的情况。隧洞内的流速应控制在式(4-1)所示的允许最大流速 $v_{\max}$ 之内:

$$v_{\max} \leqslant (0.75 \sim 0.80) v_k, \quad v_k = \sqrt{\frac{H_0}{3\alpha}} \tag{4-1}$$

式中,H_0 为水电站静水头;α 为水头损失系数;$H_0 = \alpha v^2$。

4.6 调 节 池

调节池,可视为具有吐纳功能和平水功能的设施,一般归属为平水建筑物,位于前池上游,尽可能地接近前池。平水功能,意思是具有稳定水流的作用。设置调节池的主要目的在于储水,使水电站具有调节功能。对于渠道较长且担负调峰任务的电站,宜设置调节池。

水电站的出力是随时变化的,特别是担任调峰任务的水电站,引用流量变化更明显。而水电站的渠道是按设计流量设计的,这样,在引用流量较小的情况下,引水渠道就没有充分发挥作用。如果引水渠中间设置一个调节池,则调节池上游的引水渠道就可按较小的引用流量设计;而调节池下游与前池之间的渠道按最大引用流量设计,总体来看,有可能使造价降低。

调节池下游与前池之间的渠道称为高峰渠道,应当按自动调节渠道设计。由于前池接近调节池,在水电站进行调节时,调节池的吐纳功能可有效改善机组的运行条件。

设置调节池,应当有合适的地形条件。此外,调节池内的水流接近"静水",如果是多沙河流,要考虑调节池的淤积问题,比如在洪水季节停用调节池。

现在,电网规模都比较大,而无压引水式水电站的规模通常较小,由其担任调峰任务的意义不大。对于是否设置调节池,宜通过经济比较确定。

4.7 前 池

4.7.1 前池的位置与功用

1. 前池的位置

前池处于引水渠的末端、压力管道上游,旧称压力前池,是连接无压引水渠道与压力管道的重要建筑物,但也属于"过渡"性质的建筑物。

在布置上,前池应当尽量靠近厂房,以缩短压力管道的长度,降低造价,因为压力管道安全要求高,造价昂贵。靠近厂房,往往使前池靠近河岸的陡坡上,此时就要特别注意地基稳定与渗漏问题。原因是前池承受水压,对山坡及地基的稳定不利,而渠道和前池的渗漏更不利于稳定(见图 4-8)。因此,前池一定要布置在地质条件好,或地质条件和水文地质条件清楚的挖方地基上,以避开滑坡和顺坡裂隙发育的地段;前池需要进行抗滑稳定、渗透稳定和不均匀沉陷的核算,确保前池和下游厂房的安全;前池不能放置在填方地段。

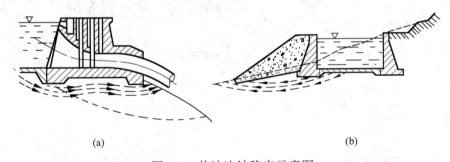

图 4-8 前池边坡稳定示意图

实际工程中曾出现过前池在冲水阶段即产生严重渗漏,从而导致山体滑坡、前池彻底坍塌的事故,所以必须重视前池的渗漏和稳定问题。

2. 前池的功能

(1) 稳定水流、均匀配水、控制流量。前池容积较大,能够将水流平均地分配给各压力管道,机组负荷变化时,可起到补给或容纳多余水量、抑制水面波动的作用。与前池衔接的压力管道进口,设有闸门,可对流量施行控制。

(2) 拦阻污物、浮冰,沉积泥沙。压力管道进口前设置拦污栅,可拦截进入前池的污物与浮冰。前池内流速较低,沉下去的泥沙可通过排沙廊道清除。

(3) 供水或宣泄多余水量。有时下游有供水要求,水电站不发电时,可通过设在前池上的泄水建筑物向下游供水,或宣泄多余的水量。

4.7.2 前池的进流方式和组成

前池在布置上要合理协调无压引水渠道和压力管道、厂房相互间的关系。前池通常是开敞式的,受地形限制时,小型工程也可布置成地下洞室式前池。

实际工程中,前池的平面布置千差万别,但归结起来,根据压力管道进水口中心线与引水渠中心线的相对位置,可分为正向进水与侧向进水两种布置型式。

压力管道进水口中心线与引水渠中心线之间的交角近似为零度,称正向进水,成一定角度的称侧向进水。进水方式是前池水流条件影响最大的因素,正向引水布置可使水流平顺,水头损失小,前池不易淤积,并能比较方便地引污、清污、排污,压力管道进水口所要求的最小淹没水深小,故在可能的条件下,宜优先采用。侧向进水容易出现立轴漩涡,所要求的最小淹没水深大;另外,侧向进水水面容易出现横比降,配水不均匀,易使机组出力不均。

前池由渠道与池身之间的连接段、池身和压力管道进水口等组成。图4-9为北京模式口无压引水电站的前池示意图,该水电站虽然规模不大,但在布置上,充分体现了上述功用,各部分组成齐全,具有典型性。

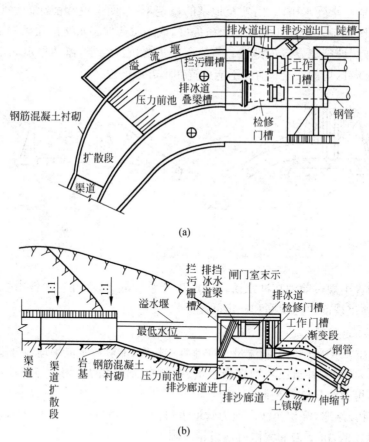

图 4-9 北京模式口无压引水电站的前池示意图
(a) 平面图;(b) 纵剖面图

前池内常用的泄水建筑物为侧向溢流堰,其优点是简单可靠,缺点是溢流前沿长,水位变化较大;也可加设闸门控制,但堰体单薄,增加了结构的复杂性;也可以采用虹吸式泄水,其优点是泄流量大,缺点是虹吸突然启动,泄流量突然变化,容易引起水位的振荡。此外,严寒地区存在封冻问题。

压力管道的进水口,应采用有闸门控制的布置型式,应设置拦污栅、检修闸门、工作闸门和相应的启闭设备。

4.7.3 前池的特征水位及轮廓尺寸拟定的原则

确定前池的轮廓尺寸之前需要首先确定前池的特征水位,而特征水位则是由水力学衔接关系决定的。

1. 前池特征水位的确定原则

前池最高水位的确定,目的在于确定前池的顶部高程,以及与前池相连接的堤顶高程,因此,要计算出可能的最高水位,避免水流溢出建筑物之外。可通过比较予以确定,建议用下式确定:

$$\nabla_{最高} = \nabla_{渠末} + h_{堰} + (0.1 \sim 0.2)\mathrm{m} + \xi_{最高} \tag{4-2}$$

式中,$\nabla_{最高}$为前池最高水位;$h_{堰}$为溢流堰下泄最大流量时的堰上水深(堰顶高程常比前池的正常水位高 0.1~0.2m,这样电站在引用最大流量时,侧堰不过水,当引用流量减小时可溢流);$\xi_{最高}$为相应流量下的最高涌浪;$\nabla_{渠末}$为恒定非均匀流时所算出的渠末水深。

渠末水深分两种情况,要通过比较确定:一是引水渠道通过水电站最大引用流量时的水深(见图 4-6),此时的渠末水深最小,但可能涌浪高度大;二是引水渠道通过水电站最小引用流量时的水深,此时的渠末水深大,但可能涌浪高度小。

前池最低水位$\nabla_{最低}$的确定,必须考虑全面,要计算出可能的最低水位,要考虑涌浪的降低值,所得出的最低水位必须满足发电情况下不产生吸气漏斗的要求。

2. 池身尺寸的拟定

前池边墙应与进口建筑物顶部高程$\nabla_{顶}$相等(见图 4-10),为保证水流不溢顶,应在最高水位的基础上加上安全超高δ,即

$$\nabla_{顶} = \nabla_{最高} + \delta \tag{4-3}$$

式中,δ的取值一般等于或小于 0.5m。

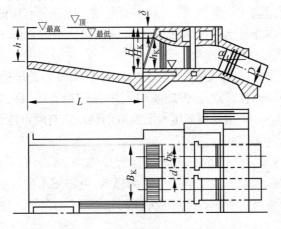

图 4-10 前池轮廓尺寸示意图

前池的总深度要考虑进口前的淤砂厚度 $h_淤$，并考虑 $0.5\sim1.0$m 的拦砂安全余量。假定进口底板至墙顶的深度为 H_K，则

$$H=H_K+h_淤+(0.5\sim1.0)\text{m} \tag{4-4}$$

池身的最大宽度一般与进水口前沿的总宽度 B_K 相等

$$B_K=nb_K+d(n-1) \tag{4-5}$$

式中，n 为管道进口数目；b_K 为管道进口净宽；d 为隔墩厚度，混凝土浇筑时一般取 $0.5\sim0.6$m，块石砌筑时一般取 $0.8\sim1.0$m。

池身的长度要保证在设定的水平扩散角和底坡下能够平顺地连接，通常可按下式估算：

$$L=(3\sim5)(H-h)+1\text{m} \tag{4-6}$$

式中，h 为池身入口处的深度（见图 4-10）。

引水渠道与池身的连接段，在平面上应对称扩展，其扩展角不宜超过 12°，底部纵坡小于或等于 1:5。

前池的平面尺寸和深度应满足功能上的要求，至于前池的容积，一般没有给出具体规定，可参考如下数据：设前池长度为 L_B，宽度为 B，正常水位至最低水位间的深度为 Z_S，正常水位与前池底板间的深度为 Z，相应于 Z、L_B、B 的容积为前池的总容积 W，相应于 Z_S、L_B、B 的容积为前池的"工作容积" W_S，机组引用流量为 Q_P。大量工程的 Z_S/Z 值在 $0.2\sim0.5$，其相应的 W_S/Q_P 为 $50\sim300$s；多数工程的 L_B/Z 在 $5\sim15$。

前池的容积多大合适，应当从正确理解前池的功能来考虑：前池最主要起水流衔接和过渡建筑物的作用，而不是起调节作用，前池也不是水库，其主要尺寸要取决于布置的需要和改善水流状态的需要。在有条件且技术经济合适的情况下，将前池适当做大对提高系统的适应能力是有益的，但要具有一定的调节能力，只能是将前池与调节池相结合来解决。

4.8 尾 水 渠

发完电之后的水流称为尾水，尾水经机组下游的尾水道排往下游，尾水可能是无压的，也可能是有压的，大部分情况下为无压明流，特别是小型电站。无论是有压的还是无压的，由于经过了能量转换，尾水所具有的能量已经很小，很少有冲刷问题。输送无压水流的常为尾水明渠（或明流隧洞），输送有压水流的为尾水隧洞。

对于大型电站来说，有时，尾水渠前一段为有压的，后一段为无压的，这种尾水道称为变顶高尾水洞，即尾水洞的顶部高程是逐渐增加的，其目的是缩短有压段的长度，免设尾水调压室。调压室是造价昂贵的建筑物，采用变顶高尾水洞而取消调压室有时可能是经济的。图 4-11 为向家坝电站两机合一变顶高尾水洞的示意图。

尾水渠的布置是厂区布置的任务，主要考虑运行条件、厂房走向、河道流向、泄洪、泥沙淤积等问题。要特别注意的是，电站尾水不能受泄洪的影响，电站尾水的波动会导致出力的波动，影响供电质量，这在布置中要重点考虑；对于多泥沙河流，泄洪期会导致尾水渠的淤积，可设防御闸，如小浪底水电站。

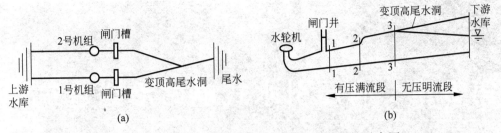

图 4-11 向家坝电站两机合一变顶高尾水洞的示意图
(a) 平面布置；(b) 沿 1 号机纵剖面

习题及思考题

1. 无压进水口的设计要求有哪些？采取哪些工程措施可以保证这些要求？
2. 简述无压进水口的防沙及排沙措施。沉沙池内的平均流速是多少？
3. 简述水电站无压引水渠的布置原则及渠道类型。
4. 简述无压隧洞的经济断面、经济流速及允许最大流速。
5. 前池的功能有哪些？简述前池的进流方式和组成。

参 考 文 献

[1] 中华人民共和国国家发展和改革委员会. DL/T 5398—2007. 水电站进水口设计规范[S]. 北京：中国电力出版社,2007.
[2] 刘启钊. 水电站[M]. 北京：中国水利水电出版社,2007.
[3] 王树人,董毓新. 水电站建筑物[M]. 北京：清华大学出版社,1992.
[4] 李仲奎,马吉明,张明. 水力发电建筑物[M]. 北京：清华大学出版社,2007.
[5] 王世泽. 水电站建筑物[M]. 北京：水利电力出版社,1987.
[6] 马善定,汪如泽. 水电站建筑物[M]. 北京：中国水利水电出版社,1996.
[7] 中华人民共和国水利部. SL 2279—2016. 水工隧洞设计规范[S]. 北京：中国水利水电出版社,2016.
[8] 中华人民共和国水利部. SL 205—2015. 水电站引水渠道及前池设计规范[S]. 北京：中国水利水电出版社,2015.

第 5 章 有压引水式电站沿线建筑物

水电站有压引水沿线的建筑物，是指从水电站进水口到尾水出口整个线路上所涉及的有压水工建筑物，包括机组上游的引水段和机组下游的泄水段。有压引水是指用以引水发电的水流是有压的，显然，这不仅仅与有压引水式电站相关，也与坝式水电站相关，因为，坝式引水发电，水流都是有压的。沿线所涉及的建筑物包括有压进水口、低压隧洞、调压室、压力管道（高压管道）、尾水建筑物等，其中调压室只有在线路比较长的情况下才予以设置，调压室既可位于厂房上游，也可位于厂房下游。有关压力管道和调压室，其内容较多，设专篇予以讲授。

5.1 有压进水口

水电站有压进水口是指进水口后为有压流的进水口。通常用于下述场合：有压引水式电站、进水口设于坝上的各类电站（根据与厂房的关系，称为不同的电站，如河床式、坝后式等）、混合式电站、抽水蓄能电站，也包括设于无压引水式电站前池上的进水口。从水流条件和结构安全角度讲，有关电站进水口的知识，也适用于任何有压输水的进水口。本章着重介绍几种常用的电站进水口。

进水口的功能在于进流，因而其基本要求与无压进水口并无不同。但有压进水口有其特殊性：低水位运行时会有吸气漩涡问题，应予以避免。这种现象可能出现于下述情况：电站分期导流，在围堰挡水时期，电站即开始投入运行，因此初期运行水位较低；死水位运行之时，死水位为引水发电的最低水位，在电站进水口高程设置不当的情况下，有可能出现吸气漩涡问题；拦污栅出现严重堵塞，会使拦污栅前后形成水位差，导致最小淹没水深不足而出现吸气漩涡，而栅前后的水位差又使拦污栅承受巨大的水压差，有可能导致拦污栅被压坏，须引起注意。

5.1.1 坝式进水口

坝式进水口，即进水口设于坝体之上的进水口，很显然，这类进水口适用刚性坝。其基本的情况有两种：一是河床式电站，进水口成为厂房建筑物的组成部分，这种进水口一般较大，因为河床式电站的引用流量一般较大；二是以坝后式为代表。这两种进水口的简图见图5-1、图5-2。

从图5-1、图5-2中可以看出，两种进水口有如下共同特点：进水口前都设置有拦污栅，且都设置有检修闸门槽与事故闸门槽，以及操作闸门用的启闭机。

在图5-1、图5-2中，检修闸门槽和事故闸门槽都处于坝体之内，但也例外，如三峡电站的检修闸门为反钩门，是布置于进口之前的一种检修闸门，这样进口流道内就少了一道门槽，但处于坝面前的反钩门尺寸更大，所要求的启闭力更大。

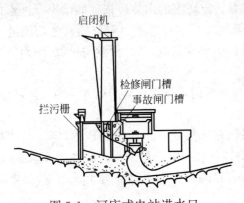

图 5-1　河床式电站进水口

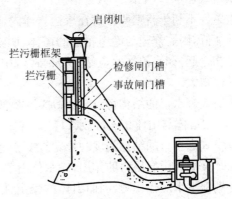

图 5-2　坝后式电站进水口

5.1.2　塔式进水口

塔式进水口是指进水口独立矗立于水库之中的进水口。水流可以单面引进，也可以四周径向进流，还可以分层进水。单面进流的闸门控制设备相对简单，后两种便于表层清水进流和防沙（在矿业部门，尾矿坝泄洪基本上都采用径向进流的塔式进水口）。

塔式进水口适用于近岸山体过缓，没有适宜的地形修建岸式进水口，或地质条件差，不适于修建岸式进水口的场合。塔式进水口因为直立于库中，抗振性能差，因为与岸体没有直接的关系，所以明挖量少，但需要修建交通桥，用于连接塔体与岸上的交通。塔式进水口示意图见图5-3。

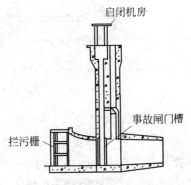

图 5-3　塔式进水口示意图

5.1.3　岸式进水口

岸式进水口指进水口处于岸上。根据闸门所在位置及其相应的结构型式，岸式进水口有如下三种类型。

1. 竖井式进水口

竖井式进水口(见图 5-4)是指开凿于山体内的进水口。竖井式进水口适用于库岸岩体完整、稳定且便于对外交通的情形,这样,在开挖竖井和洞口喇叭口时,岩体易于稳定,不致引起坍塌。竖井式进水口的结构特点:拦污栅置于洞外,检修门、事故门设在洞内,结构简单、可靠,抗振性能好,但需要在入口处单设检修闸门或叠梁,便于对竖井上游段进行检修。

2. 岸塔式进水口

岸塔式进水口(见图 5-5)是指进口塔体与岸体直接连在一起的进水口。岸塔式进水口适用于地质条件不利于将喇叭口设在岸边岩体内,但又有一定高度的山体可依靠的情形。进水口的抗振性能好,因需修建与库岸相连的塔体,明挖一般较大。这种进水口可以同其他功能的进水口布置在一起,如小浪底水电站,下部排沙,中间部位引清水发电,上部泄洪与排漂,因而整个进水口规模很大。

岸塔式进水口的结构特点是:①拦污栅、喇叭口和闸门均布置在与岸边连接的塔体,可减小洞挖;②因塔体与山体相连,进水口整体抗振性能好。

岸塔式进水口的结构强度和稳定性要引起重视,迎水面受到水压力的作用,但与山体接触的一面却又受到山岩压力的作用,库水位消落,与山体接触一侧的地下水位线高于库水位时,塔体还受到地下水的作用力,因而山体的稳定性对进水口的稳定来说就显得十分重要,必要时可用预应力锚索加固岸体,以保证岸体稳定。

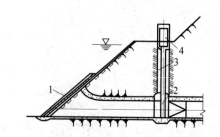

1—拦污栅;2—闸门槽;3—竖井;4—启闭机室

图 5-4 竖井式进水口

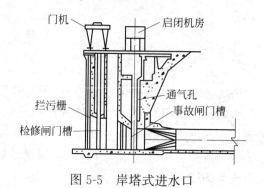

图 5-5 岸塔式进水口

3. 岸坡式进水口

岸坡式进水口(见图 5-6),又称斜卧式进水口,进口建筑物是斜躺在岸边山体上的,因而需要有完整的岩体、合适的坡度。建筑物斜躺在山体上,可减小山岩作用在结构物上的作用力,有利于整体稳定。门槽斜向布置增加了门体与门槽之间的摩擦力,有可能增加关闭闸门的难度,还可能使启闭力增大。随着时间的推移,门槽滑道材料老化,摩擦系数会进一步增加。这种进水口只用在中小型工程,且用得较少。

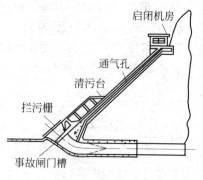

图 5-6 岸坡式进水口

5.1.4 生态进水口

生态进水口,从功能上来说,是近年来为满足生态环境的要求而出现的一种进水口,从结构上来说,无论是坝式进水口、岸式进水口,或是塔式进水口,都可较容易地做成生态进水口。

生态进水口是指能够泄放表层或接近表层具有较高温度水流的进水口,一般是水库深度大时才有这种要求。资料显示,有的水库底层和表层水体的温差达20℃左右。

水电站的最低发电水位是死水位,为满足发电引水的要求,发电进水口设置的位置高程一般较低,因而电站的发电引水首先取到的是接近底层的水体,温度较低,高水位运行时更为明显。有时,为了下游鱼类的繁殖或满足下游农业灌溉和生态的要求,取得温度较高的水体是有益的,通过改变进水口的结构型式可以满足要求。

一般地,在传统进水口的迎水面,向上游加上一段导水墙,形成进水廊道,在廊道内设置叠梁闸门,调整叠梁门的高度,就可以挡住下部的低温水流,从而取得高处温度偏高的水体,即所谓生态进水口。生态进水口的示意图见图5-7。

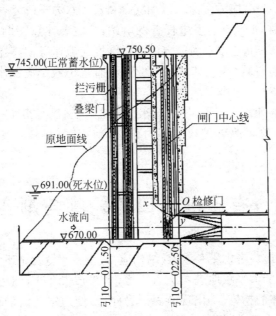

图 5-7 生态进水口示意图(光照水电站叠梁闸门分层取水)

5.2 有压进水口前的最小淹没深度

水电站有压管道的进水口应淹没在水下一定深度之中,以防止出现漏斗状漩涡,这不但是对本章的各类进水口的要求,也是对前池进水口的要求,抽水蓄能电站做抽水运行时,更要满足这一要求,事实上,泵站对不吸气深度的考虑因素更多。漏斗状漩涡能吸入污物,带入空气,引起严重的液压气动问题,如噪声、振动、减小过流能力,会影响机组的运行和正常发电。

不出现吸气漩涡的水深称为最小淹没水深,也称临界水深。戈登(Gordon)提出如下不出现吸气漩涡的临界淹没水深(见图5-8):

$$s = cv\sqrt{d} \qquad (5-1)$$

式中,s 为进水口淹没深度,m;d 为进水口均匀断面高度,m;v 为闸孔断面流速,m/s;c 为与进流方向有关的参数,正向对称进水时,$c=0.55$,侧向非对称进水时,$c=0.73$。注意式(5-1)中,系数的取值对应于确定的单位,深度的单位必须用 m,流速的单位必须用 m/s。

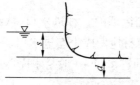

图 5-8 式(5-1)符号示意图

进水口前缘水域发生漩涡是较为普遍的现象。我国资料统计的 48 个水电站中,有 33 个曾不同程度地发生过漩涡。表面漩涡对水电站运行虽不至于有大的影响,但可能使大量漂浮物附在拦污栅上,久而久之会影响拦污栅过流,将栅条压曲变形,增加水头损失,若出现带气漩涡,有时会将污物带进水轮机内部,导致机械故障。

进水口前漩涡的形成,与水库地形、进流是否对称等诸多因素有关(受哥氏力的影响很小)。对于大型电站,使用式(5-1)时应适度考虑增加安全余量。水力学研究表明,式(5-1)给出的淹没深度不足,特别是在围堰挡水期就有发电任务的电站,一定要注意初期低水位发电的淹没水深问题。从式(5-1)还可以看出,进水口所需要的淹没深度与流速有关,对流量大、流速也大的电站来说,可以考虑双孔进流,以减小进水口处的流速,从而减小最小淹没水深,也可使闸门尺寸变小,启闭力减小。

进水口的位置高程在死水位以下,便于低水位发电,但在满足最小淹没深度的条件后,应将电站进水口的位置抬高,这可改善进口的应力条件,减小闸门启闭力。进水口还应高于淤积高程。

5.3 有压进水口的轮廓与渐变段

水电站进水口的设计,应考虑平顺水流、结构应力、设备布置及施工的方便性。

平顺水流,即使水流能够平顺地进入压力管道,水头损失要小,边壁曲线宜采用流线型,不使局部地方出现水流脱体的趋势,不出现漩涡。为此,要使边壁曲线的设计能够平滑地连接拦污栅断面、闸门断面及压力管道断面。

进口形状一般都采用矩形喇叭口,与有压引水道之间的连接要用渐变段。渐变段将矩形断面过渡到圆形断面,一般是收缩型的,采用圆角过渡,即在方形断面的四角上采用圆弧曲线,该四个圆弧的半径逐渐增大,以致四个圆弧最终连接成一个圆。为施工方便,圆弧半径按直线规律变化。在宽度方向上,平面收缩角为零,即闸门宽度应与管道直径相等;立面上的收缩角一般取 6°~8°,以 7° 为优(见图5-9)。渐变段不宜太长,因其应力状态要比圆形差;也不能太短,因需要满足平顺水流的条件。对于岸式进水口,渐变段长度可取 1.5~2.0 倍的引水道宽度或洞径;对于坝式进水口,可取 1.0~2.0 倍的引水道宽度或洞径。

孔口尺寸的大小,应综合考虑如下因素后确定:首先要满足引用流量的要求;并要有较小

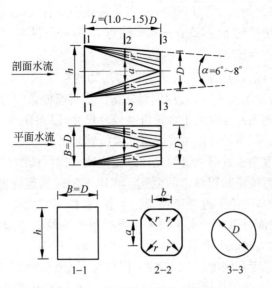

图 5-9 渐变段及其变化规律

的水头损失;对于低水头电站,如水头在 30~40m 之下,孔口结构应力一般不大,喇叭口可做得大一些,以减小进口的水头损失。但孔口尺寸大,孔口周围配筋应增多。需要注意的是,孔口尺寸不能太大(特别是电站水头也很大时),以免闸门结构或启闭机的起吊能力不允许。为此,可改变孔口尺寸,变单孔为双孔;对于坝式进水口,流程短,局部水头损失是主要的,进口体型应尽量优化,以便带来增加发电量的常年效益;对于高水头电站,孔口应力较大,喇叭口应设计得小一些,以改善应力状态。一般可取管道面积的 1.5~2.0 倍,以减小闸门尺寸和周围配筋。

5.4 有压进水口的主要设备

水电站的进水口(包括有压进水口和无压进水口),通常都设置有拦污设备、闸门及启闭设备,有压进水口尚需设置通气孔及充水阀。

5.4.1 拦污设备

1. 拦污排

拦污排是浮设在进水口前一定水域的前沿,用以拦截水流中漂浮物如水草、漂木等(一般称为污物)的排架式拦污设备。在漂浮杂物较多的河道上,如仅设拦污栅,会使栅前的污物大量堆积,清理不及时,它们将堵塞栅孔,影响进水。在拦污栅前设拦污排,两者结合使用,效果良好。

拦污排由一系列金属杆连成排架,树立于水面,金属杆的尺寸及间距视漂浮物的种类、体积及数量而定。在水位变化较大的水库中,拦污排常做成链条式柔性排架,借助浮筒浮在水面上。在水位变化小的取水枢纽中,可使用固定式的拦污排。拦污排可布置在远离进水口开阔水面的前沿,过水面积大,因而水头损失较小,一般可忽略不计。拦污排轴线与坝前河道主流方向的交角不宜太大(如与水流方向的夹角不大于30°),且排前流速不宜大,以免拦污排被冲毁。这样布置也可将污物引至溢流坝排向下游,或在进水口附近集中以便打捞。

2. 拦污栅

拦污栅是设在进水口前,用于拦阻水流挟带的污物的框栅式结构。拦污栅由边框、横隔板和栅条构成,支承在混凝土墩墙上,一般用钢材制造。拦污栅栅条间距视污物大小、多少和运用要求而定。水电站用的栅条间距取决于水轮机型号及尺寸,以保证通过拦污栅的污物不会卡在水轮机过流部件中为准。拦污栅可以做成固定的或能够起吊的。

拦污栅的栅面尺寸取决于过栅流量和允许过栅流速。拦污栅的过栅流速是指扣除墩(柱)、横梁及栅条等阻水断面后按净面积算出的流速。水电站的过栅流速宜采用0.8~1.0m/s。对于大流量的水轮发电机组,经论证过栅流速可适当提高,但不宜大于1.2m/s。限制过栅流速,一方面便于清污,另一方面可以减少水头损失。当拦污栅淹没较浅如水库低水位时,过栅流速可取上限值,淹没深度较大时取下限值。

拦污栅应有足够的强度和刚度,防止正常工作情况下产生过大的变形和被污物压坏。拦污栅所受荷载除自重外,主要是污物堵塞后,在栅前后由于水位差形成的水荷载,一般按2~4m水头考虑。

1) 拦污栅的布置

拦污栅在立面上可布置成垂直或倾斜的。

拦污栅平面与水平面的交角与清污机械和进水口的型式有关。坝式进水口多采用垂直拦污栅,岸式进水口的拦污栅多倾斜设置。

拦污栅在平面上可布置成直线形或半圆形(由多边形构成的近似半圆形)。

平面拦污栅,在进水口前喇叭口较大时,可以设置成多跨连通的型式,如图5-10(a)所示。这种拦污栅的栅面较大,过栅流速小,堵塞后可分孔清污,不影响引水。可设置两道栅槽,第二道栅槽放入挡水门后能起到拦污栅前后的平压作用,便于清污,不足之处是增加平时运行时的水头损失,为便于安装和检修,多跨拦污栅每块栅的高度为3~5m,宽2~4m。

拦污栅在平面上的布置,还可以在多个进水口前设置一个整体统一的拦污栅,把所有进水口都包括进去,如图5-10(b)所示。这种通仓式的布置,栅面大,可减小过栅流速,即使产生局部堵塞,也不影响进水口引水,适用于坝式进水口。

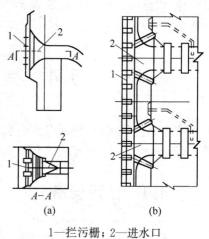

1—拦污栅；2—进水口

图5-10 平面拦污栅

(a) 多跨连通式；(b) 通仓式

坝式进水口的拦污栅可成圆拱形平面布置(见图5-11),圆拱的半径不应小于进水口宽度,栅面基本与流线垂直,过栅流速沿周向尽量均匀分布,以减小水头损失。

2) 拦污栅的清污

拦污栅是否被堵塞及堵塞的程度可通过观察拦污栅前后的压力差来判断。对于设在多污

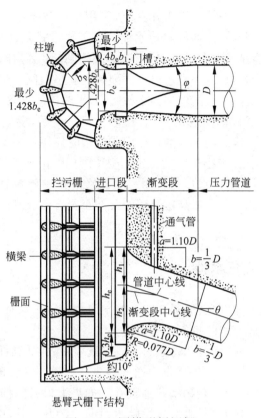

图 5-11 圆拱形拦污栅

物河流上的进水口，应在拦污栅上安装测量压差的仪器，做好及时清污预警。

固定式拦污栅可利用清污机清污，要求栅面平整，便于清污机的工作，必要时可在栅面设置轨道和导向滑块。活动式拦污栅可将拦污栅片吊起清污，适用于河流污物不多的情况。

清污机械主要有耙斗式清污机、下压齿耙式清污机和回转耙式清污机。耙斗式清污机一般采用移动门架式，适用于开敞式进水口和淹没深度不大的浅孔式进水口，为便于耙斗紧贴栅面清污，栅面宜与水平面成 $75°\sim80°$ 倾角。西洱河梯级电站和鲁布革电站都采用了耙斗式清污机。下压齿耙式清污机适用于河床式电站和进水口下面设有底孔的情况，此时拦污栅槽应紧贴进水口和底孔进口的上游面布置，以便压污齿耙将贴栅污物下压至底孔进口并排往下游。需要注意的是防止大块污物堵塞底孔。黄河天桥电站曾采用下压齿耙式清污机。回转耙式清污机一般仅适用于开敞式进水口和污物较为轻软的情况，如杂草。与回转耙式清污机相配合的拦污栅，应与地面有 $70°\sim80°$ 的夹角。四川渔子溪一级电站曾采用回转耙式清污机。

5.4.2 闸门及启闭机

水轮机依靠导叶或针阀调节流量，因此有压进水口通常设置检修闸门和事故闸门两道闸门，不用设置工作闸门。若采用大直径的轴流转桨式水轮机时也可设置工作闸门。无压引水，不同于有压引水，其进口存在对进渠流量的控制问题，因此进水口闸门段设有检修闸门和工作闸门。

事故闸门仅在全开或全关的情况下工作,一般不用于调节流量,用于事故工况下快速切断水流,以防事故扩大,也可用于检修期间封堵水流。其工作方式是动水关闭、静水开启,即当引水道或机组出现事故时,能在动水中迅速(2~3min)关闭闸门;开启时先往门后充水,待闸门前后水压基本平衡后再开启闸门。每一进水口都须配置一套事故闸门和一套固定式启闭机,如液压式启闭机或卷扬式启闭机。事故闸门多为平板闸门,平时停放于空口上方,随时可投入使用。

有压进水口一般都设置检修门与事故门,检修门位于上游,事故门位于下游,前者静水启闭,后者能于动水中启闭,检修门用于检修事故门或门槽时使用,进行其他检修工作时也可临时挡水、检修通常为平板闸门,中小型电站也选用叠梁闸门。由于检修闸门平时使用机会少,也没有快速下闸的要求,所以几个进水口可合用一扇检修门和一套移动式启闭设备(如门式起重机)。对于岸式进水口,若调压井内或高压管道的首部布置有事故闸门,进水口处一般只布置检修闸门就够了。

5.4.3 通气孔和充水阀

有压进水口后应设置有通气孔(见图 5-5)。当闸门为上游止水时,可利用闸门井作通气孔。通气孔的作用在于压力管道充水时排气和放水时补气。

为充分发挥通气孔的作用,通气孔管道的下口应紧靠事故闸门后的水道顶部。通气孔上口应和闸门操作室分开,通向室外,以保障发生通气事故喷水时,人员和机器设备的安全。上口应高于上游最高水位,以防风浪卷入杂物堵塞通气孔。如果上口通向挡水建筑物下游,应考虑气锤事故喷水时不至于危及厂区安全,曾有气锤喷水射向下游开关站,引起双母线接地的重大事故。通气孔面积按最大通气量除以允许流速算出。事故门紧急关闭时的进气量最大,可近似认为等于进水口最大引用流量。露天钢管内的最大允许气流流速为 30~50m/s,隧洞及坝内钢管的允许流速可取 70~80m/s。通气孔面积也可按闸门后输水管道面积的 4%~9% 选用。最后所确定的通气孔面积要大于充水管的面积。

为了便于检查,维护引水道,须设置进人孔,可在通气孔内设置爬梯,兼作上游进人孔。下游进人孔可设在蜗壳进口处。

设置充水阀一是为了在阀门开启前向引水道内充水,平衡闸门前后的压力差,便于静水启门;二是为了满足机组运行的要求,有压管道在启门前要先注满水。充水方式有三种:利用闸墩中的旁通管充水;通过设在闸门上的阀门充水;局部提升事故闸门,通过闸门下的缝隙充水。无论哪种充水方式,均应使充水设施便于操作、检查和维修。注意,通过提升闸门充水容易误操作,闸门提升过高会造成闸门井、通气孔气锤喷水的事故。

5.5 有压隧洞

压力引水式电站、混合式电站大多会采用压力隧洞引水,地下电站、抽水蓄能电站几乎都会有压力隧洞的存在。即使是无压引水式电站,前池下游也不排除由压力隧洞引水的可能,这一段与调压井下游的管道类似,承受水击压力,工程上常称为压力管道或高压管道,如果是隧洞,进入厂房之前也有一段钢管或钢衬管。此外,电站尾水也可能是有压流,因此有压隧洞是水电站中重要的建筑物。

5.5.1 隧洞布置的一般原则

隧洞线路选择直接关系到投资、施工期限、施工的难易程度、工程的安全状况等。隧洞线路选择与地形、地质条件,水流条件,施工条件,运行条件,周围建筑物,环境因素等有关,涉及因素较多,需要综合考虑。

首先要考虑地形、地质条件。有压引水为路线选择带来了灵活性,要尽可能避开不利的地形条件,还要综合考虑调压室、厂房的位置、尾水的走向。一般来说,沿途要有好的地质条件,隧洞应尽可能挖掘于完整坚硬的岩层中,避开岩体软弱、地应力过大、地下水充沛及岩石破碎带等不利地质区。隧洞必须穿越软弱夹层或断层时,应尽可能正交于这些弱面夹层;隧洞通过层状岩体时,洞线与岩层走向间夹角应尽可能大。如果水平地应力大,洞线轴向应尽量与最大水平地应力方向一致,或两者之间呈较小的夹角。地下隧洞、洞室的布置,一般都遵循这一原则,以利于稳定。

从水力学角度看,洞线最好是直线,因为直线的流态好,水头损失小,同时直线也缩短了线路总长,造价低。必须转弯时,弯曲半径不宜小于 3 倍洞径或洞宽。有压隧洞的转弯半径比无压隧洞的要求有所放宽,但平面转角仍然要求不大于 60°。为满足施工出渣及排水的要求,要设置一定的纵坡。

洞室稳定性所要求考虑的因素比较多,其中埋深是最重要的因素(图 5-12),规范规定埋深要满足

$$C_{RM} = \frac{F\gamma_\omega h_s}{\gamma_R \cos\alpha} \tag{5-2}$$

式中,C_{RM} 为岩体最小覆盖厚度,不包括强风化厚度,m;h_s 为洞内静压水头,m;γ_ω 为水的容重,kN/m^3;γ_R 为岩石的容重,kN/m^3;α 为河谷岸边边坡倾角,$\alpha>60°$时取 $\alpha=60°$;F 为经验系数,一般取 1.3~1.5。

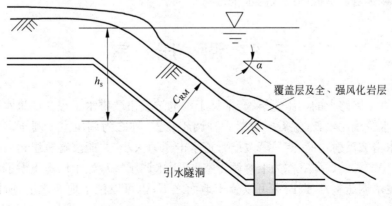

图 5-12 洞室埋深示意图

式(5-2)也称为上抬理论,其实质是内水压力要小于山岩压力。需要特别注意的是,要找出最小的岩石厚度,洞顶的覆盖层未必是最小的厚度,而侧向岩石厚度可能会成为控制条件;不能发生水力劈裂,因为这两方面原因,国外曾有数起工程事故发生。必要时,可通过数值计算岩体的应力,以使最大内水压力小于围岩最小地应力。

为了洞室稳定,一般来说,埋藏深度不宜小于3倍的洞径及0.4倍的水头。

洞线布置尚需考虑洞室之间的岩体厚度,一般相邻隧洞间岩体厚度要大于2倍的洞径或洞宽。有压隧洞,应当在有压状态下工作,洞线布置尚需考虑水力学计算所获得的沿程内水压力分布,不得出现负压,在最不利情况下,隧洞沿线各点洞顶高程应低于最低水压力线2m以上,也就是说,保证有不小于2m的净压。

5.5.2 隧洞的断面型式及面积

有压隧洞一般均采用圆形断面,圆形断面能够很好地承受山岩压力,也能够均匀地承受内水压力,洞内流态良好。鉴于发电洞能与导流、泄洪相结合,即属于多用途洞,其断面形状应当通过技术经济比较后确定。

在初步估算过水面积时,可按经济流速2.5~4.0m/s来控制,同时应满足最小施工内径的要求。

5.5.3 引水隧洞水力计算

有压隧洞水力计算包括恒定流及非恒定流计算两种。

恒定流计算是为了确定隧洞的过流量,以及相应的断面面积、水头损失,确定隧洞的经济断面。

非恒定流计算是为了绘制隧洞沿线的最高及最低压力线,据以确定隧洞稳定计算的荷载、衬砌计算的荷载,同时确定隧洞的沿线布置高程。若线路短,不设调压室,非恒定流计算为水击计算;当隧洞末端设置调压室时,非恒定流计算是推求调压室最高涌浪与最低涌浪,调压室最高涌浪水位与水库最高水位的连线,即为隧洞沿线最高内水压力线;调压室最低涌浪水位与水库最低水位的连线为隧洞沿线的最低内水压力线。

5.6 调 压 室

调压室是有压管路上的调压建筑物,常见于水电站或市政供水工程。如果水电站厂房上游或下游有压引水管线比较长,就需要设置一种调压装置,称之为调压室。调压室是一种具有水体吞吐能力、水击波反射功能、能显著改变管道水击压力大小、并能改善机组运行条件的水工建筑物。处于厂房上游的调压室称为上游调压室(或引水调压室),处于厂房下游的调压室称为下游调压室(或尾水调压室)。调压室可以位于地面之下,也可以位于地面之上,所以也称调压井或调压塔。

设置调压室之后,上游引水系统即分为低压引水道和压力管道(高压管道)两部分(图5-13),

这样,就人为造成了水击波的反射条件,压力管道的长度显著缩短。在管路中发生非恒定流时(如水击),一方面,水击压力值能够显著降低,另一方面,因调压室具有的吐纳作用,离机组较近,可较快地适应水轮机引用流量的要求,改善机组的运行条件;平常运行时,调压室还能起到稳定水流的作用,因此,作为调压建筑物,调压室也称为平水建筑物。

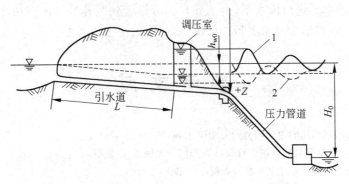

1—丢荷时水位波动曲线;2—增荷时水位波动曲线

图 5-13　引水道、压力管道及水体振荡示意图

调压室属于体积庞大、造价昂贵的建筑物,实践中,通过调整厂房的位置,再将尾水道中的水流设计为明流而不设调压室,工程上有较多的案例。变顶高尾水洞的引入,在概念上就是设法缩短有压管线的长度,从而免除设置调压室,但明流水道所需的断面面积会增大,这要通过技术经济比较后确定。

从水库、前池或调压室向水轮机输送水量的管道称为压力管道,压力管道内容偏多,见第 6 章《水电站压力管道》。

5.7　尾水建筑物

无论水电站是有压引水还是无压引水,厂房下游的尾水均可能是无压的或有压的,其涉及的建筑物,或为无压明渠,如坝后式电站,有较短的尾水渠;或为无压隧洞,如河岸引水式地下电站;或为有压隧洞,如首部式地下电站、抽水蓄能电站。电站尾水上需设置尾水闸门,其作用是用于检修。根据情况的不同,尾水闸门可能位于机组尾水管之后,或同尾水调压室结合设置于调压室内,或位于尾水渠的出口。

尾水隧洞或尾水渠的布置设计与厂房关系很大,是厂区布置的重要任务,相关的内容参见厂房部分。

习题及思考题

1. 有压进水口的体型设计有哪些要求?
2. 简要说明有压进水口的主要布置类型及适用情况。

3. 简要说明有压进水口的主要结构和设备。
4. 简要阐述有压隧洞线路布置的一般原则。
5. 有压隧洞进行水力计算的目的是什么？
6. 某电站上游设计洪水位 996.42m，正常蓄水位 995.50m，死水位 981.00m，采用岸坡式进水口，正向对称进水。进口段水平，由 20m×10m 渐变到闸孔处 6m×7m，闸后渐变到直径为 6.5m 的引水隧洞，进口最大过水流量 202m³/s，试给出符合技术要求的进水口底板高程布置。

参 考 文 献

[1] 林秀山. 小浪底水利枢纽的设计特点[J]. 中国水利,2004(12):11-14.
[2] 林秀山,沈凤生. 小浪底水利枢纽工程设计思想[J]. 人民黄河,2000(8):3-4.
[3] 刘启钊,胡明. 水电站[M]. 北京:中国水利水电出版社,2010.
[4] GREEN S I. Fluid Vortices[M]. Netherlands:Springer,1995.
[5] American Hydralic Institute. ANSI/HI 9.8-1998. American National Standard for Pump Intake Design[S]. Parsippany,New Jersey,1998.
[6] 中华人民共和国国家发展和改革委员会. DL/T 5398—2007. 水电站进水口设计规范[S]. 北京:中国电力出版社,2007.
[7] 王仁坤,张春生. 水工设计手册. 第8卷,水电站建筑物[M]. 2版. 北京:中国水利水电出版社,2013.
[8] 中华人民共和国水利部. SL 279—2016. 水工隧洞设计规范[S]. 北京:中国水利水电出版社,2016.

第6章 水电站压力管道

6.1 地面压力管道

6.1.1 功用与特点

地面压力管道(明管、露天式管道)指暴露在空气中的压力管道。其作用是将水自水库、压力前池或调压室在有压状况下引入厂房中的水轮机,并将流量在机组间分配。它通常布置在靠近厂房的陡坡顶面上,承受水电站的最大水头[①],以及水击动水压力,因此在设计和施工时须保证水管的安全可靠,防止管壁破裂带来严重后果。

明管按制作材料不同有钢管、钢筋混凝土管等。在大中型水电站中多用钢管,由钢板成形、焊接而成。钢管具有强度高、材料省、防渗性能好、水头损失小和施工方便等优点。

管道直径 D 和所承受的水头 H 及其乘积 HD 都是标志压力管道规模和技术难度最重要的特征值。例如,巴基斯坦塔贝拉水电站的隧洞内明管,其直径达到 13.26m,是相当大的。

6.1.2 布置

1. 线路选择

明管的线路选择应与前池或调压室、厂房的布置统一考虑,符合枢纽总体布置要求,并考虑地形、地质、水力学、施工及运行等条件。明管布置总体要求如下:

(1) 选择短而直的路线,但坡度不宜太陡。这既可缩短管道长度,降低造价,减少电能损失,也可降低水击压力和改善机组运行条件,因此明管常敷设在较陡的山坡上。为便于开挖和钢管安装检修,坡度不宜超过 40°。

---

① 通常所说的高压管道是指压力为 10~100MPa 的流体介质管道。水电站压力管道的压力一般不在这一范围,但有时习惯上也称其为高压管道。

(2) 选择地质条件良好的线路。线路应选择坚固而稳定的山坡,避开可能产生滑坡或崩坍的地段。管道支座应尽量布置在稳定、坚实的岩基上。管道应尽可能沿山脊布置,避免布置在山水集中的谷地。

(3) 减少管道转折起伏,管中不得出现负压。管道应避免出现反坡,以利排空。管道顶部应在最低压力线以下 2m。若因地形限制,为减少挖方而将明管布置成折线时,在转弯处要设镇墩,转弯半径不应小于 3D。

2. 供水方式

(1) 单元供水。每台机组由一根水管供水(图 6-1(a)、(b)),其优点是结构简单、运行方便,一根水管出故障或检修时不影响其他机组运行。在水头不高、管道较短时,水管下端可不设阀门,只在水管进口处设置工作闸门。缺点是所用钢材较多、土建工程量较大,造价较高。多适用于管道较短、流量大的电站。

(2) 联合供水。所有机组共用一根总水管,在厂房前分岔引至各个机组(图 6-1(c)、(d)),此方式水管数少、管理方便、机组多时较经济,但当总管出故障或检修时,全部机组都须停止运行。因此每台机组前都要装阀门以便检修该机组时不影响其他机组运行。适用于水头较高、流量较小的电站。

(3) 分组供水。当机组较多时采用每两台(或数台)机组共用一根水管供水(图 6-1(e)、(f)),其优缺点、适用性介于上述两种供水方式之间。

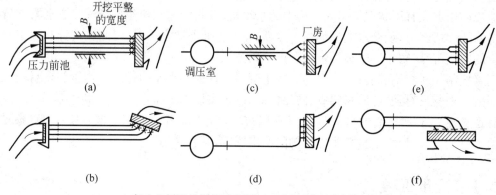

+表示必须设的闸门或阀门;×表示可以不设的阀门

图 6-1 压力管道布置方式示意图

明管的供水方式也适用于地下埋管,其中单元供水更适于混凝土坝坝身管道。

3. 引近厂房的方式

(1) 正向引近。水管轴线与厂房纵轴垂直,见图 6-1(a)、图 6-1(c)～(e)。水头损失小,厂房纵轴大致与山坡及河道平行,开挖量小,进厂交通也较方便,但水管破裂时可能冲毁厂房,多用于中、低水头电站。

(2) 纵向引近。总管轴线与厂房纵轴平行,见图 6-1(f)。此时万一管道爆破,可使高速水流从厂外排走,减轻对厂房及人员的威胁,故适用于水头较高情况。但水管在进入厂房前要转 90°角,水头损失较大,而且厂房纵轴垂直于等高线,开挖量增加。

(3) 斜向引近。总管轴线与厂房纵轴斜交,见图6-1(b)。其优缺点也介于上述两种引近方式之间。

6.1.3 敷设方式和支承结构

1. 敷设方式

明管架设在一系列支墩上,底部至少高出地表0.6m。在转弯处或直线管段较长时设有镇墩,这使钢管完全固定。这样明管即相当于有固定端的多跨连续梁。明管在镇墩间的敷设方式有分段式和连续式两种。

(1) 分段式。管身在两镇墩间用伸缩节分开,见图6-2(a)。当温度变化时,管身在支墩上可沿轴向自由伸缩,减少了作用在管壁上的温度应力;伸缩节两侧钢管支座可适应地基少量不均匀沉陷;还便于安装时校正管线的长度误差。为减少伸缩节处的内水压力,便于管道自下而上安装,伸缩节宜设在上镇墩的下游侧。

(2) 连续式。管身在两镇墩间不设伸缩节,见图6-2(b)。温度改变时,它将在管壁上产生很大的轴向温度应力,并将轴向力传给镇墩,故只在分岔管等处采用。

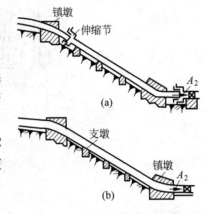

图6-2 明钢管敷设方式
(a) 分段式敷设;(b) 连续式敷设

2. 支承结构

1) 镇墩

明管转弯处或直管段超过150m时宜设镇墩。若管道纵坡较缓且长度不超过200m时,也可不设镇墩,而将伸缩节布置在该段中部。

镇墩通常是混凝土重力式结构,用以限制钢管所有位移,主要承重及钢管传来的轴向力。按固定水管的方式,有封闭式(图6-3(a))和开敞式(图6-3(b))两种,前者结构简单、水管固定牢靠,应用较普遍;后者便于钢管检修,多用于地质情况较好、镇墩上作用力不大的情况。

镇墩应按水管充水、放空、温升、温降等情况定出受力的最不利组合进行设计,通常以温升充水为控制。镇墩以自重平衡各力,需校核镇墩的抗滑稳定和镇墩与地基间的应力,并对镇墩进行细部结构设计。

2) 支墩

支墩间距应通过钢管应力分析,并考虑安装条件、支墩型式和地基条件等因素确定。在两相邻镇墩间支墩宜等间距布置,设有伸缩节的一跨间距宜缩短。一般间距6～15m,最大可达25m。

支墩主要承受钢管的法向力,并允许钢管在其上做轴向移动。可按管径等因素选择其上的支座型式。

(1) 鞍型滑动支座(图6-4)。钢管直接安放在鞍型混凝土支墩上,包角为90°～130°。为便于钢管滑动,在混凝土支墩顶面设有钢垫板,并在垫板和管身间加注润滑油或填充石墨片。鞍

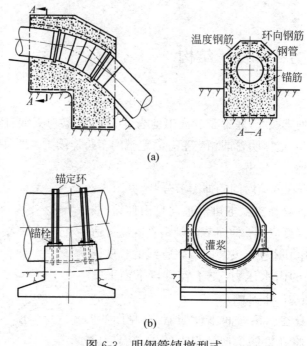

图 6-3 明钢管镇墩型式
(a) 封闭式；(b) 开敞式

型支座结构简单、造价低，但滑动摩阻较大，适于 $D \leqslant 1m$ 的钢管。

(2) 平面滑动支座(图 6-5)。在钢管上焊接刚性支承环，支承环底面可沿支墩上的钢轨滑动，从而改善了管壁的受力状况，避免滑动磨损管壁，适于 $D \leqslant 2m$ 的钢管。

图 6-4 鞍型滑动支座

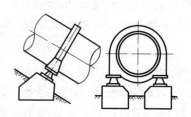

图 6-5 平面滑动支座

滑动支座的摩擦系数为 0.3~0.5。

(3) 滚动支座(图 6-6)。钢管通过支承环底部的圆柱形滚轮支承在支墩的钢垫板上；滚轮外侧设防止横向移动的侧挡板；摩擦系数约为 0.1；适于 $D \geqslant 2m$ 的钢管。

(4) 摇摆支座(图 6-7)。在支承环与支墩间设有摇摆短柱(摇臂)，其下端铰支在支墩上，上端以圆弧面与支承环的承板接触。摇臂以铰为中心前后摇摆适应水管的伸缩，摩擦力更小，适于 $D \geqslant 4m$ 的钢管。

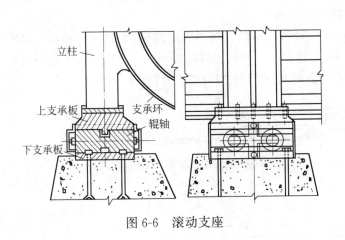
图 6-6 滚动支座

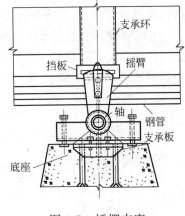
图 6-7 摇摆支座

6.1.4 材料、组成和阀门

1. 材料

要求钢材有良好的机械性能、化学成分、加工成形等性能，技术要求必须符合国家现行有关标准的规定，防腐蚀材料、止水、垫层、钢筋和混凝土材料也应满足要求。

钢管管壁、支承环、岔管加强构件等主要受力构件应使用镇静钢。宜用的碳素结构钢有 Q235 的 C、D 级钢板；低合金高强度结构钢有 Q345、Q390 的 C、D、E 级钢板；压力容器用钢板有 20R、16MnR、15MnVR、15MnNbR 等。明管、岔管宜采用压力容器用钢。

2. 组成

(1) 管壳。由钢板卷制焊接而成。焊接钢管的焊缝有横缝和纵缝，其数目和间距依钢板的尺寸而定，相邻管节的纵缝应相互错开（见图 6-8）。为保证焊接质量，通常在工厂制成 6~8m 的管段，再运至现场安装焊接。对大直径的钢管运输不便时，可采用工地拼焊。

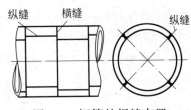
图 6-8 钢管的焊缝布置

(2) 刚性环（加劲环）。按一定间距用型钢或较厚的钢板包焊在管周所成（见图 6-9），以较经济的方式增加管壁刚度，提高其抗外压失稳能力和防止安装钢管时吊装变形。

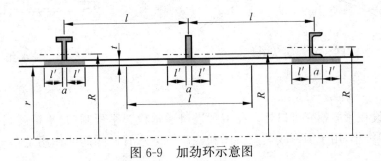
图 6-9 加劲环示意图

(3) 支承环。除支承于鞍型支墩上的光滑管外,其他钢管在支墩上都要箍设支承环,以避免支墩直接接触管壁,提高钢管的强度和刚度。

(4) 伸缩节。主要有套筒式和波纹管式两种。前者包括单套筒式(图6-10(a))和双套筒式(图6-10(b))伸缩节,已经长期普遍使用,但容易产生不同程度的漏水;后者近年来开始应用于中小型水电站,具有不漏水、不用维修等特点,但应用于大型电站须进行专门研究。

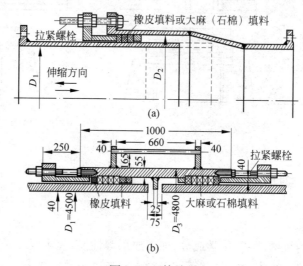

图 6-10 伸缩节
(a) 单套筒式;(b) 双套筒式

(5) 进人孔(图6-11)。当明管很长时,在镇墩的上游侧管道上应设进人孔以便于管内检修。进人孔多设在水平轴线下方45°处,直径大于45cm,间距约150m。进人孔内侧宜设导流板。

(6) 通气孔与通气阀。通气孔或通气井常用于水头较低时,出口应在启闭室外并高于校核洪水位;通气阀在进水口较深时采用,在正常运行时保持关闭状态。作用是使管道放空或有负压时能及时补气,充水时能排气。

(7) 排水孔(图6-12)。设置在钢管最低处供检修放空时排除管内积水。

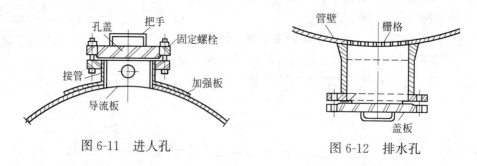

图 6-11 进人孔　　　图 6-12 排水孔

3. 阀门

阀门一般设在紧靠蜗壳进口处。在钢管进口通常设置平板闸门,平板闸门比阀门经济,漏水量小,水头损失小,用于因事故紧急关闭和检修放空水管。阀门的作用是在分组或联合供水时保证某台机组检修不影响其他机组的正常运行,或当调速器、导水叶发生故障时紧急断水防止机组飞逸。单元供水时,若水头较高、管道较长、机组容量较大时,也应设置阀门。

(1) 平板阀(图 6-13)。一般用电动或液压操作,止水严密,运行可靠,但外形高,重量大,动作缓慢,启门力也大,部分开启时易产生气蚀和振动,常用于小直径管道或作为检修阀门。

(2) 蝴蝶阀(图 6-14)。阀板为凸透镜形圆盘,可绕水平或垂直轴旋转。蝶阀以电动或液压操作,后者用于大中型蝶阀。蝶阀启闭力小,操作便捷,体积小、重量轻,但水头损失大,止水不严密,不能部分开启。适于直径较大、中低水头的情况。为减少漏水,有时在阀体或阀壳四周采用压缩空气的软管(围带)止水。

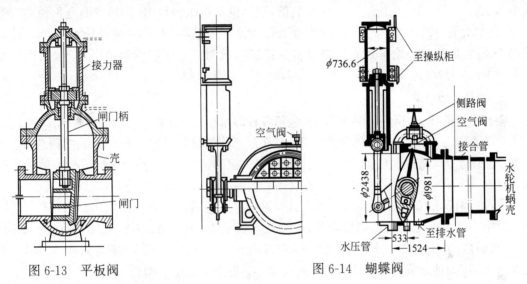

图 6-13 平板阀   图 6-14 蝴蝶阀

(3) 球阀(图 6-15)。外壳为球形,内是一可旋转圆筒。圆筒与水管的内径相同,一侧为球面封板。开启时筒和管轴线一致,关闭时筒转 90°。关闭时同时将小阀 B 关闭,使空腔 A 与上游水管接通,封板两面压差将封板紧压在下游管口的阀座上,达到止水严密。开启时先将 B 阀打开,将空腔 A 内水排至下游,并用旁通管向下游充水,使封板松离阀座,再转 90°至开启位置。球形阀水头损失小,止水严密,能承受高压,但价格较贵,适于高水头电站。

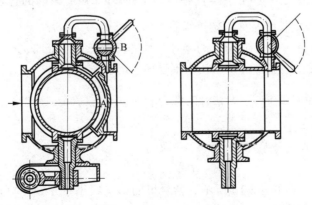

图 6-15 球阀

6.1.5 管身设计

1. 管径的拟定

水管直径的选择是一个动能经济比较问题,可拟定几个管径方案作比较,选定最有利的管径。目前还没有计算经济管径 D 的通用公式,其中常用的是以下 Bundschu 公式:

$$D = \left(\frac{kQ_{\max}^3}{H}\right)^{1/7} \tag{6-1}$$

式中,系数 k 为 5~15,在机组运行小时数低、钢管供水机组台数多、钢材贵而电价便宜时取小值,反之取大值,我国常取 5.2;$Q_{\max}$ 为管道最大设计流量,m^3/s;H 为设计水头,m。计算所得的 D 值可参考由经验得到的管道经济流速进行核对。对于明管和地下埋管,当作用水头 100~300m,可取流速 4~6m/s。水头提高,流速可适当加大。

2. 明管上的荷载

明管设计荷载一般有:①内水压力,包括各种静水压力、动水压力、水重、水压试验以及充、放水时的水压力;②管自重;③温度荷载;④墩座不均匀沉陷引起的力;⑤风、雪荷载;⑥施工荷载;⑦管放空时造成的负压。明管设计的计算工况和荷载组合应视具体情况,参照设计规范采用。

分段式钢管和镇墩、支墩荷载计算公式可按表 6-1 选用。表中 p 为内水压力,H 为计算截面管道中心的水头,α 为管道轴线倾角,L 为支承环间距,$A_1 \sim A_8$ 为钢管计算截面的轴向力,D_0 为管道内径,D_{01}、D_{02} 分别为渐缩管最大、最小内径,D_1、D_2 分别为套管式伸缩节内套管外径和内径,b_1 为伸缩节止水盘根沿管轴向长度,μ_1 为伸缩节止水填料与钢管的摩擦系数,f 为支座对管壁的摩擦系数,v_0 为钢管内满负荷时水的流速,γ_w 为水的重度,q_w 为单位管长管内水重,q_s 为单位管长钢管自重,Q_w 为每跨管内水重,Q_s 为每跨钢管自重。

3. 管身应力分析和强度校核

明管应力分析采用结构力学方法,可考虑下面两种情况。

1) 支承环或加劲环影响区外管壁

靠近环的管壁径向变形受到约束,由弹性力学知,环每侧受影响的管长(这部分管壁分析中被当作环的等效翼缘,此长度又称等效翼缘宽度)不大,为 $l' = \sqrt{rt}/\sqrt[4]{3(1-\mu^2)} = 0.78\sqrt{rt}$,其中 μ 为钢管的泊松比,$\mu = 0.3$;r 为管的半径。l' 仅取决于管的壁厚、管径和材料,不受加劲环型式的影响。图 6-16 中阴影部分管壁认为不受环的影响。

内水压作用下,径向(r 向)应力在管内壁为 $\sigma_r = p\left(1 - \dfrac{r}{H}\cos\alpha\cos\theta\right)$,在管外表面为零。

管壁环向(θ 向)应力为

$$\sigma_{\theta 1} = \frac{pr}{t}\left(1 - \frac{r}{H}\cos\alpha\cos\theta\right) \tag{6-2}$$

式中,t 为管的壁厚;α、θ 如图 6-16 所示。括号里的第二项小于 0.05 时可忽略,即不计及管中内水压力径向分布的不均匀。

表6-1 分段式钢管和镇墩、支墩荷载计算公式

作用力方向	作用力名称	计算公式	作用力符号 上段 温度 升	作用力符号 上段 温度 降	作用力符号 下段 温度 升	作用力符号 下段 温度 降	结构受力部位 管壁	结构受力部位 支墩	结构受力部位 镇墩
管轴方向	钢管自重力	$A_1 = \sum (q_s L)\sin\alpha$	+	+	+	+		√	√
管轴方向	关闭的阀门及闷头上的力	$A_2 = \dfrac{\pi D_0^2}{4} p$	±	±	±	±	√		√
管轴方向	弯管上的内水压力	$A_3 = \dfrac{\pi D_0^2}{4} p$	+	+	−	−	√		√
管轴方向	渐缩管的内水压力	$A_4 = \dfrac{\pi}{4}(D_{01}^2 - D_{02}^2) p$	+	+	+	+	√		√
管轴方向	套筒式伸缩节端部的内水压力	$A_5 = \dfrac{\pi}{4}(D_1^2 - D_2^2) p$	+	+	+	+	√		√
管轴方向	温度变化时套筒式伸缩节止水填料的摩擦力	$A_6 = \pi D_1 b_1 \mu_1 p$	+	−	−	+	√		√
管轴方向	温度变化时支座对钢管的摩擦力	$A_7 = \sum [(q_s + q_w)L] f \cos\alpha$					√	√	√
管轴方向	弯管中水的离心力的分力	$A_8 = \dfrac{\pi D_0^2}{4}\dfrac{v_0^2}{g}\gamma_w$	+	+	−	−	√		√
垂直管轴方向	钢管自重分力	$Q_s = q_s L \cos\alpha$						√	√
垂直管轴方向	钢管中水重分力	$Q_w = q_w L \cos\alpha$						√	
径向	内水压力	$p = H\gamma_w$					√		√

注：① 管轴向作用力符号："+"为钢管下行方向；"−"为钢管上行方向。
② 上段指镇墩以上，下段指镇墩以下。
③ 设有波纹管的伸缩节，应计入波纹各向变位所产生的作用力（取值由厂家提供）。

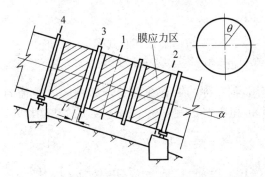

1—支承环或加劲环影响区外管壁断面；2—支承环或加劲环影响区内管壁断面；
3—加劲环管壁断面；4—支承环管壁断面
图 6-16 明管应力分析的基本部位

内水压力是管壁的主要荷载，常以式(6-2)初估管壁厚。方法是忽略第二项，令 $\sigma_{\theta 1} = pr/t = \varphi[\sigma]$，其中 $\varphi = 0.9$（单面对接焊）或 0.95（双面对接焊）为焊缝系数，$[\sigma]$ 为钢材的允许应力。因

未计入一些次要应力,故将$[\sigma]$降低20%～30%。考虑锈蚀、磨损及钢板厚度误差,壁厚应比计算值至少增加2mm。

管壁最小厚度(包括壁厚裕量)除满足结构分析要求外,还需在制造、运输和安装过程中有必需的刚度。t不应小于6mm,也不宜小于$t=D/800+4$,单位均为mm,t值若有小数应予进位。

压力管道的水压力一般越往下游端越大,因此可将管道分成若干段,每段采用不同的壁厚,按该段最低断面处的内水压力确定。壁厚级差宜取2mm。

所有轴向(x向)力$\sum A$引起的正应力

$$\sigma_{x1}=\frac{\sum A}{2\pi rt} \tag{6-3}$$

考虑水重、管重等法向力后,断面上的弯矩M引起轴向的弯曲正应力

$$\sigma_{x2}=-\frac{M\cos\theta}{\pi r^2 t} \tag{6-4}$$

切力V引起切应力

$$\tau_{x\theta}=\frac{V\sin\theta}{\pi rt} \tag{6-5}$$

2) 加劲环或支承环影响区内管壁

它是指环及其等效翼缘部分,其纵截面为图6-17中的$l'+a+l'$部分,其中a为环与管壁接触宽度或腹板厚度(见图6-9、图6-17)。在影响区内管壁除上述应力外,还存在附加局部应力。

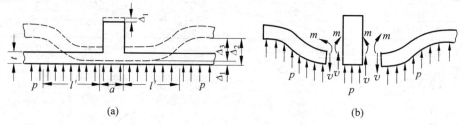

图6-17 加劲环及其旁管壁变形
(a) 加劲环的影响区域及其变形;(b) 加劲环及其等效翼缘的受力

仅考虑均匀内水压作用,轴对称的钢管在加劲环影响区内的径向变形受束缚,在横断面上存在均布的局部径向弯矩m和切力v(见图6-17)①。m在管壁内、外缘产生的局部轴向应力为

$$\sigma_{x3}=\pm\sqrt{3/(1-\mu^2)}\beta\frac{pr}{t}=\pm 1.816\beta\frac{pr}{t} \tag{6-6}$$

式中,正、负号分别对应管壁内、外缘;$\beta=(F_{R0}-at)/F_R$,其中F_R为加劲环的有效截面的面积(加劲环截面积和影响范围内的管壁纵断面面积之和,即图6-9中整个阴影的面积。在分析时,加劲环有效断面也形成长为$2l'+a$的"钢管",其中心半径为R,R亦即此断面的重心轴的

---

① 易知,$\Delta_2=pr^2/(tE)$,$\Delta_1=(pa+2v)r^2/(F_{R0}E)$;根据弹性力学,$m=vl'/2$,$\Delta_3=3v(1-\mu^2)l'^3/(t^3E)$;再利用连续条件,$\Delta_3=\Delta_2-\Delta_1$,即可解得$v=\beta pl'$,$m=\beta pl'^2/2$。

半径),F_{R0} 为加劲环的净截面的面积,$F_{R0}-at$ 即加劲环本身的截面积。

v 产生的局部向心切应力在管壁中面处为 $\tau_{xr}=1.5\beta pl'/t$,在管壁内、外缘处为零。

加劲环净截面受 pa 和 $2v$ 作用,总环向应力 $\sigma'_{\theta 2}=(pa+2v)r/F_{R0}=(1-\beta)pr/t$,则环在断面③(见图 6-16)的管壁中产生附加环向应力为

$$\sigma_{\theta 2}=-\beta\frac{pr}{t} \tag{6-7}$$

支承环除引起上述附加局部应力外,它还将水重和管重法向力 Q 传给支墩而引起支反力,从而又会在支承环内产生附加应力。大中型水电站明管支承环的支承方式有侧支承和下支承两种(见图 6-18)。分析表明,当侧支承反力与环重心轴的距离 $b=0.04R$(R 为支承环有效截面重心轴处的半径)时,环上正、负最大弯矩相等,钢材利用最为经济。洞内、深挖槽中的明管有时采用下支承,一般取支承反力作用线与管中垂线间的圆心角 ε 为 30°~90°。按结构力学的弹性中心法,可得出反力在支承环任一截面上产生的轴力 N_R、弯矩 M_R 和切力 V_R[①],它们产生的应力分别为

$$\sigma_{\theta 3}=\frac{N_R}{F_R} \tag{6-8}$$

$$\sigma_{\theta 4}=\frac{M_R z_R}{J_R} \tag{6-9}$$

$$\tau_{\theta r}=\frac{V_R S_R}{J_R a} \tag{6-10}$$

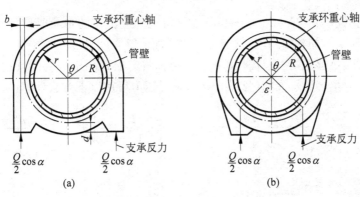

图 6-18 支承环支承方式
(a)侧支承;(b)下支承

[①] 在管重和管中水重作用下,侧支承式支承环内力计算公式如下(下支承式支承环的相应公式参见规范):
当 $0\leqslant\theta<\pi/2$ 时,

$$M_R=\frac{QR}{2\pi}\left[\left(\frac{2b}{R}+\frac{1}{2}\right)\cos\theta+\theta\sin\theta-\frac{\pi}{2}\left(1+\frac{b}{R}\right)\right]$$

$$N_R=\frac{Q}{\pi}\left[\left(\frac{r-b}{R}-\frac{3}{4}\right)\cos\theta-\frac{\theta}{2}\sin\theta\right]$$

$$V_R=-\frac{Q}{\pi}\left[\left(\frac{r-b}{R}-\frac{5}{4}\right)\sin\theta+\frac{\theta}{2}\cos\theta\right]$$

当 $\pi/2\leqslant\theta<\pi$ 时,仍可用以上公式,只需以 $\pi-\theta$ 代替其中的 θ,并改变 M_R 和 N_R 计算结果的正负号。

式中,J_R 为支承环有效截面对重心轴的惯性矩;z_R 为计算点与重心轴的距离;S_R 为支承环有效截面计算点以外部分截面对重心轴的静矩。

需要校核的强度控制点一般位于跨中断面①$\theta=0°$管壁外缘、支承环旁膜应力区边缘断面②$\theta=180°$管壁外缘、加劲(或支承)环及其旁管壁(断面③或④)$\theta=180°$管壁外缘等处(参见图 6-16)。若钢管全长管壁等厚,则只需校核末跨断面。根据第四强度理论,校核点的应力应满足

$$\sqrt{\sigma_x^2+\sigma_r^2+\sigma_\theta^2-\sigma_x\sigma_r-\sigma_x\sigma_\theta-\sigma_r\sigma_\theta+3(\tau_{xr}^2+\tau_{x\theta}^2+\tau_{r\theta}^2)} \leqslant \varphi[\sigma] \tag{6-11}$$

压力钢管的 σ_r、τ_{xr} 及 $\tau_{x\theta}$ 很小,可以忽略,式(6-11)将得以简化。若不满足式(6-11),可重新调整管壁厚度或支墩间距,直到满足强度要求为止。

4. 抗外压稳定校核

如果明钢管发生负水击使管内产生负压,或放空时通气孔失灵而出现真空,在管外大气压作用下可能失稳屈曲。因此,在按强度和构造初步确定管壁厚度后,还需进行抗外压稳定校核。

明管管壁和加劲环在均匀外压力 p_0 作用下维持弹性稳定,其失稳屈曲的最小外压值,即临界压力 p_{cr} 应足够大。明管外压荷载设计值最大为一个大气压 p_a,引入安全系数 K,K 不得小于 2.0,则明钢管抗外压稳定的条件为 $p_{cr} \geqslant K p_a$。

无加劲环的光滑钢管抗外压稳定临界压力①

$$p_{cr}=\frac{2E}{(1-\mu^2)}\left(\frac{t}{D}\right)^3 \tag{6-12}$$

式中,E 为钢管的弹性模量,$E=206$GPa。由此可得抗外压稳定的最小管壁厚度。如不能满足要求,可设置加劲环来增加管壁刚度,这通常要比增加管壁厚度经济②。

加劲环的刚性应足够大,在设计外压下不失稳。假定加劲环不失稳的前提下,环间光滑管因两端变形受约束发生多波形屈曲(见图 6-19),临界压力可用以下方法计算:

$$p_{cr}=\min p',\quad p'=\frac{Et}{(n^2-1)\left(1+\frac{n^2l^2}{\pi^2r^2}\right)^2 r}+\frac{E}{12(1-\mu^2)}\left(n^2-1+\frac{2n^2-1-\mu}{1+\frac{n^2l^2}{\pi^2r^2}}\right)\frac{t^3}{r^3} \tag{6-13}$$

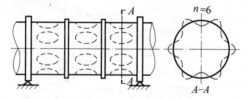

图 6-19 管壁屈曲波形示意图

---

① 单位长度的圆环的临界外压力,通过弹性稳定分析为 $p_{cr}=3EJ/r^3$,其中 J 为单位长管壁纵断面关于其重心轴的惯性矩,$J=t^3/12$。以 $E'=E/(1-\mu^2)$ 替换 E,即可得到无限长圆管的临界外压公式(6-12)。

② 取 $K=2$,通常 $p_a=98.1$kPa,由式(6-12)和稳定条件得 $t \geqslant D/130$。若直径 1.3m 的明钢管,壁厚至少 1cm 才不会失稳,而这样厚的管壁对中、低水头的明钢管的强度来说既不必要也不经济。

式中，l 为加劲环间距（见图 6-9）；n 为屈曲时在整个圆周条带里的波数；p' 为相应屈曲的均匀外压。p' 的表达式称为简化 Mises 公式[①]，加劲环管的临界外压即由简化 Mises 公式给出的最小值，可枚举试算求得。亦可计算 $n=[2.74(r/l)^{1/2}(r/t)^{1/4}]$，其中函数 $[x]$ 取与 x 最接近的整数，再用 $n-1$，n 和 $n+1$ 计算 p'，其中最小的 p' 通常就是所求的 p_{cr}。设计时可先假定加劲环间距 l，求解 p_{cr}，要求 $p_{cr} \geq K p_a$，否则改变 l，直至满足为止。这样就保证了环间光滑管的稳定。

加劲环必须同时满足两个要求，即加劲环不能失稳屈曲和其横截面的环向压应力小于材料强度，据此可得出加劲环的尺寸。

规范规定按下面两式计算加劲环的临界外压并取小值

$$p_{cr1} = \frac{3EJ_R}{R^3 l} \tag{6-14}[②]$$

$$p_{cr2} = \frac{\sigma_s F_R}{rl} \tag{6-15}[③]$$

p_{cr1} 即包含加劲环有效截面的钢管的临界压力，式(6-15)表示 p_{cr2} 使该段钢管的平均环向压应力达到屈服点。注意到式(6-14)、式(6-15)中取加劲环间距 l 而非有效截面长度 $2l'+a$，所以都偏于安全。

加劲环横截面环向压应力 σ_θ 校核计算公式详见规范。

6.2 地下压力管道

6.2.1 特点

地下压力管道（或称地下埋管、隧洞式压力管道）是埋藏于地层岩石中的钢管，由开挖岩洞、安装钢衬、在岩层与钢衬间浇筑混凝土而成。

[①] 设圆柱薄壳（例如半径 r 与壁厚 t 之比 $r/t > 10$）受均匀径向外压作用，其两端简支，端部径向变形受到约束从而保持端部的初始圆形，端部的轴向变形和转角不受限制；沿圆柱壳轴向只出现半个屈曲波，其弹性屈曲外压的 Mises 解为

$$p' = \frac{E}{(n^2-1)\left(\frac{n^2 l^2}{\pi^2 r^2}+1\right)^2} \frac{t}{r} + \frac{E}{12(1+\mu^2)} \frac{1}{(n^2-1)\left(\frac{n^2 l^2}{\pi^2 r^2}+1\right)^4} \frac{l^4}{\pi^4 r^4} \left\{1+6n^2 \frac{l^2}{\pi^2 r^2} + n^2(15n^2-6-\mu+\mu^2)\frac{l^4}{\pi^4 r^4} + \right.$$

$$n^2[20n^4-(19+3\mu-2\mu^2)n^2+4-3\mu^2-\mu^3]\frac{l^6}{\pi^6 r^6} + n^4[15n^4-(22+3\mu-\mu^2)n^2+8+2\mu-\mu^2]\frac{l^8}{\pi^8 r^8} +$$

$$\left. n^6[6n^4-(11+\mu)n^2+5+\mu]\frac{l^{10}}{\pi^{10} r^{10}} + n^8(n^2-1)\frac{l^{12}}{\pi^{12} r^{12}} \right\} \frac{t^3}{r^3}$$

当加劲环间距 l 趋于无穷大时，加劲环管成为光面管，屈曲波形为椭圆形，$n=2$，Mises 公式与简化 Mises 公式均可化为光面管的屈曲临界外压公式(6-12)。

[②] 单位长度的圆环的临界外压公式为 $p_{cr}=3FJ/r^3$，其中 J 为单位长管壁纵断面关于其重心轴的惯性矩，$J=t^3/12$。对于长度为 l_1 的圆环，$p_{cr}=3EJ_r/(r^3 l_1)$，$J_r=t^3 l_1/12$。应用于加劲环有效断面所成的钢管，并偏安全地以 l 替代 $2l'+a$，即得到式(6-14)。

[③] 加劲环有效断面所成的钢管纵断面面积为 F_R，长为 $2l'+a$，中心半径为 R，在均匀外压 p_{cr} 作用下，管壁应力为 σ_s，由力的平衡得 $2R(2l'+a)p_{cr}=2\sigma_s F_R$，用 r 代替 R，l 替代 $2l'+a$，即可得式(6-15)。

与明管相比,地下埋管可缩短管道长度;能利用围岩承担内水压力,管道超载能力较大,可减少钢衬壁厚;不受外界条件影响,有利于保护环境,运行安全可靠。但其结构较复杂,施工工序多,施工条件有待改善,造价可能较高;易受较高的地下水压力或施工外压而失稳,这占了地下埋管破坏事故的多数。

地下埋管在大中型水电站中广泛应用。我国已建成的龚嘴水电站地下埋管 D 为 8m,以礼河三级盐水沟水电站地下埋管 H 为 724m,一些抽水蓄能电站中 HD 已超过 $5000m^2$。

6.2.2 布置

地下埋管线路布置原则很多与明管相同,差别在于从充分利用围岩的承载能力并防止钢衬外压失稳考虑,地下埋管最好埋在坚固、完整和覆盖岩层足够的岩体中,使管轴线尽量与岩层构造面垂直,避开成洞条件差、活动断层、地下水位高和涌水量很大的地段。钢衬的起始位置应根据内水压力和地质条件,并结合工程布置的具体情况确定。

地下埋管宜用单管多机方式供水。若管道较短、引用流量较大、机组台数较多、分期施工间隔较长或工程地质条件不宜开挖大断面洞井,可考虑采用两个或更多管道。

管道有竖井、斜井和平洞三种布置型式。竖井式钢管适于首部式地下水电站,此时压力隧洞最短,其开挖、钢管安装和混凝土回填一般都自下而上进行。斜井式钢管应用最广,当斜井自上而下开挖时,其坡度不宜超过 35°,自下而上开挖时,不宜小于 45°,否则出渣困难。平洞式钢管一般作为过渡段使用,如调压室需经一段平洞和斜井相连,斜井在进厂前也需转为平洞。

6.2.3 构造与施工要求

地下埋管施工程序包括开挖、钢衬制作与安装、混凝土回填与灌浆等。

洞井开挖宜尽量采用光面、预裂爆破或掘进机开挖,减少岩石松动。钢衬与围岩间的径向净空尺寸,视施工方法和结构布置(开挖、回填、焊接、有无锚固加劲构件等)而定。需在管外焊接时,净空尺寸不应小于 0.6m。宜每隔 20~30m 设一道加劲环,加劲环距岩壁应至少 0.4m。应避免现场管外焊接,减小加劲环高度,以节省开挖和回填混凝土量。要合理选择施工支洞的高程及平面位置,以利于出渣、运输钢衬和混凝土浇筑,并考虑作为永久性排水洞和观测洞的可能。

钢管在加工厂经钢板划线、切割、卷板、拼焊、探伤、除锈、涂防锈层等工序制成管段,运至洞内定位用预埋的锚件固定,校正圆度,压缝整平,再焊接安装环缝。

回填混凝土垫层要采用合适的原材料和级配,合理的输送、浇筑和振捣工艺,以保证其均匀密实、与围岩和钢衬密贴。斜管和平管的底部、止水环和加劲环附近尤须加强振捣。每次浇筑量应满足钢衬稳定要求,否则可在管内架设临时支撑。在地下水丰富的地层施工要设置排水管,将地下水引走,防止水泥浆被冲走而在垫层中出现疏松空洞。

灌浆措施视具体情况而定。平洞、坡度小于 45°的斜井因顶拱处平仓振捣困难应进行顶拱回填灌浆,灌浆压力不小于 0.2MPa,且应在混凝土浇筑后至少 14 天才能开始;钢衬与混凝土间宜作接触灌浆,宜在气温较低的季节施工,压力宜用 0.2MPa,且必须在顶拱回填灌浆后至少

14 天才能进行；还宜进行围岩固结灌浆，压力不宜小于 0.5MPa。灌浆通过钢衬上预留的灌浆孔进行，在灌浆后须严密封堵，以防运行时内水外渗。

6.2.4 承受内压分析

1. 应力计算

地下埋管由钢管、混凝土衬砌和围岩共同承担内水压力。钢管承受内压应力分析与钢管、混凝土、岩石之间的缝隙值 Δ 有关（见图 6-20）。承受内水压后，钢衬径向变形；若此变形使钢衬与混凝土衬砌间的缝隙闭合并挤压混凝土衬砌，所产生的环向拉应力很容易超出混凝土的抗拉强度，于是衬砌出现径向裂缝；内压经混凝土楔块传至围岩，围岩径向变形产生围岩抗力，使埋管在内压下得到平衡。假设缝隙均匀，岩石各向同性，则地下埋管是轴对称组合筒结构。在均匀内水压作用下按平面应变的变形相容条件可得出位移和应力解析解，进而可确定钢衬厚度。

当缝隙值 $\Delta \geqslant [\sigma]\varphi r_1/E'$ 时，其中 r_1 为钢管的内半径，$E'=E/(1-\mu^2)$，钢管单独承受内水压 p，其环向应力和管壁厚度分别为

$$\sigma_\theta = \frac{pr_1}{t} \tag{6-16}$$

$$t = \frac{pr_1}{[\sigma]\varphi} \tag{6-17}$$

当 $\Delta < [\sigma]\varphi r_1/E'$ 时，

$$\sigma_\theta = \frac{pr_1 + K_0\Delta}{t + K_0 r_1/E'} \tag{6-18}$$

$$t = \frac{pr_1}{[\sigma]\varphi} - K_0\left(\frac{r_1}{E'} - \frac{\Delta}{[\sigma]\varphi}\right) \tag{6-19}$$

式中，K_0 为岩石单位抗力系数[①]。

钢衬的轴向应力 $\sigma_x = \mu\sigma_\theta + \alpha_s E \Delta t_s (1+\mu)$，其中 α_s 为钢材的线膨胀系数，Δt_s 为钢管施工温度与最低

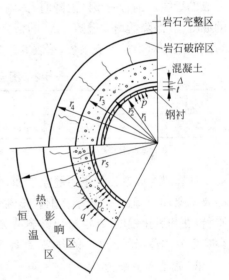

图 6-20 地下埋管在内压作用下的传力和变形

---

① 对围岩抗力系数及式(6-18)、式(6-19)作以下补充说明：

1. 隧洞围岩在压力 p 作用下会产生径向位移 $u_r^r = p/K$，其中 K 称为围岩的抗力系数。K 值与隧洞半径成反比，工程上常使用单位抗力系数 K_0，即以半径 1m 的圆隧洞试验结果作为标准。K_0 相当于岩石的变形模量，是一个反映围岩节理、裂隙、夹层等地质构造及岩块力学性质的综合参数。把围岩看作无限大均质弹性体，其弹性模量为 E_d，泊松比为 μ_d，则 $K_0 = E_d/(1+\mu_d)$。

2. 在设计规范和其他文献中，式(6-18)和式(6-19)中的 K_0 前要乘以因子 100，这是因为其将 K_0 的单位取作 MPa/cm，而此因子并不是公式成立所必须的。

3. 设混凝土衬砌与围岩间的接触应力，即围岩抗力为 q。径向开裂的衬砌与钢衬间的接触应力 $p_c = qr_3/r_2 \approx qr_3/r_1$，其中 r_2 为衬砌内半径；钢衬的环向应力 $\sigma_\theta = (p-p_c)r_1/t$，径向位移 $u_r^s = \sigma_\theta r_1/E'$；围岩径向位移 $u_r^r = q/K = qr_3/K_0$。代入位移相容条件 $u_r^s = \Delta + u_r^r$，解出 q，在给定 $[\sigma]$ 和 φ 后即可得式(6-18)和式(6-19)。

运行温度差。σ_x 一般为拉应力且不大,故不予考虑。

提高围岩单位抗力系数 K_0 能显著降低钢管应力。工程中常采用固结灌浆来提高围岩的 K_0 值,在岩石节理裂隙发育、裂缝充填物少时,效果较好。固结灌浆费用较高,工期长,灌浆孔的封堵会影响钢衬质量,因此其必要性应作技术经济比较决定。

缝隙值 Δ 主要由以下几部分组成。

(1) 施工缝隙 Δ_0。它是混凝土浇筑或接缝灌浆施工完成,且温度也恢复正常(水化热消散后)时,钢衬和混凝土、混凝土与围岩之间的间隙的总和。它由混凝土及灌浆浆液收缩及施工不良造成,其值因施工方法及施工质量而异。如管外混凝土填筑密实,接触灌浆良好,Δ_0 可取 0.2mm。

(2) 钢衬冷缩缝隙 Δ_s。其值取决于钢管起始温度与最低运行温度之差 Δt_s,$\Delta_s = (1+\mu) \cdot \alpha_s \Delta t_s r_1$。起始温度为钢管竣工时洞内气温或进行接缝灌浆时洞内最高温度,最低运行温度取最低水温。

(3) 围岩冷缩缝隙 Δ_r。Δ_r 指管道投入运行后水温低于围岩原始温度,围岩降温 Δt_r 冷缩形成的缝隙。围岩完整区温降时,其内周径向位移是向心的,有利于减小缝隙;破碎区以及开裂的混凝土,温降后增大缝隙。Δ_r 的估算式为 $\Delta_r = \alpha_d \Delta t_r r_1 \Delta_r'$,其中 α_d 为围岩膨胀系数;Δ_r' 为围岩破碎区相对半径影响系数,按表 6-2 查取(表中 r_4 为围岩破碎区外半径)。

表 6-2 围岩破碎区相对半径影响系数 Δ_r'

r_4/r_1	1	2	3	5	7	9	10	11
Δ_r'	0	0.8389	1.460	2.312	2.822	3.089	3.151	3.170

注:坚硬完整基岩可取 $r_4 = r_3$,r_3 为混凝土衬砌外半径;破碎软弱基岩可取 $r_4 = 7r_1$;中等岩石基岩 r_4 采用内插法取值。

计算时可取这三种主要缝隙之和,即 $\Delta = \Delta_0 + \Delta_s + \Delta_r$。此外,混凝土衬砌的塑性和蠕变会形成缝隙,但其值一般较小。围岩塑性和蠕变也形成缝隙,其值与岩体节理裂隙情况、充填物性质、岩性和风化程度、开挖松动影响情况、是否灌浆等因素有关,难以可靠地取值。这种变形的影响也可用适当降低 K_0 的办法,在计算中加以考虑。

2. 围岩承载能力

围岩是地下埋管承载结构的一部分,因此埋管设计中还应校核围岩的承载力。围岩的承载能力应在对工程地质条件作充分的研究后确定,其常用的分析方法大致有以下三种。

1) 最小覆盖厚度方法

要求埋管顶部岩层厚度(不包括风化层) H_d 不小于 3 倍洞径,即 $H_d \geq 6r_3$(见图 6-21)。满足此条件时,内压产生的径向位移和无限大岩体的已很接近。这一规定不考虑内压大小和岩体情况,显然不够完善合理。

2) 抗上抬方法

要求岩体的重量不小于内水压产生的上抬力 q(见图 6-21),即 $q \leq \gamma_d H_d \cos\alpha$,其中 γ_d 为围岩容重。此法显然偏于安全。

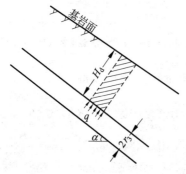

图 6-21 围岩承载力

对竖井或倾角 $\alpha>60°$ 的陡井,此法不再适用,但可用计及围岩摩擦力的侧推平衡原则分析围岩水平覆盖厚度的要求。因内摩擦系数小于1,水平覆盖厚度应大于最小垂直覆盖厚度。

对于不衬砌或透水混凝土衬砌的压力隧洞,工程中常采用雪山准则或挪威准则,其基础也是抗上抬原理,是为了防止内水压使岩体产生水力劈裂而引起渗漏。有钢衬的地下埋管用此准则分析可能过于严格。

3) 有限元分析方法

可用于分析地下埋管围岩的承载力和稳定性,能考虑不同岩体、河谷形状和地质构造等的影响,但是要求知道岩体的力学特性、地应力值等参数,而这并非易事,尤其是在设计阶段。

6.2.5 外压稳定分析

1. 钢衬的外压荷载

钢衬的外压荷载主要有:①地下水压力,应根据勘测资料并计及水库蓄水和引水系统渗漏、排水措施等因素确定,较稳妥的方法是按最高地下水位线来确定外水压力值,但常比实际值偏高;②钢衬与混凝土间的接缝灌浆压力,一般为 0.2MPa;③回填混凝土时流态混凝土的压力,其值决定于一次浇筑混凝土的高度,最大可能值等于混凝土容重乘以流态混凝土高度。

埋管稳定设计的计算工况和荷载组合应视具体情况,参照设计规范采用。

2. 光滑钢衬临界外压计算

光面埋管临界外压的计算公式很多,均基于不同的钢衬屈曲波形假设。图 6-22(a)给出一种对称屈曲波形,沿圆周均匀出现多个屈曲波,波峰紧贴混凝土,波轴线离开原钢衬位置受到环向压缩。另一种是初始波变形局部化,屈曲最终发生在钢衬最薄弱部位,为非对称局部屈曲波,见图 6-22(b)。不论是哪一种屈曲状态,都以钢衬的最大纤维应力达到屈服强度作为钢衬失稳的判据。而钢衬的屈曲应力又与钢衬与混凝土间的初始缝隙值有关。所以,钢衬的临界应力必然与材料的屈服强度 σ_s 和初始缝隙值 Δ 有关。这是埋管与明管外压失稳的重要区别。Amstutz 公式是在非对称屈曲的假定下导出的,因屈曲波数较少,求出的临界压力较小。该公式假定的屈曲波形比较符合实际,计算结果也比较符合模型试验。Amstutz 公式为

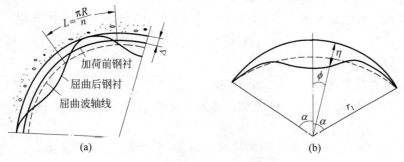

图 6-22 钢衬外压屈曲波形
(a) 对称屈曲波形;(b) 非对称屈曲波形

$$p_{cr} = \frac{\sigma_N}{\dfrac{r_1}{t}\left[1 + 0.35 \dfrac{r_1(\sigma_{s0}-\sigma_N)}{tE'}\right]} \quad (6\text{-}20)$$

式中,$\sigma_{s0}=\sigma_s/\sqrt{1-\mu+\mu^2}$;$\sigma_N$ 为管壁屈曲部分由外压引起的平均应力,通过求解方程

$$\left(E'\frac{\Delta}{r_1}+\sigma_N\right)\left[1+12\left(\frac{r_1}{t}\right)^2\frac{\sigma_N}{E'}\right]^{3/2}=3.46\frac{r_1}{t}(\sigma_{s0}-\sigma_N)\left[1-0.45\frac{r_1(\sigma_{s0}-\sigma_N)}{tE'}\right]$$

确定,其中初始缝隙 $\Delta=\Delta_0+\Delta_s+\Delta_r+\Delta_p$,确定围岩塑性压缩缝隙 Δ_p 的方法见规范。

Amstutz 公式考虑了 r_1、t、σ_s 等对地下埋管外压稳定的影响,而且假定缝隙 Δ 均匀分布。还有些难以确定的因素,如外压的分布、缝隙的分布、钢衬的圆度和局部缺陷等,没有包括在公式中。因此,还可利用以下经验公式初步计算临界外压:

$$p_{cr}=620\left(\frac{t}{r_1}\right)^{1.7}\sigma_s^{0.25} \quad (6\text{-}21)$$

式中 p_{cr} 和 σ_s 的单位均用 MPa。此式是根据 38 个模型试验资料用回归分析方法建立的,这些资料出自不同时期不同国家的试验者,有很好的相关性(相关系数为 0.977),因此有较可靠的基础。由于此式所依据的试验资料客观上包含了影响钢管外压稳定的各种随机因素,故在一定程度上综合反映了上述因素的影响。

3. 加劲环式钢衬临界外压计算

1) 环间管壁的稳定计算

由于在工程实用的间距内,环间管壁失稳时屈曲波数一般较多,波幅较小,管壁与混凝土间的缝隙对屈曲变形的约束不大,仍可用带加劲环的明管的简化 Mises 公式(6-13)计算临界外压 p_{cr},安全系数略予降低。当然需事先假设环间距 l。

2) 加劲环自身稳定计算

加劲环稳定计算,按理也可利用埋藏式光面管公式,仅需按环的有效截面对截面特性进行适当修改,同时要把相邻两环间的全部外压作为环的外压。但受混凝土的嵌固,加劲环不可能像光面钢衬脱离混凝土向内屈曲。因此采用加劲环内平均压应力不超过材料屈服强度的要求,即式(6-15)计算 p_{cr}。

除带加劲环的钢衬外,工程中还常用带锚筋或锚片的钢衬(见图 6-23)。这种钢衬的临界外压计算不再赘述。

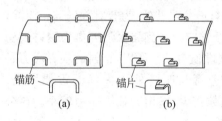

图 6-23 锚环式和锚片式钢衬
(a) 锚环式;(b) 锚片式

4. 防止钢衬外压失稳的措施

地下埋管钢衬的严重失稳事故,多因受地下水的作用。采取有效措施,降低地下水压力,是防止钢衬失稳的根本办法。排水廊道结合排水孔是广泛采用的有效措施。管外排水系统如图 6-24 所示。

精心施工并做好钢衬与混凝土间的接缝灌浆,减小缝隙,有利于钢衬稳定。但要避免灌浆超压使得钢衬在施工时出现鼓包失稳。流态混凝土外压下的钢衬稳定,可用控制浇筑层高度和采用临时支撑等措施保证。

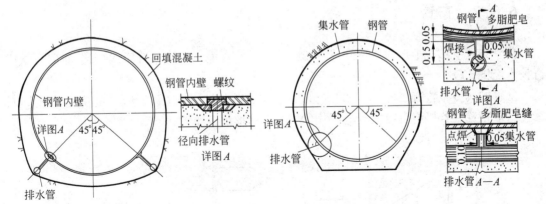

图 6-24 地下埋管管外排水系统布置图

6.3 岔　　管

6.3.1 功用、特点和要求

采用联合供水或分组供水时，一根管道供应两台或更多机组用水，需要在厂房上游侧设置分岔管。

岔管有时也设在调压室的底部或下游，将一根压力引水道分成两根以上的压力管道。几台机组的尾水管往往在下游合成一条压力尾水洞，汇合处也是分岔管。上下游引水道上的分岔管尺寸可能较大，但内压较低。本节主要讨论在厂房上游侧设置的分岔管。

岔管中水流的方向和流态有较大改变，加上受力条件差，要求尺寸尽量小，从而管中水的流速较大，成为引水系统中水头损伤较大的地方；岔管靠近厂房，承受最大静动水压力，安全性很重要；岔管由薄壳和高大加强构件组成，管壁厚，构件尺寸大，有时需锻造，焊接工艺要求高，造价也比较高。

影响岔管水头损失的主要因素有主、支管断面积之比，流量分配比，主、支管半锥角 α_1、α_2，分岔角 β，岔裆角 γ，钝角区腰线折角 θ 等（见图 6-25）。分岔后流速宜逐步加快。对重要工程的岔管宜做水力学模型试验。岔管要求满足：①水流平顺，水头损失小，减少涡流和振动；②结构合理，受力条件好，不产生较大的应力集中和变形；③制作、运输、安装方便。

以上要求常相互矛盾。例如分岔角小对水流有利，但主支管相互切割的破口大，对结构受力不利，且增加了岔裆处的焊接难度。对低水头电站，应多考虑水头损失；对高水头电站，有时为使结构合理简单可容许水头损失稍大些。

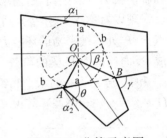

图 6-25 岔管示意图

6.3.2 布置

岔管布置应结合地形地质条件,与主管线路布置、水电站厂房布置协调一致,布置方案应进行技术经济比较。

岔管的典型布置有三种(图 6-26):①非对称 Y 形布置;②对称 Y 形一级或两级分岔布置;③三岔形布置。若机组台数较多,可采用 Y 形-三岔形组合布置。

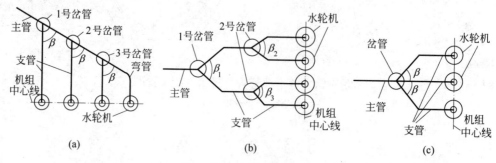

图 6-26 岔管布置型式
(a) 非对称 Y 形布置;(b) 对称 Y 形布置;(c) 三岔形布置

我国已建岔管以非对称 Y 形布置居多,除因其灵活简便外,还因以往建造的钢岔管规模较小,采用贴边补强的较多,故大多适于非对称 Y 形布置。

岔管主、支管轴中心线宜布置在同一平面内。主、支锥管(或柱管)间的连接,除贴边岔管外,应使相贯线为平面曲线,以方便沿相贯线的加强构件的制造和焊接①。

岔管可完全露天或埋在露天镇墩中(明岔管)或埋在地下岩体中(地下埋藏式岔管)。

6.3.3 结构型式

1. 三梁岔管

在主、支管相贯线外侧设置 U 梁和腰梁,组成薄壳和空间梁系的组合结构,称为三梁岔管(见图 6-27)。典型布置有对称 Y 形、非对称 Y 形和三分岔形。

各管在分岔处失去轴对称性,在内水压 p 作用下,在相贯线上作用着各管壁传来的环拉力和轴向拉力等复杂荷载,需增加管壁厚度,并在管外加设加强梁。

现以对称 Y 形分岔为例说明三梁岔管的简化分析方法(见图 6-28)。单宽条带 I—I 的角点 E、F 处不被平衡的环拉力 $T=pr$,其中 r 为剖面截取处锥管半径。此环拉力 T 应由 U 梁造成,反向后即为 U 梁的荷载。T 的铅直分力 $V=T\cos\varphi=pr_x$,水平分力 $H=T\sin\varphi=pr_y$,其中 r_x 和 r_y 分别为 r 的水平和铅直投影。H 沿 AC 的分力 $H_{//AC}=pr_y\cos(\beta/2)$,垂直 AC 的分力 $H_{\perp AC}=pr_y\sin(\beta/2)$,其中 β 为分岔角。两支管的 $H_{\perp AC}$ 相互抵消,V 叠加得 $2V$,$H_{//AC}$ 叠加

---

① 相贯线为平面曲线的充要条件是主、支管有一公切球。如图 6-28 所示,在平面上公切球为一公切圆,与主管相切于 a、a',与支管相切于 b、b',直线 aa' 和 bb' 的交点为 C,AC 和 BC 即相贯线所在的平面,在平面内相贯线 AC 和 BC 是两个椭圆曲线。

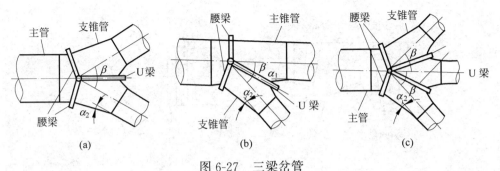

图 6-27 三梁岔管
(a) 对称 Y 形；(b) 非对称 Y 形；(c) 三分岔形

得 $2H_{//AC}$。$2V$ 反向即为使 U 梁张开的铅直荷载。$2H_{//AC}$ 反向就是 U 梁的水平荷载，指向上游，在 U 梁中产生的弯矩与铅直荷载的弯矩相反，是有利的，于是忽略 H 偏于安全。U 梁一侧所受铅直荷载为三角形分布，总铅直力为 p 乘以水平投影面积 $S_{ABCB'}$。

同理，AD 线上的腰梁上指向管外的铅直荷载也为三角形分布，合力为 pS_{AMDK}，其中包含支管传来的 pS_{AMD} 和主管传来的 pS_{ADK}。AD' 线上腰梁上的铅直分布荷载与此相同。

于是，根据加强梁系连接点变位一致和受力平衡，即可算出各梁的内力。连接点对明岔管可视作铰接，对埋藏式岔管可假定为刚接。计算中须先设定梁的截面尺寸，计算内力，校核其强度，不满足要求时，再设定截面，重新计算。

以上分析还忽略了支管锥角、各管轴向力的影响。轴向力与锥角大小、有无伸缩节、有无闷头（水压试验）、下游阀门启闭状态、岔管是明岔管还是埋藏式岔管等有关。模型试验、原型观测和有限元计算都说明，这种简化方法所得的加固梁的应力偏大，邻近梁的管壁除膜应力外，还有较大的边缘效应应力。

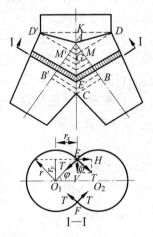

图 6-28 岔管受力分析

三梁岔管普遍应用于大中型电站。对高内压、大直径钢管，加强梁可能很大，会引起制造和运输上的困难，如用于埋藏式岔管还会增加开挖。

2. 内加强月牙肋岔管

由主管扩大段和支管收缩段组成切于公切球的圆锥壳，并沿支管的相贯线内插一月牙状肋板作为加强构件。典型布置有对称 Y 形和非对称 Y 形（见图 6-29）。

以对称 Y 形岔管（见图 6-30）为例，把管壳破口的不平衡环拉力作为月牙肋的荷载。在相贯线 AB 上 F 点处，有两支管产生的荷载，令其合力为 q；还有管端轴向力，可合成为 q'。将相贯线上各点 q 与 q' 的合力 $\bar{q}$ 沿肋端 B 到 F 点累积，可得出作用在 BF 这一段肋上的总荷载 R 及其作用线。若以过 F 点的直线与此作用线的垂足 C 的轨迹线作为肋的轴线，则肋将只承受轴心拉力。

由 F 点处的肋宽 $b \geqslant 2FC$，可定出该处肋板厚 $t = R/(b[\sigma])$。为使肋板等厚度，可选择最重要截面，一般是水平截面 AA'，根据其肋宽 b_m、合力 R_m 定出板厚 t_m，其他截面的板厚 $t = b_m R/R_m$。由此得到的肋宽不一定等于 $2FC$，如 $b > 2FC$，就让肋突出在管外；如 $b < 2FC$，就适当放

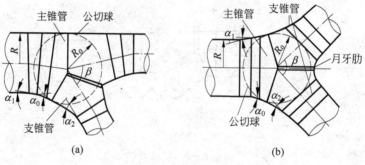

图 6-29 月牙肋岔管
(a) 非对称 Y 形；(b) 对称 Y 形

大肋宽使肋外缘至少达到相贯线，以便于焊接。这样得出的加强肋是等厚的月牙形肋，肋的绝大部分位于管内。

月牙肋岔管特点是：①肋板主要受轴拉力，应力较均匀，材料利用充分（据分析，通常月牙肋重量仅为三梁岔管加强梁的 1/5～1/4）；②月牙肋插在管壳内，岔管尺寸小、外表光滑，对地下埋管可减少开挖量；③正常工作时具有良好流态，水头损失小。

内加强月牙肋岔管是较新发展起来的岔管型式，近年来在我国已基本取代了三梁岔管。

3. 贴边岔管

在主、支管相贯线两侧一定范围内的内侧或外侧，或两侧设置与管壳紧密贴合的补强板而成贴边岔管（见图 6-31）。典型的布置型式为非对称 Y 形。多用作中低水头埋藏式岔管，适于支、主管半径之比不大于 0.7 的情况。

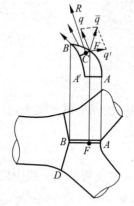

图 6-30 月牙肋受力分析

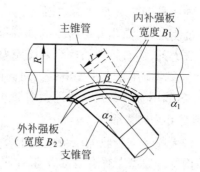

图 6-31 贴边岔管

4. 球形岔管

通过球面壳进行分岔，沿主、支管与球壳的相贯线设置补强环，组成球壳和环形加强梁的球形岔管。典型布置有对称 Y 形和三分岔形（见图 6-32）。

在内水压作用下，球壳应力仅为同直径管壳环向应力的一半，因此球形岔管适用于高水头的大中型电站。

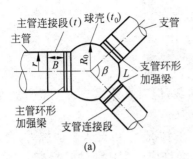 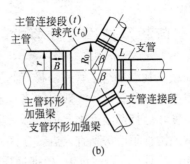

图 6-32 球形岔管
(a) 对称 Y 形；(b) 三分岔形

球壳荷载主要为内水压力、补强环的约束力和主、支管的轴向力。球壳厚度可按内水压力作用下球壳的膜应力来确定，并考虑热加工及锈蚀等余量。补强环荷载有球壳、管壳的作用力和其直接承受的内水压力。应力要求使上述三种力通过补强环断面形心，以使补强环轴心受拉，断面不产生扭矩。

5. 无梁岔管

用主、支管逐渐扩大的锥壳与中心的球壳连续、平顺地连接，不设加强梁，这种岔管称为无梁岔管。典型布置是对称 Y 形和非对称 Y 形（见图 6-33），也可布置成三分岔形。

无梁岔管保留了球壳受力好的优点，很大程度地改善了球形岔管补强环与管壳刚度不协调、补强环处应力集中的缺点。它是一种有发展前途的岔管，可用于大中型地下埋管。

6. 隔壁岔管

隔壁岔管由扩散段、隔壁段、变形段组成，各级皆为完整的封闭壳体，除隔壁外无其他加强构件，如图 6-34 所示。

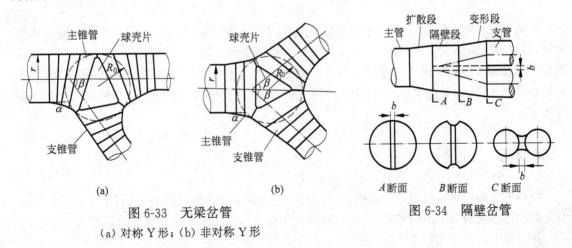

图 6-33 无梁岔管
(a) 对称 Y 形；(b) 非对称 Y 形

图 6-34 隔壁岔管

岔管型式的选择应进行技术经济比较，影响因素包括制作和土建费用、水头损失、内水压力的大小、岔管尺寸和受力条件、布置型式、工程经验等。

6.3.4 荷载及结构设计要求

岔管的荷载及其组合与主管道一样,但是岔管自重、满水重、风载、雪载、施工吊装、负压等次要荷载可以忽略。岔管设计一般可不考虑温度荷载,但对无伸缩节的大型明岔管,应尽量减少安装合龙温度和运行期温度之差值以降低温度应力。

地下埋藏式岔管距厂房不宜太近。在满足埋深的情况下,可计入岩体抗力,允许应力取值与明岔管相同;若不计入岩体抗力,根据地质条件,允许应力可比明岔管提高10%～30%。在不满足埋深的情况下,不计入岩体抗力,允许应力取值与明岔管相同。地下埋藏式岔管应校核抗外压稳定,安全系数应不低于主管的取值。

因岔管结构复杂,难以精确分析其应力,岔管的允许应力应比直管段的略予降低。岔管处管壁厚度要比主、支管壁厚度大,因此管节要变厚。相邻管节壁厚差值不宜大于4mm,以利焊接和避免应力集中。

月牙肋岔管、无梁岔管、球形岔管体形均为上凸、下凹,充水时顶部突出部位空气排不出去,开始运行时水流挟带空气,对高水头电站的机组运行不利,故高水头岔管顶部突出处宜布置排气管,岔管最低部位宜布置排水管。

主、支锥管长度及分节,在满足结构布置和水流流态要求下,宜布置紧凑。月牙肋岔管当肋的宽高比大于0.3时宜设置导流板。无梁岔管、球形岔管内部应设置导流板。

6.4 坝内埋管

6.4.1 特点

坝内埋管(坝内式钢管)指埋设在混凝土坝身内的压力钢管。混凝土重力坝或混凝土拱坝的坝后式厂房、溢流式厂房和坝内式厂房,一般都采用坝内埋管。对于混凝土坝坝式水电站,采用坝内埋管和坝后式厂房往往是最为经济合理的。坝内埋管进水口设于坝体,引水道短,一般采用单元供水,结构紧凑简单,运行集中方便。但管道安装会干扰坝体施工,坝内埋管空腔会削弱坝体。

6.4.2 布置

坝内埋管的布置应尽量缩短管道长度,减少对坝体应力的不利影响,特别是要减少因管道引起的坝体内拉应力的范围和拉应力值,同时较少对坝体施工的干扰并便于管道的安装、施工。

在立面上的典型布置型式有:

(1) 倾斜式布置。管轴线与下游面近于平行并尽量靠近下游坝面,见图6-35(a)。其优点是进水口水压较小,闸门和启闭设备的造价低,运行方便;管轴线与坝体内较大主压应力平行,可

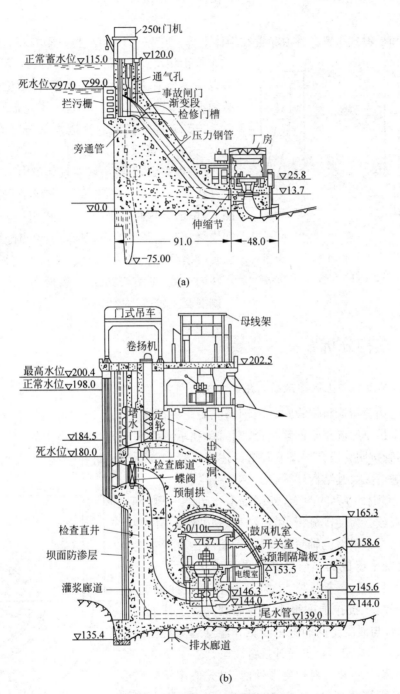

图 6-35 坝内埋管的布置型式
(a) 倾斜式及平斜式布置；(b) 竖直式布置

以减少管道周围坝体内由坝的荷载所引起的拉应力；管道位置高，与坝体施工的干扰小。但管道较长，弯段多。

(2) 平式和平斜式布置。管道布置在坝体下部，如图 6-35(a)中虚线所示。其优缺点与倾斜式布置正相反。常用于拱坝、较低的重力坝。此外，对以灌溉为主、兼顾发电的水库，死水位很低，进水口必须在死水位以下的情况，也采用此布置。

(3) 竖直式布置。管道大部分竖直，见图 6-35(b)。这种布置适用于坝内厂房，管道虽短，但弯曲大，水头损失大，管道空腔对坝体应力不利。

在平面上，坝内埋管宜布置在坝段中央，见图 6-36(a)。这时管受力对称，机组段间横缝与坝段间横缝相互错开。但当厂坝间不设纵缝而连成整体，二者的横缝必须在一条直线上时，管道平面布置不得不转向一侧，见图 6-36(b)。管两侧混凝土厚度不同，一侧混凝土较薄，对结构受力不利。

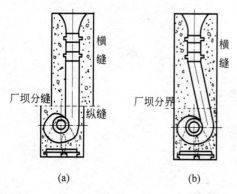

图 6-36 坝内埋管在平面上的布置型式
(a) 坝段中间布置；(b) 坝段偏一侧布置

6.4.3 结构分析

1. 钢管、钢筋与混凝土联合承受内压的应力分析

坝内埋管结构分析应将钢管和外围钢筋混凝土一同考虑。当钢衬与混凝土间加设弹性垫层或外围混凝土最小厚度小于钢管半径，钢衬单独承受内水压力，孔口周围的钢筋混凝土不承受内水压力，钢管按明管设计。以下着重论述当钢管和混凝土浇筑在一起，钢管和混凝土共同承受内水压力的情况及其结构计算。

根据管道距坝体边界的距离，外围混凝土可能一侧、两侧或三侧是有限域。为便于分析，可将结构按边界最小距离看作圆孔周边均为有限域的轴对称结构，即将坝内埋管视为钢管、钢筋和混凝土组成的多层管共同承受内水压力 p（见图 6-37）。此时混凝土有未开裂、未裂穿和裂穿三种情况。第一种情况因混凝土抗拉强度很小不易做到。对于开裂的情况，应计及钢管与混凝土间的施工缝隙和温度缝隙等初始缝隙 Δ 的影响，具体规定可参见设计规范。

当已知建筑物尺寸和材料的变形性能，可先假定钢管壁厚 t 和环向钢筋折算壁厚 t_s，由式(6-22)求混凝土相对开裂深度 $\psi = r_4/r_5$，其中 r_4 为混凝土开裂区外半径，r_5 为混凝土外半径，以判别混凝土的开裂情况。

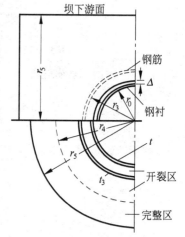

图 6-37 坝内埋管计算简图

$$\psi \frac{1-\psi^2}{1+\psi^2}\left\{1+\frac{E'}{E'_c}\left(\frac{t}{r_0}+\frac{t_3}{r_3}\right)\left[\ln\left(\psi\frac{r_5}{r_3}\right)+\frac{1+\psi^2}{1-\psi^2}+\mu'_c\right]\right\}=\frac{(p-E't\Delta/r_0^2)r_0}{[\sigma_1]r_5} \quad (6\text{-}22)$$

式中,r_0 为钢管内半径;r_3 为钢筋层中心线半径;$E'=E/(1-\mu^2)$,其中 E、μ 分别为钢材的弹性模量和泊松比;$E'_c=E_c/(1-\mu_c^2)$,$\mu'_c=\mu_c/(1-\mu_c)$,其中 E_c、μ_c 分别为混凝土的弹性模量和泊松比;$[\sigma_1]$ 为混凝土允许拉应力。此式是根据各部分变形相容条件和 $[\sigma_1]$ 的限制,在忽略了一些微小项后得到的。ψ 有双解,应取小值。

若求出 $\psi \leqslant r_0/r_5$,表示混凝土未开裂。此时混凝土分担的内水压力为

$$p_1=\frac{p-E'\dfrac{t\Delta}{r_0^2}}{1+\dfrac{E't}{E'_c r_0}\left(\dfrac{r_5^2+r_0^2}{r_5^2-r_0^2}+\mu'_c\right)} \quad (6\text{-}23)$$

钢管的环向应力为

$$\sigma_{\theta 1}=\frac{(p-p_1)r_0}{t}\leqslant \varphi[\sigma] \quad (6\text{-}24)$$

式中,φ 为焊缝系数。混凝土内缘的环向应力为

$$\sigma_{\theta 2}=\frac{p_1(r_5^2+r_0^2)}{r_5^2-r_0^2}\leqslant[\sigma_1] \quad (6\text{-}25)$$

钢筋接近孔口内缘,其应力近似为

$$\sigma_{\theta 3}=\sigma_{\theta 2}E/E_c\leqslant[\sigma_3] \quad (6\text{-}26)$$

式中,$[\sigma_3]$ 为钢筋的允许应力。钢筋应力很小,也可不计算。

当 $r_0/r_5<\psi<1$,表示混凝土已开裂但未裂穿,开裂深度 $r_4=\psi r_5$。此时钢筋拉应力

$$\sigma_{\theta 3}=\frac{E' r_5}{E'_c r_3}[\sigma_1]\psi\frac{1-\psi^2}{1+\psi^2}\left[\ln\left(\psi\frac{r_5}{r_3}\right)+\frac{1+\psi^2}{1-\psi^2}+\mu'_c\right]\leqslant[\sigma_3] \quad (6\text{-}27)$$

钢管环向应力

$$\sigma_{\theta 1}=\frac{\sigma_{\theta 3}r_3}{r_0}+\frac{E'\Delta}{r_0}\leqslant \varphi[\sigma] \quad (6\text{-}28)$$

钢管传给钢筋混凝土的内水压力

$$p_1=p-\sigma_{\theta 1}\frac{t}{r_0} \quad (6\text{-}29)$$

若 $\psi\geqslant 1$,表示混凝土已裂穿,不参加承载。此时钢管传至混凝土的内水压力、钢管环向应力和钢筋应力分别为

$$p_1=\frac{p-E'\dfrac{t\Delta}{r_0^2}}{1+\dfrac{tr_3}{t_3 r_0}} \quad (6\text{-}30)$$

$$\sigma_{\theta 1} = \frac{(p-p_1)r_0}{t} \leqslant \varphi[\sigma] \tag{6-31}$$

$$\sigma_{\theta 3} = \frac{p_1 r_0}{t_3} \leqslant [\sigma_3] \tag{6-32}$$

上述计算为承受内水压力情况。在坝体荷载作用下,孔口有附加应力。将内水荷载和坝体荷载在孔口引起的环向应力叠加,通过配筋计算求出钢筋用量。如求出钢筋数量不超过并接近原先假定的钢筋数量,则认为满足要求。否则,重新假定钢筋数量,计算至满意为止。

2. 外压稳定分析

坝内埋管钢衬抗外压失稳分析的原理和方法与地下埋管钢衬相同。坝内埋管钢衬的外压荷载主要有外水压力、施工时的流态混凝土压力。施工期临时荷载不宜作为设计控制条件,应靠加设临时支撑、控制混凝土浇筑高度等工程措施来解决。钢衬所受外水压力来源于从钢衬始端沿钢衬外壁向下的渗流。渗流水压力可假定沿管轴直线变化,钢衬首段为 αH,钢衬伸出下游面处为零。H 为上游正常蓄水位至钢衬首段的净水压力。α 为折减系数,可根据采用的防渗、排水、灌浆等措施取 1.0~0.5。为安全计,全钢衬最小外压不小于 0.2MPa。钢衬上游段承受的内压值小,管壁薄,但钢衬外渗流水压大,是抗外压失稳的重点。应该在钢衬首段采取阻水环等措施,并在阻水环后设排水设施,这样可以比较有效地降低钢衬外渗压。接缝灌浆可减小缝隙,也有利于钢衬外压稳定。坝内埋管钢衬在放空时外压失稳的事故比较少见。

6.5 坝后背管

6.5.1 特点

坝后背管(下游坝面管)指敷设在混凝土坝下游坝面上的压力管道。进水口仍设在上游坝面上,压力管道近于水平地穿过上部,如图 6-35(a)中点划线所示。坝后背管固定在坝体上,与坝体分开施工。与坝内埋管相比,坝后背管进水口较高,闸门启闭容易;不削弱坝身,管内水压对坝体应力影响小;对坝体施工干扰小,管道施工组织安排灵活。但厂房移向下游,增大了厂坝轴线间距和管道总长度,增加了工程量。

坝后背管是较新型的布置型式,对于较轻型混凝土高坝和大直径管道优势明显,一些高混凝土坝坝后式厂房的电站都选用了这种布置。巴西和巴拉圭 Itaipú 水电站采用明背管,最大水头 H 为 128m,钢管直径 D 为 10.5m(见图 6-38)。三峡电站采用钢衬钢筋混凝土背管,H 为 146m,D 为 12.4m(见图 6-39)。

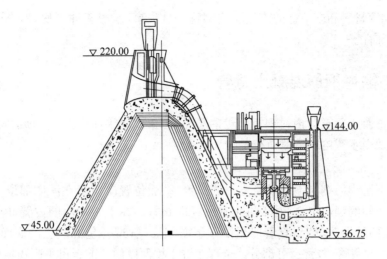

图 6-38 Itaipú 水电站坝后明背管

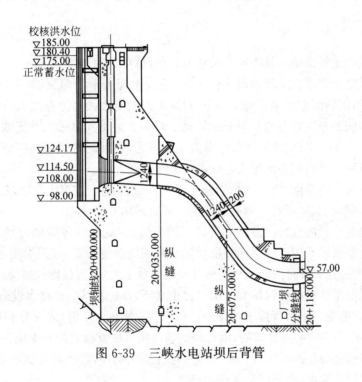

图 6-39 三峡水电站坝后背管

6.5.2 明背管

钢管自坝体穿出后,连接上弯段,上弯段锚固在坝体上,是下游背管的上固定端,然后经伸缩节接明钢管。明钢管支承在坝下游面的支墩上,其布置和构造与一般的明管相似。钢管斜直段下接下弯段,下弯段锚固在坝体上,是背管的下固定端。

坝后明背管的现场安装工作量小,进度快,与坝体施工干扰小。但是当钢管直径和水头很大时,会引起钢管材料和施工上的难度。明钢管一旦失事,水流直冲厂房,后果严重,要求钢管具有极高的可靠性。

6.5.3 钢衬钢筋混凝土背管

钢衬钢筋混凝土管道为内衬钢板外包钢筋混凝土的组合结构,适用于坝后式电站混凝土坝下游面的管道及引水式电站沿地面布置的管道等。

1. 布置

混凝土坝下游坝面钢衬钢筋混凝土管的布置,平面位置应布置在河床部位,对于重力坝宜位于相邻横缝之间的坝段中央,对于拱坝宜沿径向布置。在下游坝面的位置,应经技术经济论证确定,可采用两种型式,即斜直管段紧贴于下游坝面,管道外包混凝土的底面与下游坝面一致;或坝下游面预留管槽,管道可部分或全部布置于坝面以内。前者可不削弱坝体,后者缩短厂坝之间距离和管道长度,节省工程量,有利于管道侧向稳定。坝面预留槽的深度主要由坝体的稳定、应力条件确定。

2. 构造

钢衬钢筋混凝土管横截面外轮廓宜采用方圆形,也可采用多边形。

钢衬钢筋混凝土管道在正常运用条件下,一般会出现若干径向裂缝,钢筋适当多布置于接近混凝土表面,增加该部分混凝土的含筋率,对减小混凝土表面裂缝宽度、提高管道耐久性是有利的。最外层钢筋的布置宜与管道外轮廓一致。环向受力钢筋可采用Ⅱ级或Ⅲ级钢筋,选用的钢衬材料的屈服点 σ_s 宜与钢筋的强度标准值 f_{yk} 相近,这对钢衬、钢筋应力的均匀性和控制混凝土裂缝宽度有利。环向钢筋的接头应与钢衬纵缝错开。

管道外包混凝土的厚度,应以满足钢筋布置和保证混凝土施工质量为准,混凝土厚度不宜过厚,过厚对限制裂缝宽度不利。混凝土强度等级宜采用C20～C30。

钢衬钢筋混凝土管的底部混凝土有可能出现裂缝,因此在坝体键槽宜适当布置钢筋,以阻止裂缝向坝体内发展。采用下游坝面预留槽的钢衬钢筋混凝土管,管道混凝土底面与坝体应采用固接方式,并配插筋;坝面预留槽两侧面与管道混凝土之间,宜设置软垫层。

钢衬钢筋混凝土管钢衬的起始端必须设置止水环,并应在其后设排水设施。

可见,钢衬钢筋混凝土背管位于坝体外,可以允许混凝土开裂,能充分利用钢筋承载,减少钢衬厚度;环向钢筋的接头是分散的,钢管和钢筋在同一位置破裂的概率极小,从而降低了钢管材质和焊缝缺陷引起爆破的可能性;外界因素对管道影响小,在严寒地区有利于管道防冻;适应所有混凝土坝型。因此,有被广泛采用的趋势。

3. 结构分析

钢衬钢筋混凝土管应按联合承载结构设计,由钢衬与外包钢筋混凝土共同承受内水压力,并允许混凝土裂穿。假设管道混凝土沿径向裂穿,不能承担环向应力,设计内水压力 p 全部由钢管和钢筋承担,钢管和钢筋的应力可按式(6-30)～式(6-32)确定,但不计及其间因施工、混凝土干缩、温度等因素引起的缝隙的影响。采用单一安全系数极限状态设计法,可得出钢衬钢筋混凝土管钢衬厚度 t_0 及环向钢筋折算厚度 t_3 应满足

$$Kpr \leqslant t_3 f_{yk} + t_0 \varphi \sigma_s \tag{6-33}$$

式中，r 为钢衬内半径；K 为总安全系数，在正常工况最高压力作用下不应小于 2，在特殊工况最高压力作用下应不小于 1.6，经专门研究可酌减，但减小值不应超过 10%。

关于钢衬与环向钢筋用量的分配，首先，钢衬的厚度应满足管壁最小厚度的要求，如据此配置的钢筋过密，影响混凝土浇筑及施工质量，宜增加钢衬厚度，减少配筋量，但环向钢筋的计算面积宜大于钢衬的计算面积。这样有利于提高管道的安全度，改善混凝土的抗裂性，提高结构的耐久性。

钢衬钢筋混凝土管道在正常运用条件下允许管道混凝土出现径向裂缝，但应满足允许最大裂缝宽度要求，如不能满足，则应对管道混凝土外表面采取防渗保护措施，防止钢筋锈蚀。

环向钢筋折算厚度按下式计算：

$$t_3 = F_a n \tag{6-34}$$

式中，F_a 为单根钢筋截面积；n 为沿管道轴向单位长度范围内环向钢筋根数。

管道环向钢筋裂缝处的平均应力按下式计算：

$$\sigma = \frac{pr}{t_0 + t_3} \tag{6-35}$$

习题及思考题

1. 某明钢管如题图 6-1 所示，其倾角 $\alpha = 30°$，内径 $D_0 = 3\text{m}$，壁厚 $t = 14\text{mm}$。伸缩节盘根填料管轴向长度 $b_1 = 0.3\text{m}$，填料与管壁的摩擦系数 $\mu_1 = 0.25$，滚动式支座的摩擦系数 $f = 0.1$。允许应力 $[\sigma] = 120\text{MPa}$，焊缝系数 φ 取 0.9。跨中断面①最大静水头 $H_0 = 62\text{m}$，水击压力升高 $\Delta H = 0.3 H_0$。钢的弹性模量 E 可取 206GPa，泊松比可取 0.3，线膨胀系数 α_s 可取 $1.2 \times 10^{-5}/℃$，质量密度 ρ_s 可取 7850kg/m^3，重力加速度取 9.81m/s^2。试对断面①的管顶点和管底点内缘进行强度校核。

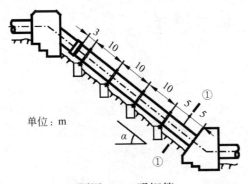

题图 6-1 明钢管

2. 加劲环钢管直径 $D = 1.1\text{m}$，壁厚 $t = 10\text{mm}$，泊松比取 0.3，试求等效翼缘宽度 l'。既然 l' 很小，为什么要考虑加劲环的影响？

3. 题图 6-1 中的钢管直径为 3m,壁厚为 14mm。取安全系数为 2,大气压强取 0.1MPa。试校核该钢管的外压稳定性。

4. 忽略施工缝隙和围岩冷缩缝隙,只计及钢管最小冷缩缝隙值 $\Delta_{s1}=(1+\mu)\alpha_s\Delta t_{s1}r_1$,其中 Δt_{s1} 为钢管起始温度与最高水温之差。K_{01} 取 K_0 最大可能值。试根据式(6-18)、式(6-19)及其补充说明,证明岩体分担的最大内水压力为 $q=(pr_1-\sigma_{\theta 1}t)/r_3$,钢管承受的最小环向应力为 $\sigma_{\theta 1}=\dfrac{pr_1+K_{01}\Delta_{s1}}{t+K_{01}r_1/E'}$。

5. 已知某坝内埋管 $r_0=175$cm,折算钢筋层的内、外半径分别为 192.13cm 和 192.5cm,$r_5=525$cm,$t=1$cm,$\Delta=0.5$mm,$E_c=17.5$GPa,$\mu_c=0.167$,$[\sigma_1]=0.4$MPa,试求 p 分别为 0.71MPa 和 0.92MPa 时钢管和钢筋的应力。

参 考 文 献

[1] 长江水利委员会长江勘测规划设计研究院.《水电站压力钢管设计规范》(SL 281—2003). 北京:中国水利水电出版社,2003.
[2] 马善定,汪泽如. 水电站建筑物[M]. 2 版. 北京:中国水利水电出版社,1996.
[3] 王树人,董毓新. 水电站建筑物[M]. 2 版. 北京:清华大学出版社,1992.
[4] 刘启钊,胡明. 水电站[M]. 4 版. 北京:中国水利水电出版社,2010.

第7章 水电站水力系统中的瞬变流及调节保证计算

7.1 电力系统及引水系统中的瞬变现象

水电站在运行过程中,常常开机、停机或者根据负荷变化进行调整,在这个过程中,需要仔细核算水击压力的大小以及机组转速的变化量,并将它们控制在允许的范围之内——谓之调节保证计算。本章的主要内容就是介绍进行这些计算时所必备的知识,其中有关水击计算的部分内容在前期课程《水力学》中已经学过,这里将更为详细地介绍了进行水电站水击计算时所需要知道的计算条件及其应用,并特别介绍了水击计算的特征线法。

7.1.1 瞬变现象简述

所谓瞬变现象,是相对于稳态现象的一个短暂的时间过程,经过此过程后,系统呈现为稳态,所以也称过渡过程。这个过程虽然很短,量变值却通常很大,需要引起人们的格外关注。

我们知道,通常情况下,电能不能以其本身的方式大量储存。因此,电能的生产、分配和消费就必须在同一时间内进行,即从发电到用电,形成了一个平衡的系统,可以理解为用多少电,就发多少电,反之亦然。一旦这种平衡被打破,系统就需调整,达到新的平衡。如图 7-1 所示的

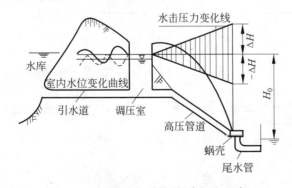

图 7-1 有压引水系统的瞬变流现象

水电站有压引水系统,若某时刻阀门快速动作,导致水流流速发生急剧变化,于是压力管道中就会出现水击现象,调压室中发生水位波动,机组转速及其运行方式发生变化,导致供电状况发生变化,一段时间以后,整个系统才会达到新的稳态,这个过程就是过渡过程。很显然,电力系统与水力系统中都存在着过渡过程,这个过程中各物理量变化就是瞬变现象。

既然从发电到用电是一个平衡的系统,所以其中任一环节的瞬时变化都会引起系统各环节的响应。例如,在电网中运行的某水电站,在甩去其担负的负荷后,将诱发如图 7-2 所示的瞬态响应过程。

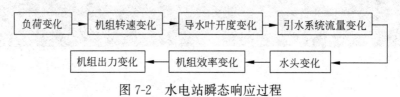

图 7-2 水电站瞬态响应过程

水泵站系统中的瞬态现象颇似水电站有压引水系统,在长输水管的情况下也需设置调压室。有压管道中的水击及调压室中的水位波动问题,均属于瞬变流问题。瞬变流(fluid transient)研究的范围很宽,可参看有关书籍。

7.1.2 阀门突然关闭的水击现象及不稳定工况

任何有压管流,只要管中流动介质的流速发生急剧变化,都将出现瞬变流现象,该现象被形象地称为水击或水锤(water hammer)。水击产生之后,压力波会沿管道传播,其最突出的力学特征是引起管内压力的急剧升高或降低。

如图 7-3 所示的简单管道,管长 L,管端静水头 H_0($H_0 = p_0/\gamma$,p_0 为静水压强),稳态流时,管内流速为 V_0,水体密度为 ρ_0,管道直径为 d_0。假定阀门的关闭时间为 t,称之为突然关闭。

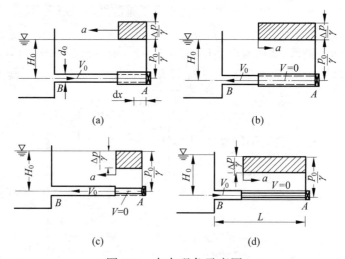

图 7-3 水击现象示意图
(a) $0 \leqslant t < L/a$;(b) $L/a \leqslant t < 2L/a$;(c) $2L/a \leqslant t < 3L/a$;(d) $3L/a \leqslant t < 4L/a$

下面按时段 L/a 分析管内的水击现象，a 为管中水击波速。

1. $0 \leqslant t < L/a$

$t=0$ 时刻，阀门突然关闭，紧邻阀门的水体停止运动，水体是可压缩的，管内水体不会在一瞬间同时停止运动，未受压缩的水体将在惯性作用下继续以速度 V_0 流向阀门，使邻近阀门 dx 段内的水体产生压缩，于是流速变为零，水头增加 ΔH，水体密度增至 $\rho_0+\Delta\rho$，管径增至 $d_0+\Delta d$，管壁膨胀。然而，邻近 dx 段上游的水体仍未受到阀门关闭的影响，仍以速度 V_0 流向下游，使靠近 dx 段上游侧的另一段水体压缩，使其流速、压强、密度以及管径的变化与 dx 段相同，如此直至整个管段。在这个过程中，压力波前峰的传播速度为 a，方向由下游传向上游，故又称为增压逆波，见图 7-3(a)。

2. $L/a \leqslant t < 2L/a$

在 $t=L/a$ 时刻，整个管道中流体速度 $V=0$，管内压强水头 $H=H_0+\Delta H$。在 B 端的上游侧，保持着恒定的压强水头 H_0，也即在 B 断面的上下游两侧存在着压力差，在此压差的作用下，水体开始反向流动，其大小等于 V_0，这是因为，$0 \leqslant t < L/a$ 时段内的压强水头增加值即水击压力升高值由流速差 $(0-V_0)$ 产生；根据能量守恒原理，在同样压强增量 ΔH 作用下所产生的流速也应等于 V_0，但方向相反。反向流速产生后，B 断面附近液层的压强水头立即恢复到稳态值 H_0。压缩的液体及膨胀的管壁也立即恢复原状，在水体弹性的作用下，压力波释放，一层层传向下游，见图 7-3(b)。该时段内的压力波称为减压顺波，它是第一时段内增压逆波的反射波，反射的断面为水库断面 B（也是管道的入口断面）。由此可知，B 断面处的反射为等值异号反射，这是保持恒定水位的水库或前池反射的特点（$H_0=\text{Const.}$）。

3. $2L/a \leqslant t < 3L/a$

在时刻 $t=2L/a$，全管的压强水头已恢复正常，但因为惯性，管中水体仍以流速 V_0 流向上游，这与阀门全部关闭的下游边界条件不相容，关闭的阀门要求水体的流速 $V=0$，于是水体有脱离阀门的趋势，这会破坏水体的连续性（汽化）。在保证水体连续性的条件下，紧邻阀门的液层压强降低 $-\Delta H$，流动停止，液体膨胀，密度减小，管壁收缩，这样一层层传向上游，称为减压逆波，见图 7-3(c)。由此可知，第二时段内的水库反射波抵达阀门后再一次被反射，且降压波仍被反射为降压波，称之为同号等值反射，这是阀门完全关闭状态下的反射特点。

4. $3L/a \leqslant t < 4L/a$

当 $t=3L/a$ 时，阀门的反射波到达断面 B，断面 B 右侧管道中的压强水头比水库低 ΔH，且全管中的水体流速为 0。很显然，B 断面上下游两侧压力不平衡，在压差 ΔH 的作用下，水流又以速度 V_0 向阀门方向运动。流动一经开始，压强水头立即恢复到 H_0，膨胀的液体及收缩的管壁也恢复原状，波的传播方向由上游传向下游，见图 7-3(d)。

在时刻 $t=4L/a$ 时，水库的第二次反射波又到达阀门 A 处，此时整个压力管道中的压力与流速都恢复到初始状态。上述水击现象所经历的时间历程为 $4L/a$，此后再重复以上过程，因此，水击波的周期为 $4L/a$，周期为两相，相长 $T_r=2L/a$，为水击波在管道中传播一个来回所用的时间。

以上的讨论忽略了摩阻的影响，实际上摩阻的存在将使水击压强逐渐衰减，直至完全消失。

现将一个周期内水击过程的运动特征总结于表 7-1 内。

事实上，任何阀门都不可能实施突然关闭（$T_s=0$），总有一定的历时，其水击现象要复杂得多，但前面所述的波传播规律和反射规律仍然适用。

表 7-1　水击过程的运动特征（$T_s=0$）

时　段	速度变化	运动方向	压强变化	波传播方向	液体状态
$0 \leqslant t < L/a$	$V_0 \to 0$	$B \to A$	增高 ΔH	$A \to B$	压缩
$L/a \leqslant t < 2L/a$	$0 \to -V_0$	$A \to B$	恢复原状	$B \to A$	恢复原状
$2L/a \leqslant t < 3L/a$	$-V_0 \to 0$	$A \to B$	降低 ΔH	$A \to B$	膨胀
$3L/a \leqslant t < 4L/a$	$0 \to V_0$	$B \to A$	恢复原状	$B \to A$	恢复原状

对水电站来说，调节流量的机构通常为导水叶或针阀。引起水轮机流量变化的原因可归结为两类。

(1) 常规工况下负荷的变化。电力系统中的负荷总是随着时间发生变化的。如担任峰荷或调频任务的电站，其负荷和引用的流量时刻处于变化之中，但这类变化通常较慢，构不成水击计算的控制工况。但常规工况下也可能出现水击计算的控制工况，如电网中其他电站的事故停机或投入运行，要求本电站突然带上或丢弃较大负荷以适应系统供电的要求。

(2) 事故引起的负荷变化。输电线路发生事故或运行中的误操作，可造成全部机组与系统解列，水电站丢弃全部负荷；输电线路或母线的短路，主要设备发生故障或有关建筑物发生事故，可能引起丢弃全部负荷或部分负荷。主要设备的故障，如机组轴承过热、调速器故障等，通常只影响相应的机组，不致使其他机组停机。事故工况通常是水击计算的控制工况。

对于水泵站系统来讲，机组启动、启闭阀门及事故停泵，通常是水击计算的控制工况。

7.1.3　水击的分类

若调节阀门的时间 $T_s \leqslant 2L/a$，则水库端的反射波在到达水管末端之前开度变化已经终了，管端阀门断面只受因开度变化直接引起的水击波的影响，不受反射波的影响（见图 7-3），这类水击习惯上称为直接水击，而把阀门调节时间 $T_s > 2L/a$ 的水击称为间接水击。由于阀门的启闭规律对水击计算有影响，所以间接水击中阀门按直线启闭时又有所谓的第一相水击和极限水击，有关第一相水击和极限水击的内容将在后面讲授。对水击进行这样的分类，一方面有益于对水击的认识，另一方面也便于选取合适的公式进行计算。

7.2　水击基本方程组及波的传播速度

7.2.1　水击基本方程组

对于一元微束流，设 x 的正向指向上游，其运动方程为

$$\frac{\partial V}{\partial t} - V \frac{\partial V}{\partial x} - g \frac{\partial H}{\partial x} + \frac{f}{2D} V |V| = 0 \tag{7-1}$$

式中，x 的正向指向上游；V 为流速；H 为压强水头；D 为管道直径；g 为重力加速度；t 为时间；f 为达西-威斯巴赫（Darcy-Weisbach）系数。

分析水击问题时，式(7-1)最后一项摩擦阻力项通常忽略不计，$V\dfrac{\partial V}{\partial x}$ 比之于 $\dfrac{\partial V}{\partial t}$ 亦是小量，可以忽略，简化后运动方程为

$$\frac{\partial V}{\partial t} = g\frac{\partial H}{\partial x} \tag{7-2}$$

一元微束流的连续性方程为

$$\frac{\partial H}{\partial t} - \frac{a^2}{g}\frac{\partial V}{\partial x} - V\frac{\partial H}{\partial x} + V\sin\alpha = 0 \tag{7-3}$$

式中，a 代表管中水击波速；α 代表管轴线与水平线的夹角。

式(7-3)左边后两项与 $\dfrac{\partial H}{\partial t}$ 相比可以忽略。于是，连续方程可简化为

$$\frac{\partial H}{\partial t} = \frac{a^2}{g}\frac{\partial V}{\partial x} \tag{7-4}$$

方程(7-2)与方程(7-4)构成了求解一维非恒定问题的基本方程组，即水击基本方程组，这是一组双曲型线性偏微分方程。根据偏微分方程理论，方程(7-2)与方程(7-4)具有以波函数型式表示的通解，即

$$H - H_0 = F\left(t - \frac{x}{a}\right) + f\left(t + \frac{x}{a}\right) \tag{7-5}$$

$$V - V_0 = -\frac{g}{a}\left[F\left(t - \frac{x}{a}\right) - f\left(t + \frac{x}{a}\right)\right] \tag{7-6}$$

式中，H_0、V_0 表示稳态时的量；F、f 表示波函数。$F\left(t - \dfrac{x}{a}\right)$ 是正向波函数，它大小不变地向上游传播；$f\left(t + \dfrac{x}{a}\right)$ 是反向波函数，它大小不变地从上游传向下游。波动方程的通解由达朗贝尔（D'Alembert）导出。

从理论上说，要能给出不同时刻不同地点的波函数值或数学表达式，就可以求出相应时刻相应地点的压力与流速值。但事实上要得到 F 和 f 是困难的，但这并不影响式(7-5)与式(7-6)的价值。它告诉我们波函数传播的性质、相邻两断面间水头和流速的关系，再利用管道上下游的边界条件，可推得水击连锁方程，后者可用以计算管道各点的压力和流速变化过程。

7.2.2 水击波的传播速度

水击波的传播速度在水击计算中是个重要的参数。降低水击波的传播速度，可有效地降低水击压力，因此，水击波的计算精度将直接关系着水击压力的计算精度。水击波的传播速度与管壁材料、厚度、管径、水的弹性模量以及管道的支撑方式有关。在水电站的引水系统中，高压管道可以是露天管，不衬砌隧道或地下埋管，因此，水击波在其中的传播速度是不同的，进行水击计算时，应考虑其中的水击传播速度。下面介绍几种水击波计算公式。

1. 露天薄壁管

利用水的连续性方程，动量定理，并考虑水体的可压缩性与管壁的弹性，可导出水击波在均

质管中的传播速度

$$a = \frac{\sqrt{K/\rho}}{\sqrt{1+(K/E)(D/e)C_1}} \tag{7-7}$$

式中，$\sqrt{K/\rho}$=水中声速，一般为1435m/s；K为水的体积弹性模量，一般为2.1×10^3MPa；ρ为水体的密度；E为管壁材料的弹性模量，其中钢材取0.21×10^6MPa，铸铁取0.10×10^6MPa，混凝土$E=0.20\times10^5$MPa，橡皮$E=5\sim6$MPa；D为管道的直径；e为管壁厚度；C_1为与管道固定方式和泊松比μ有关的系数：只在上游固定的管子，$C_1=1+0.5\mu$；全管固定无轴向运动的管子，$C_1=1-\mu^2$；全管都用膨胀接头连接的管子$C_1=1$。

严格说来，式(7-7)只适用于$D/e>40$的金属薄壁圆管，其他情况只是近似适用。在缺乏资料的情况下，露天钢管的水击波速可近似取1000m/s，也可近似取$C_1=1$进估算；埋藏式钢管可近似取1200m/s。

2. 厚壁管

$$a = \sqrt{K/\rho} \Big/ \sqrt{1+2\frac{K}{E}[(b^2+d^2)/(d^2-b^2)]} \tag{7-8}$$

式中，b为厚壁管的内径；d为厚壁管的外径。

3. 硬质岩体中的隧洞

$$a = 1 \Big/ \sqrt{\rho\left(\frac{1}{K}+\frac{2}{E_R}\right)} \tag{7-9}$$

式中，E_R为岩体的弹性模量。

4. 埋藏式压力钢管

$$a = 1 \Big/ \sqrt{\rho\left[\frac{1}{K}+\frac{2r_1}{Ee}(1-\lambda)\right]} \tag{7-10}$$

$$\lambda = \frac{r_1^2}{Ee} \Big/ \left[\frac{r_1^2}{Ee}+\frac{r_2^2-r_1^2}{2r_2 E_c}+\frac{(\mu_R+1)r_1}{\mu_R E_R}\right] \tag{7-11}$$

式中，r_1、r_2见图7-4；μ_R为围岩的泊松比；E_c为混凝土的弹性模量。

图7-4 埋藏式钢管断面图

以上所述各公式均未考虑水中含气的情况。事实是，当水中含有气泡时，波速会急剧下降，当水中含有0.5%的空气时，就可以使波速减小4/5。波速减小的原因是气体的可压缩性大，含气水流的弹性模量要低得多。假定空气的弹性模量为K_a，含气量为V_a/V，则含气水流的弹性模量为

$$K' = \sqrt{K} \Big/ \sqrt{1+\frac{V_a}{V}\left(\frac{K}{K_a}-1\right)} \tag{7-12}$$

通常水的弹性模量为2.1×10^3MPa，空气的弹性模量为0.15MPa，将$V_a/V=0.5\%$一并代入式(7-12)算得含气水流的弹性模量为30MPa。

应当指出，电站水头的高低，对于最大水击压力出现的时刻是有影响的。对于高水头电站

来说,最大水击压力通常出现在第一相末,水击波速对最大水击压力影响较大,对以后各相的水击压力影响渐小。对于中低水头电站来说,最大水击压力一般出现在阀门开度接近终了的时刻,此时没有必要过分追求水击波的计算精度。

7.2.3 常用初始条件与边界条件

任何微分方程的解都依赖其定解条件,一般包括初始条件和边界条件,水击方程也不例外。水击计算一般都从稳态开始,包括静止态和定常流动态。所以常用的初始条件包括压强水头 H_0、流速 V_0 以及水体和管壁材料的物理参数。引水系统中常见的边界条件可参见图7-5,其中 A 点代表阀门端,常为孔口出流;A' 为封闭端,又称为闷头;B 为分叉点,C 为变径点,D 为水库处的进口。

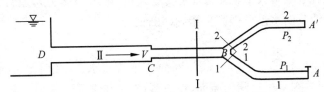

图7-5 引水系统的边界点

1. 水库及前池

由于水库的面积很大,在发生水击的过程中,其水位通常不会有显著的变化,前池也可作类似的处理,因此 D 点的边界条件为:$H_D=$常数。

2. 闭端

封闭端的流量等于零,$Q_{A'}=0$。

3. 分叉点

分叉处可视为一个结点,所以应保持压力相等和流量连续的条件,即

$$H_{BI}=H_{B1}=H_{B2}; \quad Q_{BI}=Q_{B1}+Q_{B2} \tag{7-13}$$

注意串联管在管径突变处也应满足压力相等和流量连续两个条件。

4. 阀门端

阀门端的边界条件比较复杂,最简单的阀门为孔口出流,冲击式水轮机装设有针阀,喷嘴可看作一个孔口。设孔口全开时面积为 $\omega_{\max}$,水头为 H_0,流量系数为 μ_0,根据孔口出流规律有

$$Q_{\max}=\mu_0\omega_{\max}\sqrt{2gH_0} \tag{7-14}$$

当孔口关至 ω_t 时,因受水击的影响,水头变为 H,流量系数变为 μ_t,此时的出流量为

$$Q_i=\mu_t\omega_t\sqrt{2gH} \tag{7-15}$$

忽略不同开度时流量系数的小量差别,即 $u_0 \approx u_t$,将式(7-14)、式(7-15)相除得到

$$q_t=\eta_t=\tau\sqrt{1+\xi} \tag{7-16}$$

式中,$q_t=\eta_t=Q/Q_{\max}=V/V_{\max}$,$q_t$ 为相对流量;η_t 为相对流速;$\tau=\omega_t/\omega_{\max}$ 为相对开度;$Q_{\max}$ 与 $V_{\max}$ 是相应于 $\omega_{\max}$ 时管内的最大流量和流速;V 为 t 时刻管内的流速,m/s;

$\xi = \dfrac{H - H_0}{H_0}$,是水击压力的相对升高值。

式(7-16)为近似式,只能用来近似计算不同时刻的冲击式水轮机的流量。对于反击式水轮机,式(7-16)并不适用,因为其出流规律除与水头和导叶开度有关外,尚与水轮机的转速有关。

7.3 简单管中最大正、负水击压力的计算

7.3.1 开度按任意规律变化时水击压力的计算

对于水击压强来说,其最大值与最小值(或最大正、负水击压力),通常都发生在阀门断面,在下面的讨论中,所涉及的水击压强都是指阀门断面。

1. 直接水击

阀门机构的调节时间 $t \leqslant 2L/a$ 时,阀门断面产生直接水击,此时由上游端断面产生的反射波尚未抵达阀门断面或刚刚抵达阀门断面,在方程(7-5)与方程(7-6)中,令 $f(t+x/a)=0$,并消掉 $F(t-x/a)$,可得直接水击的计算式

$$\Delta H = \dfrac{a}{g}(V_0 - V) \tag{7-17}$$

式中,V_0 为稳态值,可以是阀门开度最大时的最大流速 $V_{\max}$,也可是其他任意开度所对应的稳态流量时的流速值;V 为阀门关闭结束时所对应的流速,V 通常不知道,所以式(7-17)需变换型式为

$$\xi H_0 = \dfrac{a}{g} V_{\max} \left(\dfrac{V_0}{V_{\max}} - \dfrac{V}{V_{\max}} \right) \tag{7-18}$$

补充冲击式水轮机的边界条件式(7-16),注意初始时刻无水击压力产生,因此 $\eta_0 = V_0/V_{\max} = \tau_0 \sqrt{1+\xi_0} = \tau_0$,将该式整理后可得

$$\tau \sqrt{1+\xi} = \tau_0 - \dfrac{\xi}{2\rho} \tag{7-19}$$

式中,$\rho = \dfrac{a V_{\max}}{2 g H_0}$ 称为管道断面系数。在知道不同时刻开度,即知道关闭规律的情况下,式(7-19)可方便地用来计算 $t \leqslant 2L/a$ 时间内任意时刻的水击值。

一般压力管道中的经济流速为 $4 \sim 6\text{m/s}$,波速 a 约为 1000m/s。假定电站的阀门在 $t \leqslant 2L/a$ 的时间完成全关,或者突然关闭(阀门关闭时间为0),设 $V_0 = 6\text{m/s}$,则由此造成的阀门断面的最大水击压力升高值为 $\Delta H = 1000/9.8 \times 6 \approx 600\text{m}$,相当于 60 个大气压,是一个非常大的压力,因此水电站设计中要尽量避免出现直接水击。

式(7-17)常称为儒可夫斯基(Жуковски,Joukowsky)公式。相应于不同的初始和末了开度,由式(7-19)可派生出下列几个常用公式:

阀门由初始开度 τ_0,至完全关闭,则

$$\xi = 2\rho\tau_0 \tag{7-20}$$

阀门由 $\tau_0 = 1.0$,全开至全闭,则

$$\xi = 2\rho \tag{7-21}$$

2. 间接水击

当阀门调节时间 $t > 2L/a$ 时,将出现间接水击,一般需逐相求解,直至求出最大水击压力值。由式(7-19)容易知道

$$\tau_1\sqrt{1+\xi_1} = \tau_0 - \frac{\xi_1}{2\rho} \tag{7-22}$$

下面讨论第二相末阀门处的水击压强计算方法。将 $t = 2T_r = 2 \times 2L/a$,$x = 0$,代入式(7-5)与式(7-6),可得

$$H - H_0 = F(2T_r) + f(2T_r) \tag{7-23}$$

$$V - V_0 = -\frac{g}{a}[F(2T_r) - f(2T_r)] \tag{7-24}$$

若能消去逆波函数 F 和顺波函数 f,就可求得第二相末的水击压力。事实上是可以的,即利用边界条件。由于上游断面是水库,可实现等值负反射,根据水击波等值等速的传播性质,在阀门断面存在关系式

$$f(t) = -F(t - T_r) \tag{7-25}$$

因此,$f(2T_r) = -F(T_r)$,而在第一相末时,阀门断面的波函数 $f = 0$(由水库反射回来的水击波刚刚抵达阀门断面),据式(7-5)容易知道

$$F(T_r) = H - H_0 = \xi_1 H_0 \tag{7-26}$$

将 $f(2T_r) = -F(T_r) = -\xi_1 H_0$ 及下游边界条件式(7-15)代入式(7-23)与式(7-24),可以得到

$$\tau_2\sqrt{1+\xi_2} = \tau_0 - \frac{\xi_2}{2\rho} - \frac{\xi_1}{\rho} \tag{7-27}$$

式中,脚标代表相应第1相、第2相末。

第 n 项末的水击压力公式可用类似方法得出

$$\tau_n\sqrt{1+\xi_n} = \tau_0 - \frac{\xi_n}{2\rho} - \sum_{i=1}^{i=n-1}\frac{\xi_i}{\rho} \tag{7-28}$$

利用式(7-28),可求出任意关闭规律、任意一相末的水击值,但必须逐相求解,例如,要求第 n 相末的水击值 ξ,必先依次求出 ξ_1,ξ_2,$\cdots$,ξ_{n-1},所以式(7-28)又称为水击连锁方程。式(7-28)用起来不方便,阀门直线关闭情况下,不必进行逐项计算,有简化的公式可以应用。

7.3.2 直线关闭规律时水击压力的计算

1. 直线关闭的概念

水轮机导叶的关闭规律与调速系统的特性有关,实际的关闭规律大体上如图7-6所示。曲线的起始线段接近水平,是由调节机构的惯性所致。这一段阀门对原流速扰动极小,造成的水击升高值不大,另外,此时尚处于阀门关闭的初始阶段,该部分扰动所造成的水击波,经多次反

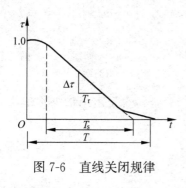

图 7-6 直线关闭规律

射后,对最大水击升高值的贡献已经不大。在接近关闭终了时,阀门的关闭速度又逐渐变慢,曲线向后延伸,此后的连续关闭只对该期间的水击值有影响。阀门的整个关闭历时是 T,为了简化计算,常将阀门关闭过程中的直线段加以适当延长得到 T_s。T_s 称为有效关闭时间,一般说来,$T_s = 0.7T$。假定阀门以直线规律关闭,并把 T_s 视为全部关闭时间即为直线关闭的概念。在直线关闭规律下,任意时刻 t 的开度可以表示为

$$\tau_t = 1 - \frac{t}{T_s} \tag{7-29}$$

以相长 $T_r = 2L/a$ 为时间单位,可将第 n 相末的阀门开度表示为

$$\tau_n = 1 - \frac{nT_r}{T_s} = 1 - n\frac{2L}{aT_s} \tag{7-30}$$

阀门在一相内的开度变化为

$$\Delta\tau = -\frac{2L}{aT_s} \tag{7-31}$$

将式(7-30)表示的关闭规律代入式(7-28),可以很方便地算得各相末水击压强的相对值。

2. 极限水击与第一相水击

利用直线关闭的概念,水击计算将大为简化。埃列维(Allievi)曾详尽研究了直线启闭规律下的水击压力变化过程,其研究结果表明,随阀门起始开度 τ_0 及管道断面系数 ρ 的不同,最大水击压强的出现可分为下述两种情况:

第一种情况:第一相末水击压力 ξ_1 最大,以后各相逐渐减小,并绕某一定值上下变动直至阀门关闭结束,即 $\xi_1 > \xi_m$,称为第一相水击(图 7-7(a))。

第二种情况:阀门断面的水击压强逐相增加,逐渐趋于某一定值。水击最大值可能超过该定值,但不会太大。称此类水击为极限水击。极限水击情况下最大水击压强出现在第一相以后的某一相,一般在接近末相时出现,所以极限水击也常称为末相水击 ξ_m(图 7-7(b))。图 7-7(c)为阀门关闭规律。

知道了直线关闭情况下最大水击出现的规律后,就不需要进行逐相求解的繁琐过程了。下面将给出具体的计算公式。

利用式(7-28),写出第 $n+1$ 相的水击公式,并与式(7-28)相减,注意 n 较大时可取 $\xi_n = \xi_{n+1} = \xi_m$,于是可以得到

$$\xi_m = \sigma\sqrt{1 + \xi_m} \tag{7-32}$$

解之得

$$\xi_m = \frac{\sigma}{2}(\sqrt{4 + \sigma^2} + \sigma) \tag{7-33}$$

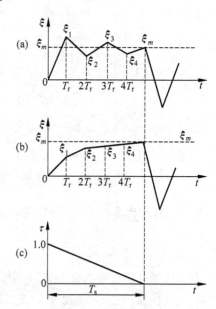

图 7-7 直线关闭时的两种水击现象

式(7-32)与式(7-33)中的 $\sigma = \dfrac{V_{max}L}{gH_0T_s}$ 是管道的另一特性系数,为无量纲数,ρ 与 σ 是水击计算中常用的两个参数。

第一相末的阀门开度为 $\tau_1 = \tau_0 - \dfrac{\sigma}{\rho}$,代入式(7-28)之后可直接得到第一相水击的计算公式

$$\tau_1\sqrt{1+\xi_1} = \left(\tau_0 - \dfrac{\sigma}{\rho}\right)\sqrt{1+\xi_1} = \tau_0 - \dfrac{\xi_1}{2\rho} \tag{7-34}$$

通常,水击压强不允许超过静水头的 50%,若近似地取 $\sqrt{1+\xi_1} \approx 1+\xi_1/2$,则式(7-34)的近似式为

$$\xi_1 = \dfrac{2\sigma}{1+\rho\tau_0-\sigma} \tag{7-35}$$

为了判别水击的类型,需要给出水击的判别条件,令 $\xi_1 = \xi_m$,联立式(7-32)与式(7-34),并选用 σ 与 $\rho\tau_0$ 为变量参数,可得到判别条件如下

$$\sigma = \dfrac{4\rho\tau_0(1-\rho\tau_0)}{1-2\rho\tau_0} \tag{7-36}$$

类似地,令 $\xi = \xi_1$,联立式(7-20)与式(7-34),可得直接水击与第一相水击的分界线

$$\sigma = \rho\tau_0 \tag{7-37}$$

选 σ 为纵坐标,以 $\rho\tau_0$ 为横坐标,将式(7-35)与式(7-36)点绘在一张曲线图上,即可分出发生不同类型水击的区域(见图 7-8)。注意在图 7-8 中,σ 取负值的情况,相应于阀门开启发生负水击的情形。

发生第一相水击,是高水头电站的特征。假定 $\rho\tau_0 <1$,电站由全开 $\tau_0=1$ 完全关闭,再假定 $a=1000\text{m/s}$,$V_{max}=5\text{m/s}$,由 $\rho\tau_0 = \dfrac{aV_{max}}{2gH_0} < 1$,算得 $H_0 > 250\text{m}$。可见丢弃满负荷(阀门关闭至 0)的情况下,只有高水头电站才有可能出现第一相水击。

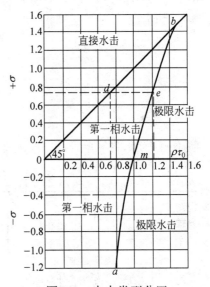

图 7-8 水击类型分区

图 7-8 的作用在于根据参数确定水击类型,从而选定相应的公式进行计算。而进行水击类型判断,需要查图,未必方便,实际上,可以省略这一步,因为,无论是第一相水击计算的公式,还是极限水击的计算公式,都是水击连锁方程的近似解,即它们代表水击连锁方程第一相末和第 n 相末的结果,因此,可以同时使用这两个公式予以计算,比较大小取大值即可,这在工程上是安全的。

7.3.3 阀门开启时最大负水击的计算

阀门开启时,将引起引水管路中压力的下降,而阀门断面的压力下降最大。习惯上将引起

压力升高的水击称为正水击,引起压力降低的水击称为负水击,两类水击属于同一类物理现象,具有相同的物理力学规律。压力的降低值可用 $\zeta = \dfrac{H_0 - H}{H_0}$ 表示,显然 $\zeta = -\xi$。将正水击公式中相应的 ξ 代换为 ζ,就得到负水击计算公式。

1. 任意开启规律

若开启动作在第一相内完成,可统一由下式计算压力降低值

$$\tau_1 \sqrt{1-\zeta_1} = \tau_0 + \frac{\zeta_1}{2\rho} \tag{7-38}$$

第 n 相末阀门断面的水击压力降低值为

$$\tau_n \sqrt{1-\zeta_n} = \tau_0 + \frac{\zeta_n}{2\rho} + \sum_{i=1}^{n-1} \frac{\zeta_i}{\rho} \tag{7-39}$$

2. 直线开启规律

直线开启规律时,负水击也分第一相水击与极限水击。它们的判别曲线即为图 7-8 中横轴下面的那一部分。可由下述公式进行计算:

第一相水击

$$\left(\tau_0 + \frac{\sigma}{\rho}\right)\sqrt{1-\zeta_1} = \tau_0 + \frac{\zeta_1}{2\rho} \tag{7-40}$$

极限水击

$$\zeta_m = \frac{\sigma}{2}\left(\sqrt{4+\sigma^2} - \sigma\right) \tag{7-41}$$

为便于参考,将简单管阀门断面水击压力计算公式汇总于表 7-2 中。

表 7-2 阀门断面水击压强的计算公式

阀门调节方式	水击类型	开度变化			计算公式
		变化规律	起始开度	终了开度	
关闭	直接水击	任意规律	τ_0	τ_e	$\tau_e = \sqrt{1+\xi} = \tau_0 - \dfrac{\xi}{2\rho}$
			τ_0	0	$\xi = 2\rho\tau_0$
			1	0	$\xi = 2\rho$
	间接水击	任意规律	τ_0	τ_e	$\tau_1\sqrt{1+\xi_1} = \tau_0 - \dfrac{\xi_1}{2\rho}$ $\tau_n\sqrt{1+\xi_n} = \tau_0 - \dfrac{\xi_n}{2\rho} - \sum_{i=1}^{n-1}\dfrac{\xi_i}{\rho}$
		直线规律	τ_0	τ_e	$\left(\tau_0 - \dfrac{\sigma}{\rho}\right)\sqrt{1+\xi_1} = \tau_0 - \dfrac{\xi_1}{2\rho}$ $\xi_m = \dfrac{\sigma}{2}\left(\sqrt{4+\sigma^2} + \sigma\right)$

续表

阀门调节方式	水击类型	开度变化			计算公式
		变化规律	起始开度	终了开度	
开启	直接水击	任意规律	τ_0	τ_e	$\tau_e\sqrt{1-\zeta}=\tau_0+\dfrac{\zeta}{2\rho}$
			τ_0	1	$\sqrt{1-\zeta}=\tau_0+\dfrac{\zeta}{2\rho}$
			0	1	$\sqrt{1-\zeta}=\dfrac{\zeta}{2\rho}$
	间接水击	任意规律	τ_0	τ_e	$\tau_1\sqrt{1-\zeta_1}=\tau_0+\dfrac{\zeta_1}{2\rho}$ $\tau_n\sqrt{1-\zeta_n}=\tau_0+\dfrac{\zeta_n}{2\rho}+\sum_{i=1}^{n-1}\dfrac{\zeta_i}{\rho}$
		直线规律	τ_0	τ_e	$\left(\tau_0+\dfrac{\sigma}{\rho}\right)\sqrt{1-\zeta_1}=\tau_0+\dfrac{\zeta_1}{2\rho}$ $\zeta_m=\dfrac{\sigma}{2}(\sqrt{4+\sigma^2}-\sigma)$

7.3.4 起始开度与关闭规律对水击的影响

1. 起始开度的影响

决定水击类型的参数有 ρ、σ 及 τ_0 三个量,如果 H_0、L、a、$v_{\max}$ 及 T_s 为确定值,则水击类型只与阀门的初始开度 τ_0 有关。实际上,电站不一定满负荷工作,相应于不同的出力,导叶的开度是不同的。对于设定好的关闭规律(指从全开到全关所用时间为定值),起始开度不同,阀门关闭时间也不同,水击类型也可能不同。

阀门全程关闭的用时为 T_s,由 τ_0 至全关的用时为 t,按比例关系,可以求得
$$t=T_s\tau_0$$

已知当 $t \leqslant t_r=2L/a$ 时发生直接水击,此时所对应的开度为

$$\tau_0 \leqslant \frac{1}{T_s}\frac{2L}{a}=\frac{\sigma}{\rho}=\tau_c \tag{7-42}$$

式中,τ_c 表示临界开度。由此可以看出,只要初始开度 $\tau_0<\tau_c$,就有可能发生直接水击,因为阀门动作的时间小于一个相长。

假定 $\rho=3.0$,$\sigma=0.2$,将式(7-20)、式(7-33)以及式(7-35)点绘于 ξ-τ_0 坐标系中,可清楚地看出起始开度 τ_0 对水击类型的影响(图7-9)。

当起始开度 $\tau_0 \leqslant \sigma/\rho$ 时,发生直接水击;当 $\sigma/\rho<\tau_0<1/\rho$ 时,发生第一相水击,当 $\tau_0>1/\rho$ 时发生极限水击,临界开度时所对应的水击值最大。

这里需要指出空转开度的影响。水轮机存在一个空转开度 τ_x,在空转开度下水轮机不带负荷,也不存在事故关机问题。若水轮机的空转开度值大于临界开度,则在任何 τ_0 的情况下,阀

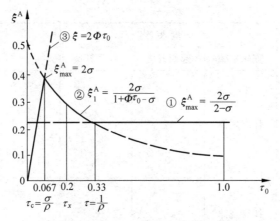

图 7-9 起始开度对水击类型的影响

门关至 0 开度所用的时间都要大于一个相长,直接水击是不可能发生的。空转开度 τ_x 与水轮机型式有关,混流式水轮机 $\tau_x=0.08\sim0.12$,转桨式水轮机 $\tau_x=0.07\sim0.10$,定桨式水轮机 $\tau_x=0.20\sim0.25$。

2. 关闭规律对水击的影响

关闭时间相同,关闭规律不同,所造成的水击压力是不同的。图 7-10(a)中给出了三种不同的关闭规律,图 7-10(b)中给出了三种规律所对应的水击压力。其中以直线Ⅰ对应的水击压力为最小,曲线Ⅲ最大。很显然,曲线Ⅲ在接近终了时关闭速度最快,这不是一种理想的状况;尽管曲线Ⅱ在关闭后段放慢了速度,造成的水击压力很小,但开始段闭门动作太快,水击压力值上升太快,也不是一种理想的状况。

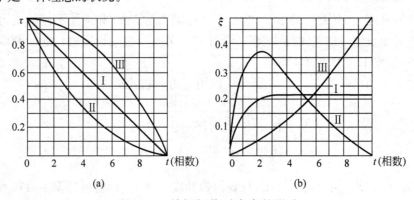

图 7-10 关闭规律对水击的影响

关闭规律决定于调速系统的特性。关闭规律在一定的范围内是可调的,水轮机调速系统要采用合理的关闭规律,如分段直线关闭等,在一定的关闭时间内可使水击压力值最小。常用导叶的二段关闭来降低最大水击压力的上升,这种方法低水头电站用得较多,因为低水头电站的最大水击值往往出现在关闭过程的后期。

3. 水击压力沿管线的分布

在对压力管道进行设计时，需要知道水击压力沿管线的分布，一方面进行强度计算，另一方面检验管内是否出现真空，作为调整管线布置或进行稳定校核的依据。

（1）考虑突然关闭（$T_s=0$）的情形时，沿管道全长的最大升压值是相同的，其相对值等于 $\xi=2\rho\tau_0$。

（2）若关闭的时间 $T_s \leqslant 2L/a$，分布规律如图 7-11 所示。

（3）极限水击时，沿管线的最大水击压力按直线规律分布，如图 7-12 中的 P 点（任意时刻、任意位置），其水击相对值为

$$\xi_{max}^P = \frac{l}{L}\xi_m^A \tag{7-43}$$

其中，ξ_m^A 为阀门 A 处的极限水击值。

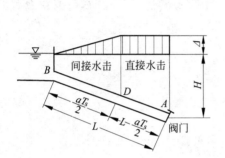

图 7-11　$T_s \leqslant 2L/a$ 时水击压力沿管线的分布

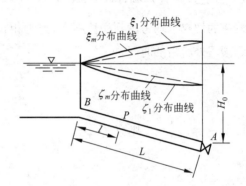

图 7-12　线性关闭时水击压力沿管长的分布

发生第一相水击时，水击压力沿管线的分布不能按直线分布规律来考虑，而应按下式进行计算：

$$\xi_{max}^P = \xi_{T_r}^A - \xi_{(T_r-2l/a)}^A \tag{7-44}$$

注意右端下标代表时间。式(7-44)中的右边第一相可用式(7-22)进行计算，第二项可用式(7-19)进行计算，注意开度应采用相应时刻的开度。

7.4　复杂管道水击的简化计算

常见的复杂管道包括串联管与并联管。蜗壳、尾水管可作为压力钢管的延伸部分。复杂管路的水击计算是近似的，但可以利用简单管的水击理论方便地给出水击压力值。

7.4.1　串联管的水击计算

串联管是指管径、管壁厚度或管材发生变化的管道，串联管不分岔。管径发生变化，不同管

段的流速 V 和波速 a 不同;管道壁厚或管材发生变化,波速 a 也随之发生变化。无论哪种情况,都将引起管道特性系数 ρ 和 σ 的改变。在管道特性发生变化的地方,都将引起水击波的反射和透射,结果使得水击现象变得极为复杂。采用加权流速 V_e 和加权波速 a_e 的概念,可使水击计算大为简化,这种方法,事实上是构造出了一个简单的等价管。

设管路由 $l_1, l_2, \cdots, l_n$ 段组成,每段相应的稳态流速和波速分别为 $V_1, V_2, \cdots, V_n$ 和 $a_1, a_2, \cdots, a_n$,则加权流速 V_e 按下式计算:

$$V_e = \frac{\sum_{i=1}^{n} l_i V_i}{L} \tag{7-45}$$

其中,$L = \sum_{i=1}^{n} l_i$,保证总管长不变。式(7-45)意味着,等价管的动能保持不变。

波速的加权平均考虑到相长不变,因为相长是一个重要的量,它涉及水击波在上游反射后再回到阀门处所需的时间。

$$\frac{1}{2} T_r = \frac{l_1}{a_1} + \frac{l_2}{a_2} + \cdots + \frac{l_n}{a_n} = \sum_{i=1}^{n} \frac{l_i}{a_i} \tag{7-46}$$

可令 $\dfrac{L}{a_e} = \sum_{i=1}^{n} \dfrac{l_i}{a_i}$,则有

$$a_e = \frac{L}{\sum_{i=1}^{n} \dfrac{l_i}{a_i}} \tag{7-47}$$

式(7-47)可保证水击波的传播时间不变。

利用加权平均流速和加权平均波速,可以构造出等价管的两个特性常数 ρ_e 和 σ_e

$$\rho_e = \frac{a_e V_e}{2gH_0}, \quad \sigma_e = \frac{LV_e}{gH_0 T_s} \tag{7-48}$$

此后,就可按这两个参数利用简单管的方法进行水击计算。需要注意的是,如果阀门调节时间 T_s 小于相长 T_r,则阀门处将要产生直接水击,特别是突然关闭或开启的情形,串联管的不同特性将来不及影响阀门,此时可采用靠近阀门处的管道特性和水力参数进行计算。

7.4.2 分岔管的水击计算

如图 7-13(a)所示的管道为分岔管。分岔管内的水击现象更为复杂。分岔管水击计算的近似方法称为截支法,即选取一支所关心的管路,将其余各支管截去,形成一串联的管路(图 7-13(b))。通常选取最长的一支进行水击计算,因为管路长时水击压力大。形成串联管后要计算出各管段实际的流量和流速,然后构造出等价管的特性常数 ρ_e 和 σ_e,此后即可引用简单管的水击理论进行计算。

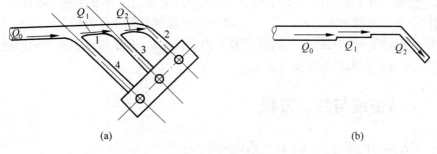

图 7-13 分岔管

7.4.3 蜗壳、尾水管的水击计算

蜗壳和尾水管中的流动是三元流动,水流现象十分复杂。水击基本方程组适用于一元流动,对蜗壳和尾水管并不适用,因此下面所介绍的有关蜗壳和尾水管中的水击计算方法是近似的。

若尾水管不太长,在初设阶段可将机组(阀门)移置于尾水管末端进行水击计算。将机组移置于尾水管末端之后,压力管道、蜗壳和尾水管形成一串联管,按串联管水击计算方法可求出阀门断面的最大水击压力 ξ_{max},此后按各段 lV 的权重进行分配。

压力水管末端断面

$$\xi_t = \frac{l_t V_t}{(l_t + l_s + l_d) V_e} \xi_{max} \tag{7-49}$$

蜗壳末端断面

$$\xi_s = \frac{l_t V_t + l_s V_s}{(l_t + l_s + l_d) V_e} \xi_{max} \tag{7-50}$$

尾水管进口断面

$$\zeta_d = \frac{l_d V_d}{(l_t + l_s + l_d) V_e} \xi_{max} \tag{7-51}$$

式中,V 代表平均流速;l 表示长度;下脚标 t、s、d 分别代表压力水管、蜗壳和尾水管。由于蜗壳内流动的现象复杂,可以认为导叶处于蜗壳的末端,所以式(7-50)中以 $(l_t V_t + l_s V_s)$ 作为蜗壳部分的权重。实际上蜗壳末端的水击压力要小于式(7-50)所算的值,是偏于安全的。需要注意的是,关闭导叶时,尾水管中是负水击。

7.5 水击计算的特征线法

水击计算的特征线法就是采用差分法求解非恒定运动水流的运动方程和连续性方程的一种数值计算方法,从而获得水头 H 及流速 V 随时间的变化过程。

以前所介绍的解析法,在概念上是很重要的,在估算时是很有用的,但必须附带一些较为苛刻的条件,如线性变化的启闭规律、不计摩擦、不能处理复杂的边界条件等。随着计算机应用的普及,利用特征线法求解水击基本方程,就不必拘泥于这些苛刻条件的限制。因此,计算机模拟反而成了更为便捷的一种方法。而且,补充必要的条件之后,在求得水击压力的同时,可以获得调压室水位波动过程和机组的转速变化。

7.5.1 特征线与特征方程

设 x 的正方向指向下游,以 L_1 代替水流的运动方程,则有

$$L_1 = g\frac{\partial H}{\partial x} + \frac{\partial V}{\partial t} + \frac{f}{2D}V|V| = 0 \tag{7-52}$$

以 L_2 代替水流的连续性方程

$$L_2 = \frac{\partial H}{\partial t} + \frac{a^2}{g}\frac{\partial V}{\partial x} = 0 \tag{7-53}$$

式(7-52)与式(7-53)是一组拟线性双曲型偏微分方程组,不能直接积分求解。据偏微分方程的理论,双曲型微分方程有两簇不同的特征线。沿特征线,偏微分方程可转化为常微分方程。在给定的初始条件和边界条件下利用差分法进行数值求解,可以得到不同时刻和不同位置的 H、V 值,此即特征线的实质。

由于 $L_1=0$,$L_2=0$,对于任何实数 λ,作线性组合,总有

$$L_1 + \lambda L_2 = 0 \tag{7-54}$$

尽管 λ 取任何实数都能使式(7-54)成立,但只有适当的 λ 才能使式(7-54)转化为常微分方程。

根据式(7-54),对含有 H、V 的项进行重新组合,则有

$$\lambda\left(\frac{\partial H}{\partial x}\frac{g}{\lambda} + \frac{\partial H}{\partial t}\right) + \left(\frac{\partial V}{\partial x}\cdot\lambda\frac{a^2}{g} + \frac{\partial V}{\partial t}\right) + \frac{f}{2D}V|V| = 0 \tag{7-55}$$

对任意两个不同的实数 λ,代入式(7-55)之后都将产生一个与 L_1、L_2 方程组同解,但表现形式不同的方程组。

由于水头 H 和流速 V 是位置与时间的函数,若 $H=H(x,t)$ 和 $V=V(x,t)$ 是方程的解,根据全导数的概念,则有

$$\begin{aligned}\frac{dH}{dt} &= \frac{\partial H}{\partial x}\frac{dx}{dt} + \frac{\partial H}{\partial t} \\ \frac{dV}{dt} &= \frac{\partial V}{\partial x}\frac{dx}{dt} + \frac{\partial V}{\partial t}\end{aligned} \tag{7-56}$$

若令式(7-55)中的第一个括号项等于 $\frac{dH}{dt}$,第二个括号项等于 $\frac{dV}{dt}$,则式(7-55)转化为常微分方程。

此时有

$$\begin{cases}\dfrac{dx}{dt} = \dfrac{g}{\lambda} \\ \dfrac{dx}{dt} = \lambda\dfrac{a^2}{g}\end{cases} \tag{7-57}$$

由此解得

$$\lambda = \pm \frac{g}{a} \tag{7-58}$$

即

$$\frac{dx}{dt} = \pm a \tag{7-59}$$

将 $\lambda = \frac{g}{a}$ 代入式(7-55)，则

$$\frac{g}{a}\frac{dH}{dt} + \frac{dV}{dt} + \frac{f}{2D}V|V| = 0 \tag{7-60}$$

式(7-60)沿下列方程所代表的直线成立

$$\frac{dx}{dt} = a \tag{7-61}$$

将 $\lambda = -\frac{g}{a}$ 代入式(7-55)，则

$$-\frac{g}{a}\frac{dH}{dt} + \frac{dV}{dt} + \frac{f}{2D}V|V| = 0 \tag{7-62}$$

式(7-62)沿下列方程所代表的直线成立

$$\frac{dx}{dt} = -a \tag{7-63}$$

通常，将式(7-61)所代表的直线称为正向特征线，用 C^+ 代表，将式(7-63)所代表的直线称为反向特征线，用 C^- 代表。式(7-60)与式(7-62)则称为特征方程。

用图来表示式(7-60)与式(7-62)的解是很方便理解的。在图7-14中，R 点与 S 点在 (x,t) 平面上的位置坐标是已知的，两点的水力要素 H、V 也已知。欲求下一时刻 R 与 S 点中间一点 P 的水力要素。此时，可通过 R、S 两点作特征线，交于点 $P(x_P, t_P)$，然后联立式(7-60)与式(7-62)就可获得点 P 的水力要素 H_P 与 V_P 了。具体的求解过程需要将特征线与特征方程差分化，所获得的解也是原式(7-52)与式(7-53)的解。

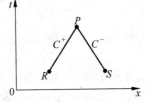

图 7-14 x-t 平面上的特征线

7.5.2 差分方程及边界条件

将式(7-60)、式(7-62)两端乘以 dt，并代换 $dt = dx/a$。参考图7-13，沿 C^+ 对特征方程积分，并近似地取 $V|V| = V_R|V_R|$，则有

$$\frac{g}{a}(H_P - H_R) + (V_P - V_R) + \frac{f}{2D}V_R|V_R|(t_P - t_R) = 0 \tag{7-64}$$

同理，沿 C^- 对反向特征方程积分，可得

$$-\frac{g}{a}(H_P - H_S) + (V_P - V_S) + \frac{f}{2D}V_S|V_S|(t_P - t_S) = 0 \tag{7-65}$$

上述两方程中有两个未知数 H_P 与 V_P，因而是可解的。该两方程亦可表示为更直观的形式

$$C^+ : H_P = H_R - C_1(Q_P - Q_R) - C_2 Q_R | Q_R | \tag{7-66}$$

$$C^- : H_P = H_S + C_1(Q_P - Q_S) + C_2 Q_S | Q_S | \tag{7-67}$$

式中，$C_1 = \dfrac{a}{gA}$；$C_2 = f\Delta x/(2gDA^2)$；A 是管道的面积。

瞬变流计算时，通常都是从 $t=0$ 的稳定流态开始的，此时管道各断面的流速与水头都是已知的。参照图 7-15，按照上面所述方法，可方便地求出下一时刻 Δt 管道各断面的流速与水头。将 $t=\Delta t$ 时刻的水力要素作为已知值，可进行 $t=2\Delta t$ 时刻的计算，直至算出收敛的结果。

需要注意的是，当点 P 位于边界上时，只有一条特征线（若再绘一根特征线，将出平面边界之外），也就是说只有一个特征方程成立。而我们需要求得两个水力要素 H_P 与 V_P，这两个量在边界上也是随着时间发生变化的，因此需要补充边界条件。

参见图 7-16，在上游边界处，图 7-16(a)所示的特征线适用；在下游边界，图 7-16(b)所示的特征线适用。

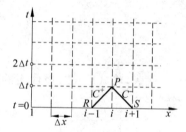

图 7-15 简单管瞬变流求解网格图

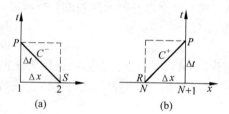

图 7-16 边界上的特性线

关于边界条件，我们在 7.2.3 节中已经提过，这些条件在非恒定流数值计算中是很常用的，不再赘述。这里仅补充调压室和反击式水轮机的边界条件。

1. 调压室

在具有长引水隧洞的电站中常常设置有调压室，利用数值计算不但能比解析法更为精确地计算出压力管道中的水击压力，同时可获得水位波动值。

1) 连续条件

参考图 7-17 所示的阻抗式调压室，在调压室底部与输水管道的连接处，存在连续条件

$$Q_{TP} = Q_{1P} - Q_{2P} \tag{7-68}$$

式中，Q_{TP} 是流进或流出调压室的流量，以流入为正；Q_{1P}、Q_{2P} 为图 7-17 所示两处的流量。

2) 压力和谐条件

忽略水体的惯性水头，调压室底部的压力可以认为是由静压水头和损失两部分组成，即

$$H_P = Z_P + \alpha Q_{TP} | Q_{TP} | \tag{7-69}$$

式中，Z_P 为室水位，以点 P 为基准点；H_P 为点 P 处的压强水头；α 为阻抗系数，通常由实验确定。$\alpha=0$ 可认为是简单式调压室。

3) 室水面速度条件

$$\frac{dZ_P}{dt} = \frac{1}{F} Q_{TP} \tag{7-70}$$

式中，F 为调压室的横截面积。

针对图 7-17，共有 5 个未知数 Z_P、H_P、Q_{TP}、Q_{1P} 与 Q_{2P}。上边已给出三个方程，再利用沿 C^+ 与 C^- 成立的两个特征方程即可使得方程封闭。

2. 反击式水轮机

反击式水轮机具有蜗壳和尾水管，并以导水叶调节流量，因此其过流特征与冲击式水轮机是完全不同的。反击式水轮机的过流量与水头 H、导叶开度 a_0、转速 n 有关，即 $Q = Q(H, a_0, n)$。而考虑转速时又要涉及力矩方程。此外，水轮机常常处于管路中间，成为管路系统的内边界。当发生水击时，蜗壳中的水击现象与压力水管相同，而尾水管因处在导叶之后，其中的水击现象与压力水管中的正好相反。蜗壳和尾水管中的水击影响水轮机的出流，因而对压力水管的水击值是有影响的。

参照图 7-18 来说明反击式水轮机的边界条件。设 P 与 S 为上游管道的末端和下游尾水道的起端。由连接条件可得

$$Q_P = Q_S \tag{7-71}$$

过流量 Q_P 可表示为

$$Q_P = Q_1' D_1^2 \sqrt{H_P - H_S} \tag{7-72}$$

式中，Q_1' 为水轮机的单位流量；D_1 为水轮机的直径。

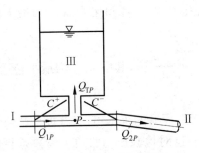
图 7-17 阻抗式调压室

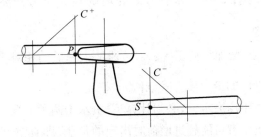
图 7-18 反击式水轮机的边界条件

水轮机的单位流量 Q_1' 须由水轮机的综合特性曲线确定，它是导叶的相对开度 τ 及单位转速 n_1' 的函数，即

$$Q_1' = f(\tau, n_1') \tag{7-73}$$

导水叶的启闭规律由厂家所给定，单位转速为

$$n_1' = nD_1 / \sqrt{H_P - H_S} \tag{7-74}$$

转速 n 随水击过程发生变化，由下述转速方程表述：

$$\frac{GD^2}{365} n \frac{dn}{dt} = \Delta N \tag{7-75}$$

式中，GD^2 为机组转动部分的飞轮力矩，$t \cdot m^2$；ΔN 为不平衡出力，kW。

利用上边的补充条件,即可求解特征方程。

7.6 调节保证计算

7.6.1 基本概念与计算任务

水击压力和转速变化的计算称为调节保证计算,简称调保计算,其任务是根据水电站过流系统和机组的特性,合理地选择导叶的调节时间与规律,使水击压力和转速变化均控制在允许的范围之内。之所以要进行调保计算,就是为了协调过渡过程中转速变化与水击压力之间的矛盾关系。

除了合理地选择导叶的调节时间与规律,也可合理地选择飞轮力矩。飞轮力矩通常用 GD^2 来表示,其中 G 为机组转动部分的质量,D 为转动部分的惯性直径。GD^2 一定,开度调整时间越长,机组的转速变化越大;开度变化规律一定,机组的 GD^2 越大则转速变化越小。水击压强变化值与转速变化值总是一对矛盾,调节时间短,机组转速变化小,水击值越大;调节时间长,机组转速变化大,水击值小。

调节保证计算包括如下主要计算内容:

(1) 丢弃负荷工况:①转速最大升高的相对值,$\beta = \dfrac{n_{\max} - n_0}{n_0}$,其中 $n_{\max}$ 为最大转速,n_0 为额定转速;②压力水管和蜗壳内的最大压力升高值;③压力水管和尾水管内的最大压力降低值。

(2) 增加负荷工况:①转速最大降低的相对值,$\beta = \dfrac{n_0 - n_{\min}}{n_0}$,其中 $n_{\min}$ 为最小转速;②压力水管内的最大压力降低值。

对于压力水管,必须计算正、负水击两种情况。对于弃荷后的正水击,在开度变化终了后出现的负压有可能超过增荷时出现的负压,即真空度更高,这对检验压力管道上弯段是否会出现负压很有意义。尾水管内最大负压的计算主要是用以检验尾水管进口的真空度。通常要求尾水管内的真空度不超过 8m。由于机组一般并网运行,目前电网容量大,机组很少有突增至全负荷的情况,增荷时转速降低的影响一般较小。

调保计算往往需要反复多次才能把调节时间、转速变化、水击压力调整到理想的情况,使得后两者都在允许的范围之内。有时尚需要适当调整有压引水系统和机组的有关参数。

7.6.2 机组转速变化计算

1. 列宁格勒金属工厂(Л.М.З)公式

机组丢弃负荷之后,多余的能量将转化为机组的旋转动能,使机组转速上升。在这个过程中,机组的剩余能量如图 7-19 中的阴影所示。因此,将 N-t 曲线在 T_{s1} 时段内积分就可得到总能量,其中 T_{s1} 是导叶关闭至空转开度所用的时间。假定机组转动部分的转动惯量为 J,丢弃负荷前的角速度为 ω_0,转速上升后的最大角速度为 ω_{max},据能量守恒定律

$$\int_0^{T_{s1}} N dt = \frac{1}{2} J(\omega_{max}^2 - \omega_0^2) \tag{7-76}$$

式中,$J = 1000 \dfrac{GD^2}{4g}$,为惯性矩;$GD^2$ 的单位为 t·m²,所算出来的 J 的单位为 kg·m·s²;$\omega_0 = \dfrac{\pi n_0}{30}$ 为额定角速度,其中 n_0 为机组的额定转速,r/min;$\omega_{max} = \dfrac{\pi n_{max}}{30} = \dfrac{\pi n_0}{30}(1+\beta)$ 为最大角速度。

上面的积分可按近似方法获得:将出力曲线看成直线(图中虚线),计算出三角形的面积,此后再乘以修正系数 f,f 为考虑 N-t 线与虚线间的能量后所得的修正系数,它是管道特性常数的函数(见图 7-20)。

将以上所述关系代入能量守恒式,简化后得

$$\beta = \sqrt{1 + \frac{365 N_0 T_{s1} f}{n_0^2 GD^2}} - 1 \tag{7-77}$$

式中,N_0 为弃荷前稳态时机组的出力,kW。T_{s1} 一般与水轮机型式有关。混流式和冲击式水轮机:$T_{s1} = (0.8 \sim 0.9) T_s$;轴流式水轮机 $T_{s1} = (0.6 \sim 0.7) T_s$;$f$ 值查图 7-20。

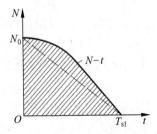

图 7-19 导叶关闭过程中的出力曲线

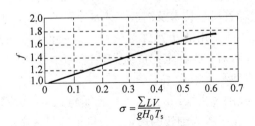

图 7-20 修正系数 f 曲线

2. S. M. Smith 公式

$$\beta = \frac{182 N_0 T_s f C}{n_0 GD^2} \tag{7-78}$$

式中,$f = (1+\xi_{cp})^{1.5}$ 为水击修正系数,ξ_{cp} 表示平均水击压力相对值;$C = \dfrac{1}{1+\beta'/(n'-1)}$,称为飞逸特性影响修正系数;其中,$n' = n_p/n_0$ 是飞逸转速 n_p 与额定转速 n_0 的比值;$\beta' = 182 N_0 T_s/(n_0^2 GD^2)$。

式(7-77)与式(7-78)在我国运用较广,但计算结果偏大。

3. 长委公式

式(7-77)与式(7-78)未考虑导叶关闭的迟滞时间,长江水利委员会(原称长江流域规划办公室)根据实际情况提出了修正公式

$$\beta = \sqrt{1 + \frac{365 N_0}{n_0^2 GD^2}(2T_c + T_n f)} - 1 \tag{7-79}$$

式中，$T_c = T_A + 0.5\delta T_a$ 为调节迟滞时间，其中 T_A 是导叶不动作时间，电调取 0.1s，机调取 0.2s；δ 为调速器的残留不均衡度，一般为 0.02～0.065；$T_a = n_0^2 GD^2 / 365 N_0$ 是机组加速时间常数，s；T_n 为调节迟滞时间之后的升速时间，根据统计资料可近似表示为 $T_n = (0.9 - 0.00063 n_s) T_s$；$n_s = n_0 \sqrt{N_0}/H^{1.25}$ 为比转速，N_0 单位为 kW。式(7-79)中的 f 需查图 7-21。

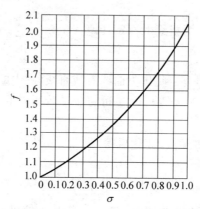

图 7-21 f 与 σ 之间的关系曲线

在 β 给定的情况下，尚可利用上面的式子反算 GD^2。

随着科学技术及制造工艺水平的提高，β 的允许采用值逐步提高。20 世纪 40 年代之前，世界各国所采用的 β 为 20%～25%，40 年代后期提高到 30%～40%。目前各国所采用的 β 值普遍提高，对于丢弃全部负荷的情况，美国采用 0.65，独联体国家采用 0.60，日本和法国采用 0.50，奥地利采用 0.45。

我国过去采用的 β_{max} 一般不超过 0.40。《水利水电工程机电设计技术规范》（SL 511—2011）作了较为细致的规定：当机组容量占电力系统工作总容量的比例较大且担负调频任务时，β 宜小于 50%，当机组容量占电力系统工作总容量比例不大，或不担任调频任务时，β 宜小于 60%；贯流式机组的最大转速升高率宜小于 65%，冲击式则宜小于 30%。比过去有不同程度的增高，反映了我国机电设备制造水平的提高。

鉴于用公式的方法进行调节保证计算不够准确，现规范规定应采用计算机仿真计算。

7.6.3 水击计算的条件选择

水电站在实际运行中，常常会遇到负荷在较大范围内大幅度变化的情况，上游水库水位有一定的工作深度，下游尾水位也随枢纽泄流量的大小发生变化，因此，规范规定，应考虑不同水头、不同流量下的水击压力值，务必求得总压力（静压加水击压力值）的最大值，这也是水击计算的要旨。

至于最大压力升高率允许值的大小与设计静水头有关的。目前规范规定引水系统末端（蜗壳末端）的水击值应满足如下条件：

$H_0 < 20\text{m}$ $\xi_{\max} = 70\% \sim 100\%$

$20\text{m} \leqslant H_0 < 40\text{m}$ $\xi_{\max} = 50\% \sim 70\%$

$40\text{m} \leqslant H_0 < 100\text{m}$ $\xi_{\max} = 30\% \sim 50\%$

$100\text{m} \leqslant H_0 < 300\text{m}$ $\xi_{\max} = 25\% \sim 30\%$

$H_0 \geqslant 300\text{m}$ $\xi_{\max} < 25\%$

机组突增负荷和突减负荷,都会导致压力的降低,规范规定,压力引水系统管线上任何断面最高点处的压力都不能小于 0.02MPa,不能产生负压出现脱流现象。甩负荷时,尾水管出现负压不能小于 $(0.08 - E/90\,000)$ MPa,E 是水轮机安装高程,单位为 m。

1. 最大压力计算工况

在最大压力计算工况下,一般选择水击计算的条件如下:

①上游最高水位时丢弃负荷;②相应于水库正常蓄水位时弃荷;③相应于水轮机在额定转速下发额定出力,上游为最低库水位时弃荷。

情况①时静水头最大,情况③时水击压力值最大。总之要考虑叠加后最大压力的控制工况。弃荷程度可以是丢弃全负荷,也可以是部分弃荷。对于一管一机的单元供水,一般应按丢弃全负荷考虑,若是集中供水,即一条输水总管向多台机组供水,则应按电气主接线图来决定弃荷程度:若所有机组由一个回路出线,则应考虑丢弃全负荷的情况,若这些机组由两条或两条以上回路出线,就要根据具体情况进行弃荷程度分析。

2. 最小压力计算工况

压力管道中的最小压力一般由下述两种工况控制:

①相应于水库死水位,由该管道供水的全部机组除一台外均在满发,未带负荷的机组由空转增荷至满发,流量关系可近似为由 $(n-1)Q$ 增至 nQ,Q 为单机满发时引用流量;②相应于上游死水位,由该管道供水的全部机组丢弃全部负荷后产生的最大负水击并考虑与调压室第一负涌浪叠加的情形。根据规范规定,若系统有特殊运行的要求,可根据具体情况确定增荷程序。

7.6.4 限制水击压力与转速上升常用的措施

(1) 合理的导叶关闭规律。这是最值得推荐的一种措施,合理的关闭规律包括合理的关闭时间和合理的关闭曲线(见图 7-10)。例如可根据电站水头的高低设置分段关闭,调整不同时段的关闭速度与时段本身的长度,以期达到最合理的 ξ 值与 β 值。

(2) 缩短管线长度。这种方法要根据地形地质条件来决定,合理地布置管线,可减少最大水击压力,减轻负水击的影响。

(3) 设置调压室。设置调压室是最有效缩短管长、减小水击压力、改善机组运行条件的方法。它的设置需与管线布置一同考虑。在设置气垫式调压室(air cushion surge chamber)的条件下管线布置更为灵活。但调压室造价昂贵,必须进行综合比较。

(4) 增大管径,降低流速。这种方法适合增加管径后可取消调压室的情况,否则并不经济。

(5) 设置减压阀。减压阀又称空放阀,它是设置于蜗壳上的旁通装置(见图 7-22),并受水轮机调速机构的控制。当水轮机导叶快速关闭时,受同一调速器控制的减压阀将同时开启,释放水流,以减缓压力管中的流速变化的程度,减小水击压力。然后,缓慢关闭。这种方法常用于高水头(水头高于50m)、小流量的水轮机,以代替调压室。目前国内外都有不少成功的经验,如国内的澄碧河、绿水河、加拿大的Jordan(引水隧洞长7200m,最大水头289.5m)、澳大利亚的Lemonthyme(隧洞长7790m)等水电站。注意减压阀在增荷时不起作用。

(6) 设置水阻器。用一种消耗电能的设备与发电机出线相连,当机组丢弃负荷后以水阻器代替原有负荷,用于小型电站不设置调压室的情形。水阻器对增荷不起作用。

(7) 适当增加GD^2。适当增加水轮机的飞轮力矩GD^2,可减小β,在此基础上适当延长T_s,减小水击压力。

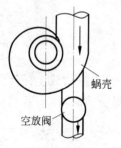

图 7-22　减压阀示意图

习题及思考题

1. 简述水电站不稳定工况产生的原因及过程。
2. 水击的理论基础是什么?简述阀门突然关闭的水击现象及一个周期内水击过程的运动特征。
3. 为什么计算水击波速时必须考虑水体及管壁的变形,而计算水击压力时又可以忽略它?
4. 直接水击和间接水击的区别是什么?怎么判别?
5. 总结影响水击的各种因素和减小水击压力和转速上升的措施。
6. 调保计算的任务是什么?
7. 电站钢管$L=950$m,$H_0=300$m,$v_0=4$m/s,$D=3$m,$\delta=25$mm,钢弹性模量$E=210$GPa,水的体积模量$K=2.06$GPa,若阀门直线关闭,T_s应为何值时方能保证$\zeta_{max} \leqslant 0.25$?
8. 某水电站压力隧洞长158.5m,钢管长37m。蜗壳轴线长18m,尾水管长19m,隧洞中波速为1150m/s,尾水管中波速为1100m/s,钢管平均直径3.2m,壁厚16mm。蜗壳平均直径2m,壁厚20mm,隧洞和钢管中水流平均流速为3.5m/s,蜗壳中为4.32m/s,尾水管中为1.8m/s。有效关闭时间$T_s=4$s。钢管弹性模量$E_s=210$GPa,水的体积模量$K=2.06$GPa。求在最大水头140m时关闭导叶丢弃全负荷,产生什么性质的水击?在隧洞末端、钢管末端、蜗壳末端、尾水管进口处水击压力相对值和绝对值各是多少?

参 考 文 献

[1] 王树人,董毓新. 水电站建筑物[M]. 北京:清华大学出版社,1992.
[2] E. B. 怀利,V. L. 斯特里特. 瞬变流[M]. 清华大学流体传动及控制教研组,译. 北京:水利电力出版社,1983.
[3] Chaudhry M H. Applied Hydraulic Transients[M]. New York:van Nostrand Reinhold Co,1979.
[4] 秋元德三. 水击与压力脉动[M]. 支培法,徐关泉,严亚芳,译. 北京:电力工业出版社,1981.

[5] 王树人. 调压室水力计算理论与方法[M]. 北京：清华大学出版社, 1983.
[6] 铁道部科学研究院水工水文研究室. 水力公式集（上集）[M]. 北京：人民铁道出版社, 1977.
[7] 成都科学技术大学水力学教研室. 水力学[M]. 北京：人民教育出版社, 1979.
[8] 中华人民共和国国家发展和改革委员会. DL/T 5186—2004. 水力发电厂机电设计技术规范[S]. 北京：中国电力出版社, 2004.
[9] 中华人民共和国水利部. SL 511—2011. 水利水电工程机电设计技术规范[S]. 北京：中国水利水电出版社, 2011.
[10] 水电站机电设计手册编写组. 水电站机电设计手册[M]. 北京：水利电力出版社, 1983.
[11] 刘启钊, 胡明. 水电站[M]. 4版. 北京：中国水利水电出版社, 2010.
[12] 国家能源局. NB/T 35021—2014. 水电站调压室设计规范[S]. 北京：中国电力出版社, 2014.
[13] 王仁坤, 张春生. 水工设计手册. 第8卷, 水电站建筑物[M]. 2版. 北京：中国水利水电出版社, 2013.
[14] 陈乃祥. 水利水电工程的水力瞬变仿真与控制[M]. 北京：中国水利水电出版社, 2005.

第 8 章 调 压 室

调压室是水电站有压引水管线上的重要建筑物,可以处于水轮机的上、下游。调压室造价昂贵,只有在线路长的情况下才设置。本章介绍设置调压室的条件、调压室的类型,以及进行有关调压室的涌浪和稳定计算所需要的知识。在工程设计上,最关心的是调压室的选型、涌浪的极限值,以及稳定断面的大小。

8.1 调压室的设置条件、类型及布置方式

8.1.1 调压室的设置条件

调压室是造价昂贵的水工建筑物,设置调压室的必要性,要在机组与过流系统调节保证计算及运行条件分析的基础上,考虑本电站在电力系统中的作用,综合分析地形地质条件及厂房管线布置等因素,进行技术经济比较后确定。设置上游调压室的条件有两种:基于水道特性的设置条件和基于机组特性的设置条件;设置下游调压室的条件以尾水管内不产生液柱分离为前提。

1. 基于水道特性的调压室设置条件

根据《水利水电工程调压室设计规范》(SL 655—2014),上游调压室应按式(8-1)进行判别。若满足式(8-1),则设置上游调压室。

$$T_w > [T_w] \tag{8-1}$$

$$T_w = \frac{\sum L_i V_i}{g H_p} \tag{8-2}$$

式中,T_w 为上游压力水道中水流惯性时间常数,s;L_i 为压力水道及蜗壳各段的长度,m;V_i 为各分段内相应的流速,m/s;H_p 为设计水头,m;$[T_w]$ 为 T_w 的允许值,一般取 2~4s。

$[T_w]$ 不是一个固定值,而是有个取值范围,因此,要研究本电站在电力系统中的作用大小,当电站孤立运行,或机组容量在电力系统中所占的比例超过 50% 时,宜取小值;当比例在 0%~

20%前时可取大值,显然,电站越重要,设置调压室的必要性就越大。

苏联规范规定,设置调压室时 $\sum LV > KH_p$,K 为系数,独立运行式电站或装机容量比例大于50%电网容量时,K 为 16~20;装机比例在 10%~20% 时,K 可选 50 或更大。法国和日本资料要求 $\sum LV > 45H_p$。

2. 基于机组特性的调压室设置条件

机组的运行稳定性,与 T_w、T_a 两参数有关,初步的判定条件可根据式(8-3)计算:

$$T_w \leqslant -\sqrt{\frac{9}{64}T_a^2 - \frac{7}{5}T_a + \frac{784}{25}} + \frac{3}{8}T_a + \frac{24}{5} \tag{8-3}$$

式中,T_a 按式(8-4)进行计算:

$$T_a = \frac{GD^2 n^2}{365P} \tag{8-4}$$

式中,T_a 为机组加速时间常数,s;GD^2 为机组飞轮力矩,kg·m²;n 为额定转速,r/min;P 为额定出力,W。

式(8-3)中,注意 T_w 为上、下游自由水面间压力水道中水流的惯性时间常数,仍按式(8-2)进行计算,但注意压力水道的长度有变化,包括压力管道、蜗壳、尾水管、尾水延长段(无下游尾水调压室时为压力尾水道),流速为各段的平均流速。

若满足式(8-3),即不设调压室;若不满足,则应根据图 8-1 进一步判断。

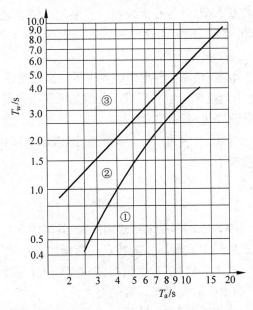

图 8-1 T_w、T_a 与调速性能关系图

图 8-1 表示的是 T_w、T_a 两参数与调速性能的关系图。从图中可以看出,较大的机组加速常数与较小的水流惯性常数对机组的稳定性是有利的。根据算出的参数来判定,若是处于①区,则为调速性能好的区域,可以不设调压室;处于②区,则属调速性能较好的区域,需要研究设

置调压室的必要性;处于③区,则是调速性能很差的区域,需要设置调压室。

3. 下游调压室的设置条件

设置下游调压室的条件,以尾水管内不产生液柱分离为前提,其必要性可按式(8-5)进行初步判断

$$L_w > \frac{5T_S}{v_{w0}}\left(8 - \frac{Z}{900} - \frac{v_{w_j}^2}{2g} - H_s\right) \tag{8-5}$$

式中,L_w 为压力尾水道及尾水管各段的长度,m;T_S 为水轮机导叶有效关闭时间,s;v_{w0} 为稳定运行时压力尾水道中的流速,m/s;v_{w_j} 为尾水管入口处的流速,m/s;H_s 为吸出高度,m;Z 为机组安装高程,m。

最终通过过渡过程计算,并考虑涡流等不利影响,保证尾水管内的最大真空度不大于8m水柱。高海拔地区应作高程修正

$$H_v < 8 - \frac{Z}{900} \tag{8-6}$$

式中,H_v 为尾水管进口处的最大真空度,m。

8.1.2 调压室的基本类型、基本要求

调压室最本质的特征是人为造成了对水击波的反射条件,同时具有对水体的"吞""吐"功能。图 8-2 所示的调压室的基本型式,各有优缺点。选型时应结合地形、地质条件,经过技术经济比较后确定,除满足功能要求外,尚需考虑结构、经济、安全、施工等方面的因素,即满足如下基本要求:

(1) 能够有效地反射水击波,使高压管道中的水击压力满足要求,并不产生过大的水击穿室压力,即不使过大的水击压力透过调压室底部进入上游的低压引水隧洞。

(2) 能够保证无限小负荷变化时调压室水面的稳定,即满足小波稳定的要求。

(3) 负荷大幅度变化时,调压室内的水体振荡幅度小,波动衰减快。

(4) 平常运行时水头损失小。

(5) 结构简单,经济安全,施工方便。

1. 简单式

图 8-2(a)、(b)所示的两种调压室都是简单式调压室,其中图 8-2(b)连接管的面积 S 不小于调压室底部压力水道的面积。简单式调压室的特点是断面尺寸形状不变,结构简单、安全,水击波反射效能良好。但当发生水体振荡时,室水位振荡幅度较大,衰减也缓慢,所需容积大,不够经济,平常运行时图 8-2(a)的水头损失比图 8-2(b)要大。

简单式调压室是最基本的调压室型式,其他任何调压室都比简单调压室复杂,但各具优缺点,适用条件也有所不同。简单式调压室多用在低水头电站中。

2. 阻抗式

阻抗式调压室如图 8-2(c)、(d)所示。其中阻抗孔口面积应小于调压室处压力水道的面积。水流进出调压室时,会在阻抗孔口处消耗一部分能量,因而振幅受到限制,衰减速度也加快了。

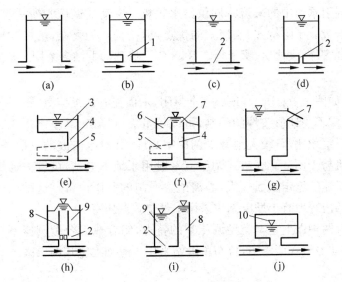

1—连接管；2—阻抗孔；3—上室；4—竖井；5—下室；6—储水室；7—溢流堰；8—升管；9—大室；10—压缩室

图 8-2　调压室的基本型式

(a) 简单式；(b) 简单式；(c) 阻抗式；(d) 阻抗式；(e) 水室式；(f) 水室式；
(g) 溢流式；(h) 差动式；(i) 差动式；(j) 气垫式

由于阻抗的存在，水击波不可能完全反射，因此阻抗设计必须合理，可通过模型试验确定。最理想的阻抗应使调压室处的水击压力与水体振荡造成的压力相等。我国采用阻抗式调压室较多。

阻抗式调压室是常用的调压室，相对来说，结构也比较简单，运行安全。

3. 水室式

水室式调压室由竖井和上室、下室共同或分别组成（图 8-2(e)、(f)），过去称为双室式。这种调压室的特点是具有一个或两个储水室，储水室既可以限制涌浪的幅度，也可以补充因增荷所需的水量。平常运行时，调压室的自由水面位于竖井中，竖井的横断面小，减小了调压室容积。这种调压室适用于水头高且变化幅度较大的电站，水头较高的电站要求的调压室稳定断面较小。

实际工程中，采用竖井与上室组合的较多，用双室组合较少。上、下室可与竖井分别组合。上室可以有溢流堰或无溢流堰。

4. 溢流式

溢流式调压室顶部设置有溢流堰（见图 8-2(g)），丢弃负荷后，调压室水位迅速上升，到达溢流堰顶后开始溢流，限制了水位的继续上升。溢出的水流应有专门设施排走。

5. 差动式

差动式（Johnson's surge chamber）调压室由带溢流堰的升管、大室与阻抗孔口组成，阻力孔口可以开凿于升管底部周围，也可直接设置在底板之上（见图 8-2(h)、(i)）。丢弃负荷后，因升管直径小，其中水位上升很快，达到堰顶高程便开始溢流，这样使引水道两端的水位差迅速减小，从而使由引水道涌进调压室的水量迅速减少。增荷时，升管中水位降低得很快，引水道首尾两端水位差增加得很快，因而引水道中的来流增加得也很快，同时，大室中的水体也通过阻力孔口流入压力管道,连同引水道中的来流一同供给水轮机。差动式调压室所需容积较小,水位波动衰减得也较快,综合吸收了阻抗式、溢流式的优点,但结构较为复杂,解放初期我国兴建的水电站多采用差动式,如官厅、大伙房、狮子滩。1958年后修建的电站多采用阻抗式。

6. 气垫式

气垫式调压室如图 8-2(j)所示,顶部完全封闭,水面充有压缩空气,形成气垫故称为气垫式调压室。这种调压室不受地形条件的限制,可以尽量靠近厂房,减小水击压力。气垫用以限制波幅,与简单式调压室相比,可较大地减少调压室高度,其对水击波的反射条件较好,压力变化较为缓慢,使水轮机易于调节。气垫式调压室一般用于地下电站,可省去通气竖井、上井公路,但波动稳定性差,所需的稳定断面较大,尚需配置专门的空压设备。这种调压室在挪威获得了广泛的应用,我国四川等地有小型电站也采用了气垫式调压室。

实践中,可结合两种以上基本类型调压室的特点,组合成混合型调压室。我国古田二级龙亭电站就采用了差动溢流式调压室,鲁布革电站采用了差动上室式调压室。

8.1.3 调压室的基本布置方式

根据调压室与厂房相对位置的不同,调压室有下列四种基本布置方式:

1. 上游调压室

上游调压室(见图 8-3(a))即调压室布置于厂房上游的引水道上,在上游引水道较长时使用。这种布置方式被普遍应用。

2. 下游调压室

下游调压室(见图 8-3(b))即调压室布置于厂房下游的尾水道上,在下游尾水道较长时使用。

3. 上、下游双调压室系统

上、下游双调压室系统(见图 8-3(c))即在厂房上、下游都有比较长的压力水道时,需在厂房上、下游均设置调压室而形成双调压室系统,以便达到减小水击压力、改善机组运行条件的目的。

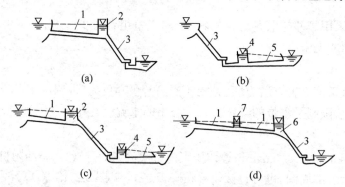

1—压力引水道;2—上游调压室;3—压力管道;4—下游调压室;5—压力尾水道;6—主调压室;7—副调压室

图 8-3 调压室的基本布置方式

(a) 上游调压室;(b) 下游调压室;(c) 上、下游双调压室;(d) 上游双调压室

丢弃全负荷时,上、下游调压室的水位波动互不影响,可分别求出最高、最低水位。其他情况下两个调压室是互相影响的,这使水力现象复杂。宜通过数字计算求出上、下调压室水位波动的全过程,而不仅限于只推求波动的第一振幅。

4. 上游双调压室系统

上游双调压室系统(见图 8-3(d))即在上游压力水道上设置两个调压室,形成双调压室系统,也有设置多调压室系统的。靠近厂房的调压室对水击波反射起主导作用,称主调压室。另一个调压室用以反射越过主调压室的水击波,帮助衰减引水系统的波动,称为辅助调压室。引水系统波动的稳定性由两个调压室共同承担,因此增加一个调压室的断面可以减小另一个调压室的断面,但两个调压室面积之和大于只设一个调压室所需的面积,若此引水道上有施工竖井可资利用,采用双调压室系统可能是经济的。辅助调压室越接近主调压室,所起作用越大,反之越小。

上游双调压室系统,一般用于电厂扩建,原有调压室容积不够而增设,有时也因结构、地质等原因设计成两个调压室,以减小主调压室的尺寸。

除上述四种基本布置方式外,若有必要,可采用两条引水道合用一个调压室,或两个竖井共用一个上游调压室等型式。

无论是上游调压室还是下游调压室,设置的目的在于减小水击压力及改善机组的运行条件,特别是防止丢弃负荷后产生过大的正、负水击压力,因而要将调压室尽可能地靠近机组。

8.2 调压室的涌浪计算及压力叠加

8.2.1 简单、阻抗调压室涌浪计算的解析法

涌浪计算有解析法、图解法、数值计算方法等。能用解析法直接推导而得出计算公式的仅限于丢弃全负荷情况下的简单式与阻抗式,其他情况无解析解;图解法属逐步积分法的一种,过程清楚,但精度稍差,已基本淘汰。本节只介绍解析法。

1. 室水位与引水道流速间的关系

解析法计算水位波动时需要用到连续性方程和运动方程,联立求解后,可得到室水位与引水道内流速之间的关系。

如图 8-4 所示的引水系统。恒定流状态下,通过引水道的流量即为水轮机的流量。理论上讲,引水系统的流速应保持恒定,室水位稳定。当水轮机的引用流量发生变化时,引水道中的流量及室水位都将发生变化。比如,水轮机引用流量增大,此时供给水轮机的流量一部分来自于调压室释放出的流量,因而满足如下连续方程

$$Q = fv + F\frac{\mathrm{d}Z}{\mathrm{d}t} \tag{8-7}$$

式中,Z 为库水位与调压室水位的差值,向上为负,向下为正;f 为引水道面积;v 为引水道中的流速;F 为调压室的横截面积。

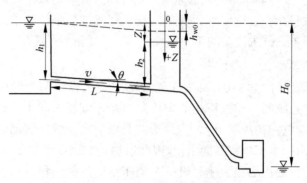

图 8-4 有压引水系统

下面,将通过分析引水道中水体的运动,研究室水位与引水道内流速间的关系,间接地可获得调压室内的最大水位上升值。

首先分析引水道这一段水体的受力(沿引水道轴线方向),忽略调压室内水体的惯性,根据牛顿第二定律,列出引水道的运动方程

$$P_1 - P_2 + \gamma f L \sin\theta - T = \frac{\gamma}{g} f L \frac{dv}{dt} \tag{8-8}$$

式中,$P_1 = f\gamma h_1$;$P_2 = f\gamma h_2$;T 为水体与引水道管壁间的总阻力。

根据物理定律,阻力所做的功等于能量损失,于是 $TL = \gamma f L h_w$,h_w 为单位水体所具有的总能量损失,再考虑到 $\sin\theta = (Z + h_2 - h_1)/L$,于是引水道的运动方程简化为

$$Z = h_w + \frac{L}{g}\frac{dv}{dt} \tag{8-9}$$

事实上,水流因进出调压室也会产生水头损失,其对室水位的高度是有影响的,将其记为 h_j,一并写入方程(8-9)中,于是有

$$Z = h_w + h_j + \frac{L}{g}\frac{dv}{dt} \tag{8-10}$$

然后,考虑丢弃全负荷的情况,此时机组引用流量为 0,连续方程可简化为

$$fv + F\frac{dZ}{dt} = 0 \tag{8-11}$$

由此可知,$1/dt = -fv/(FdZ)$,并假定

$$h_w = h_{w0}\left(\frac{v}{v_0}\right)^2, \quad h_j = h_{j0}\left(\frac{v}{v_0}\right)^2 \tag{8-12}$$

式中,h_{w0} 和 h_{j0} 分别代表稳态流量 Q_0 时水流流过引水道和进出调压室时的水头损失。将上述几项一并带入式(8-10),整理后有

$$S\frac{dy}{dZ} - (1+\eta)y + \frac{Z}{h_{w0}} = 0 \tag{8-13}$$

式中,$S = \dfrac{Lfv_0^2}{2gFh_{w0}}$,具有长度量纲,表示引水道-调压室系统的特性;$y = \left(\dfrac{v}{v_0}\right)^2$;$\eta = \dfrac{h_{j0}}{h_{w0}}$。

方程(8-13)是关于 y 和 Z 的一阶常系数齐次线性微分方程,在数学上有标准解,其解如下

$$y = \frac{(1+\eta)x+1}{(1+\eta)^2 x_0} + Ce^{(1+\eta)x} \tag{8-14}$$

式中，$x = Z/S$；$x_0 = h_{w0}/S$；C 为积分常数，由初始条件决定。

在波动开始之初，$t=0$，$v=v_0$，即 $y=1$；又 $Z=h_{w0}$，即 $x=x_0$。代入式(8-14)后求解 C 值。最后解答为

$$y = \frac{(1+\eta)x+1}{(1+\eta)^2 x_0} + \frac{\eta(1+\eta)x_0-1}{(1+\eta)^2 x_0} e^{-(1+\eta)(x_0-x)} \tag{8-15}$$

式(8-15)只反应室水位 Z 与对应引水道中流速 v 之间的关系，并不反映波动的过程，即求不出 $Z \sim t$ 波动曲线，但能够给出最高涌浪值。

2. 最高涌浪的计算

当室水位上升到最高点时，引水道-调压室系统的流速 $v=0$，并令 $x=x_m$。此时 $y=0$，代入式(8-15)可得

$$1+(1+\eta)x_m = [1-\eta(1+\eta)x_0]e^{-(1+\eta)(x_0-x_m)} \tag{8-16}$$

其对数型式为

$$\ln[1+(1+\eta)x_m] = \ln[1-\eta(1+\eta)x_0] - (1+\eta)(x_0-x_m) \tag{8-17}$$

此式适用于阻抗式，所算得的 x_m 值为负，表示在静水位之上，$|x_m|$ 也称之为第一涌浪，第一涌浪通常为最高涌浪。

简单调压室情况下，附加阻抗通常可忽略，即 $\eta=0$，直接代入上边式子即可。需要说明的是，在部分丢弃负荷的情况下，水轮机的引用流量不为零，式(8-16)、式(8-17)是不适用的，但所给出的结果通常对工程是偏于安全的。如果考虑事故关机、事故开机的情况，就需要研究最不利工况的组合，即有可能造成涌浪叠加，此时直接由式(8-16)、式(8-17)所获得的结果并不一定是安全的。

3. 第二振幅的计算

由调压室内水体振荡的特征可以知道，当室水位到达最高值之后就要开始下降，下降的最低值称为第二振幅，第二振幅时的室水位有可能低于机组启动时所造成的水位下降值（上游调压室），这需要验算。计算室水位最低值的目的在于核算压力管道顶部是否会暴露于空气中，以免将空气带入管道之中。

水体流出调压室时各类阻抗均与前述情况相反，因此，h_w 和 h_j 变为负值，用类似方法处理后得

$$(1+\eta)x_2 + \ln[1-(1+\eta)x_2] = (1+\eta)x_m + \ln[1-(1+\eta)x_m] \tag{8-18}$$

简单调压室时 $\eta=0$，于是

$$x_2 + \ln(1-x_2) = \ln(1-x_m) + x_m \tag{8-19}$$

式中，$x_2 = Z_2/S$，即 $Z_2 = Sx_2$ 为调压室水位波的第二振幅，注意 x_m 是已知值，且为负值；x_2 为正值。

4. 增荷工况的最低室水位

增荷工况下不可能通过求解微分方程而获得解析解，只能用近似解。增荷情况下的计算，

同样需要区分是否有阻尼。

水电站流量由 mQ_0 增至 Q_0 时，无阻抗调压室的最低涌浪可由 Vogt 公式近似求得最低涌浪值 $|Z_{\min}|$。

$$\frac{|Z_{\min}|}{h_{w0}} = 1 + (\sqrt{\varepsilon} - 0.275\sqrt{m} + 0.05/\varepsilon - 0.9)(1-m)(1-m/\varepsilon^{0.62}) \qquad (8\text{-}20)$$

式中，m 称为增荷系数，$m<1$；$\varepsilon = \dfrac{Lfv_0^2}{gFh_{w0}^2} = \dfrac{2s}{h_{w0}} = \dfrac{2}{x_0}$ 为无量纲值，表示"引水道-调压室"系统的特性。

有阻尼情况下的计算比较复杂，可参阅相关规范。

8.2.2 涌浪计算的条件选择

简单调压室水体振荡的周期长，进行涌浪计算时不计水击的影响；对于阻抗式和差动式调压室，只要阻抗孔口选择得当，水击对涌浪的影响也不大；对于气垫式调压室，由于水击波对气态方程和水面波动的影响较为显著，故应与管道水击联合分析进行计算。

调压室的结构布置必须满足最高、最低涌浪的要求，因此，最高与最低涌浪的计算是很重要的。这里所叙述库水位和负荷的变化程度，可看成是一种原则，具体计算时，还要根据情况予以论证，比如是单机单调压室，还是多机共用调压室。

1. 调压室最高涌浪

上游调压室：上游水库取正常蓄水位，考虑共用同一调压室的全部机组满载运行时瞬间丢弃全负荷。为了安全和留有余地，应按上游水库校核洪水位，瞬间丢弃全负荷的工况进行校核（特大洪水时输电线路全部中断的可能性是存在的）。

下游调压室：厂房下游取设计洪水位，考虑共用同一调压室的全部机组由 $(n-1)$ 台增至 n 台；再按下游校核洪水位相应的工况进行校核；此外，再复核设计洪水位时共用同一调压室的全部机组瞬时丢弃全部负荷的第二振幅。

2. 调压室的最低涌浪

(1) 上游调压室。上游取死水位，考虑共用同一调压室的全部机组由 $(n-1)$ 台增至 n 台；此外，尚需复核死水位时瞬时丢弃全负荷的第二振幅。

(2) 下游调压室。共用同一调压室的全部机组在满载及相应下游尾水位时丢弃全部负荷。

由于糙率不容易确定，糙率的选择应当考虑最不利的情况。一般地，进行涌浪计算，丢弃负荷时引水道和尾水道的糙率应取最小值，增加负荷时应取最大值。

注意调压室出现涌浪叠加的可能性。有的调压室波动周期很长，上一工况未稳定而下一工况接着出现（如增荷过程中的甩负荷、甩负荷后的增荷等），此时可能出现对涌浪的不利组合，即涌浪幅值超过上述情况，因此需要对涌浪叠加情况进行校核。

增荷的情况是可以控制的，因此负荷可由 $(n-1)$ 台增到 n 台。至于弃荷程度，经论证后，明确不存在丢弃全负荷的可能性，则可按部分弃荷进行涌浪计算。

8.2.3 涌浪压力与水击压力的叠加

压力叠加的目的在于为管道强度校核提供依据。计算出调压室的最高和最低涌浪之后,应当同水击压力沿管线的分布进行叠加,根据调压室对水击波的反射是否充分,有不同的叠加方法,见图 8-5 中的实线所示。

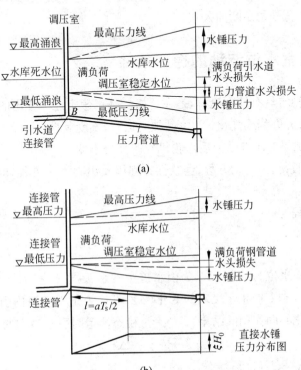

l—压力管道长度;T_s—导叶或阀门的有效关闭时间;$\xi = \dfrac{H - H_0}{H_0}$—水锤相对压力上升;

ξ_m—末相正水锤;H_0—压力管道末端的静水头;a—水锤波在压力管道中的传播速度

图 8-5 涌浪压力与水击压力的叠加

(a) 调压室能完全反射水锤;(b) 调压室不能完全反射水锤

一般认为,简单式、水室式、差动式连接管的面积等于或大于引水道横截面积的调压室能够充分地反射水击;阻抗式调压室,阻抗孔口或连接管面积小于引水道面积的调压室不能充分反射水击波。

8.3 调压室的波动稳定问题

电站在正常运行中,调压室水位波动可分为两类:振幅较大的波动与振幅较小波动。振幅大的波动由大的负荷变化引起,如机组由空转增加到某一负荷,或机组由满负荷降低到较小负荷。振幅小的波动由小的负荷变化引起。若电站装设有自动调节机构,负荷变化可能带来不稳定问题:即不衰减的小波动或大波动。例如机组负荷发生微小变化,自动调节机构(调速器)调节流量,引起调压室水位的波动。如果调压室断面过小,室水位的波动可能引起水轮机水头很大的变化。此时,调速器为了保证出力,必须再次调节流量。室水位的降低使水轮机上的作用水头减小,调速器将引用流量调大后会再次引起室水位的波动,结果调压室中的水位将产生一种不稳定的波动。1904 年,德国 Heimbach 水电站发生了这一现象,此后托马(Thoma)对该现象进行了研究,提出了托马稳定断面公式。

8.3.1 调压室水位波动的稳定条件

调压室的小波动稳定具有纯理论解,是在严格的基本假定之下导出的,这些假定包括:①波动无限小,目的是让微分方程线性化;②电站独立运行,不受其他电站影响;③波动前后调速器严格保证机组出力为常数;④波动前后水轮机效率保持不变。

利用上面的基本假设,由运动方程、连续性方程以及出力不变方程,即可推得调压室的波动稳定条件。

引水道的运动方程为

$$Z = h_w + \frac{L}{g} \cdot \frac{dv}{dt} \tag{8-21}$$

式中,Z 为室水位,选库水位为原点;h_w 为引水道中的水头损失,室水位产生微小波动,可认为是在稳态水位 h_{w0} 的基础上产生了 ΔZ 的变化(ΔZ 可认为是引水道内引用流量发生变化和进出调压室流量发生变化共同作用的结果)。h_{w0} 是稳态流量时引水道中的水头损失,于是

$$Z = h_{w0} + \Delta Z \tag{8-22}$$

将式(8-22)代入式(8-21)之后得

$$h_w = h_{w0} + \Delta Z - \frac{L}{g} \cdot \frac{dv}{dt} \tag{8-23}$$

另一方面,可补充水头损失与流速的关系式

$$h_w = \alpha(v_0 + \Delta v)^2 \tag{8-24}$$

式中,Δv 为波动过程中引水道中流速的变化。

忽略二阶量,由式(8-23)、式(8-24)可得

$$\Delta Z = 2\alpha v_0 \Delta v + \frac{L}{g} \cdot \frac{d}{dt}(\Delta v) \tag{8-25}$$

设机组的引用流量变化为 q,由连续性方程

$$Q_0 + q = f(v_0 + \Delta v) + F\frac{dZ}{dt} \tag{8-26}$$

引入式(8-22),可以解得

$$q = f \cdot \Delta v + F\frac{d}{dt}(\Delta Z) \tag{8-27}$$

波动前作用在水轮机上的有效水头为
$$H = H_0 - h_{w0} - h_{wm0} \tag{8-28}$$
式中，h_{wm0} 为波动前高压管道中的水头损失，可视为稳态时的量。

波动后作用在水轮机上的有效水头为
$$H' = H_0 - h_{w0} - \Delta Z - h_{wm} \tag{8-29}$$

对式(8-29)进行如下解释：波动后调压室处的有效水头为 $H_0 - h_{w0} - \Delta Z$，减去此状态下高压管道中的水头损失 h_{wm} 即为水轮机上的有效水头，h_{wm} 是瞬态量。至于 ΔZ，它只是一个未知数，具体数值不知，下面将导出 $\Delta Z \sim t$ 之间的微分方程。

由出力公式和出力不变的假定，有
$$9.81 Q_0 H \eta = 9.81 (Q_0 + q) H' \eta \tag{8-30}$$

注意 h_{wm} 可作如下代换
$$h_{wm} = h_{wm0} \left(\frac{Q_0 + q}{Q_0} \right)^2 \tag{8-31}$$

忽略二阶量 $(q/Q_0)^2$ 以及 ΔZ 与 q 的乘积，解得
$$q = \frac{Q_0 \Delta Z}{H_0 - h_{w0} - 3 h_{wm0}} \tag{8-32}$$

利用式(8-27)与式(8-32)，可以解得
$$\Delta v = \frac{v_0 \Delta Z}{H_1} - \frac{F}{f} \cdot \frac{d(\Delta Z)}{dt} \tag{8-33}$$

$$\frac{d}{dt}(\Delta v) = \frac{v_0}{H_1} \cdot \frac{d}{dt}(\Delta Z) - \frac{F}{f} \frac{d^2}{dt^2}(\Delta Z) \tag{8-34}$$

式中，$H_1 = H_0 - h_{w0} - 3 h_{wm0}$，将式(8-33)、式(8-34)代入式(8-25)，整理后可得
$$\frac{d^2}{dt^2}(\Delta Z) + v_0 \left(\frac{2g\alpha}{L} - \frac{f}{FH_1} \right) \frac{d}{dt}(\Delta Z) + \frac{gf}{LF} \left(1 - \frac{2\alpha v_0^2}{H_1} \right) \Delta Z = 0 \tag{8-35}$$

可简写为
$$\frac{d^2}{dt^2}(\Delta Z) + 2n \frac{d}{dt}(\Delta Z) + p^2 (\Delta Z) = 0 \tag{8-36}$$

式中，$n = \frac{v_0}{2} \left(\frac{2g\alpha}{L} - \frac{f}{FH_1} \right)$，为常数；$p^2 = \frac{gf}{LF} \left(1 - \frac{2\alpha v_0^2}{H_1} \right)$，为常数。

很显然，式(8-36)是一个二阶常系数线性齐次微分方程，与单质点有阻尼系统的自由振动的方程是一样的，其中 n 相当于阻尼系数，p 相当于恢复力。

下面对式(8-36)进行讨论：

(1) $p^2 > 0, n = 0$。此时方程代表无阻尼的自由振动，因此，振动将永不衰减，其振幅 A 和周期 T 分别为
$$A = v_0 \sqrt{\frac{Lf}{gF}} \tag{8-37}$$

$$T = 2\pi\sqrt{\frac{LF}{gf}} \tag{8-38}$$

由于阻尼是存在的,因此式(8-37)给出的振幅值并无价值,但阻尼对振荡周期的影响是很小的,因此式(8-38)是有意义的。

(2) $p^2>0, n<0$。波动随时间越来越剧烈,因而是不稳定的。

(3) $p^2>0, n>0$。波动是衰减的,即波动是稳定的,由此得到

$$F > F_{th} = \frac{Lf}{2g\alpha H_1} = \frac{Lf}{2g\alpha(H_0 - h_{w0} - 3h_{wm0})} \tag{8-39}$$

$$h_{w0} + h_{wm0} < \frac{H_0}{3} \tag{8-40}$$

式(8-39)代表保证调压室波动稳定所需要的最小断面,称托马稳定条件。式(8-40)要求引水道与压力管道中的损失小于静水头的1/3,这一条件通常能自动满足。

8.3.2 波动稳定性分析

托马稳定属于小波稳定,所假定的波动是无限小的,因而波动微分方程是线性的,能给出严格的理论解。如果室水位波动幅值较大,则波动微分方程不能认为是线性的了,此时给不出严格的理论解。研究证实,小波动不稳定,大波动也不稳定,即大波动所要求的稳定断面要大。为保证大波动稳定,可在小波稳定断面基础上乘一个安全系数。对于上游调压室,其所需横截面积按下式计算:

$$F = KF_{th} = K\frac{Lf}{2g\left(\alpha + \frac{1}{2g}\right)(H_0 - h_{w0} - 3h_{wm})} \tag{8-41}$$

式中,F_{th} 为托马临界稳定断面积,m^2;H_0 为发电最小静水头,m;α 为自水库至调压室水头损失系数,$\alpha = h_{w0}/v_0^2$;h_{w0} 为压力引水道水头损失,其中损失包括沿途局部水头损失与沿程摩擦损失,m;h_{wm} 为高压管道水头损失,m;K 为系数,一般可采用 1.0~1.1,选用 $K<1.0$ 时,应有足够可靠的论证。

K 可以取小于 1.0 的值是因为托马公式是在许多苛刻的条件下导出的,如电站孤立运行等。事实上并网运行的电站占多数,并网后负荷的变化将由所有网内电站共同承担,因此对稳定是有好处的。目前国内外均有小于托马稳定断面的公式,也有调压室小于托马稳定断面的工程实践。为安全计算,若取 $K<1$,需经过足够的论证。

鉴于除 Heimbach 电站之外目前尚未发现别的电站有波动稳定问题,所以,现在一般认为托马稳定断面是偏于安全的。研究证明,调压室底部的流速水头对波动的衰减是有利的。式(8-41)中 $1/(2g)$ 就是考虑了流速水头的影响。事实上,调压室底部的流速是很紊乱的,尤其是室水位较低时。因此,当调压室底部无连接管时,应用 α 代替 $\alpha+1/(2g)$。

对于下游调压室,其稳定断面规范建议按式(8-39)计算,但相应物理参数应改为下游尾水道的参数。

α 为处于分母上的因子,其影响相当大。为安全计,在进行水头损失计算时,引水道宜选用最小糙率,压力管道可用平均糙率。同时应当注意,取用的计算流量要与 H_0 相对应。以上调压室稳定断面的计算是针对上游或下游单调压室的。对于上、下游双调压室系统,上游双调压室、气垫式调压室,其稳定断面的计算不宜直接使用上述公式,应通过论证后确定。

8.4 调压室构造与结构设计

对于调压室的设计,第一步,可首先根据地形地质条件,水力参数及电站参数初选调压室的基本类型;第二步,根据水力条件进行计算,确定调压室的尺寸;第三步,进行结构计算并绘制施工图。

调压室有地面塔体和井下结构两种。塔体结构抗振性差,受温度和风荷载的影响大,目前采用的不多。井式结构开凿在山岩中,应用广泛。

调压井在结构上可分为三个部分:①井壁,一般为埋设在基岩中的钢筋混凝土圆筒,此筒实际上是钢筋混凝土衬砌。调压井一般距离厂房较近,其渗漏稳定直接影响厂房安全,而井内岩石的塌落又直接影响机组安全,所以,开凿在山体中的调压井需要予以衬砌。②底板,一块置于弹性地基上的圆形或环形板。③顶盖、接头及升管。因此,井式调压室的结构计算,主要内容为圆筒、圆板或圆环的计算。

调压室所受荷载,分为基本荷载和特殊荷载两类,计算荷载时,应按运行、施工和检修工况,分为基本组合和特殊组合两类,在结构计算中采用各自最不利的组合。

应用结构力学方法,对于大尺寸、围岩地质或结构复杂的调压室,结构内力计算宜用数值计算如有限元法进行复核。

8.4.1 荷载及其组合

井式调压室所承受的主要荷载如下:
(1) 内水压力:决定于调压井的最高和最低水位。
(2) 外水压力、上浮力:决定于地下水位。常采用排水措施,以利于山坡稳定和减小底板上的上浮力。
(3) 主动土压力:当回填土料、岩石破碎或衬砌完成后围岩仍然有向井内滑移的趋势,应考虑它们的主动压力。考虑围岩的主动土压力时,不应计入围岩的弹性抗力。
(4) 灌浆压力:发生在施工灌浆时期,其数值取决于灌浆时所用的压力。常用回填灌浆填塞井壁与围岩间的收缩缝隙,用固结灌浆加固围岩与预压衬砌。
(5) 温度压力:调压井在运行期,由于温度变化产生的应力。
(6) 衬砌自重:井壁计算中可不考虑自重,底板、井下连接段可计入自重。
荷载组合分为下列三种情况:
(1) 正常运行工况:最高内水压力+温度应力+围岩弹性抗力;

(2) 施工工况：灌浆压力＋岩石或回填土压力＋温度应力；
(3) 检修工况：最高外水压力＋上浮力＋岩石或回填土压力＋温度应力。

8.4.2 计算假定与结构设计

1. 计算假定

(1) 衬砌是一个整体，沿高度方向外半径不变；
(2) 竖井和底板属于薄壳结构，可用板壳理论求解；
(3) 岩石为弹性介质，当衬砌向外发生径向变形时，岩石产生的弹性抗力与位移成正比；
(4) 衬砌与井壁岩石间紧密接触，其间形成的摩擦力能够维持衬砌自重，因此，井筒底垂直位移为零；
(5) 底板受井壁传来的径向力所引起的变形与井壁挠曲变形相比很小，可以忽略。

2. 井壁结构及其设计

井壁衬砌是浇筑在基岩上，密贴于岩壁的圆筒，常分段浇成，各浇筑段间留有收缩缝，或整体浇筑而不留收缩缝，段与段之间留有收缩缝时要设置止水。直井与底板大多做成刚性连接。铰接构造复杂，一般不采用。

在进行井壁应力计算时，假定为底部固定上部自由的圆筒，用弹性力学方法计算。因井壁在内水压力作用下主要承受环拉力，应进行混凝土抗裂校核。

井壁设计常采用如下步骤：

(1) 初估各段衬砌厚度，考虑井壁与围岩的联合作用，按最高内水压力求出井壁中的环拉力；
(2) 按环拉力配筋；
(3) 根据混凝土尺寸、钢筋量和环拉力，计算混凝土和钢筋的应力，混凝土应力不应超过抗拉强度；
(4) 按井壁力矩进行纵向配筋。靠近底部弯矩大，配筋较密；往上弯矩小，配筋较疏。但通常都要求一定数量的钢筋直达井顶。以上有关井壁衬砌的内容，都是针对于刚性的井壁衬砌而言的。目前国内已有半柔性的井壁结构，即锚杆钢筋网混凝土衬砌。该类衬砌具有加强围岩整体稳定性与良好的抗裂、防渗性能，能够满足内压作用下的限裂要求，在围岩条件好的调压室结构中应予以考虑。湖南镇水电站调压室大井直径19.5m，原为双层钢筋混凝土衬砌，厚度1m，后改为锚杆钢筋网混凝土衬砌，厚度50cm，节约了大量混凝土与钢筋，还方便了施工。

3. 底板

调压井的底板有两种：简单式的底板是一块周边固结的实心圆板；阻抗式、差动式或具有连接管的其他调压井，底板为一块周边固结的中空圆板。对于简单式调压井，底板下为基岩，底板向下变形时应计及弹性抗力，这意味着，将地板与基岩分开考虑，向上变形时则不考虑。对于其他类型的调压井，因引水道在底板下通过，部分底板接触岩石，部分底板悬空，这种环形板的应力分析是非常复杂的。

底板厚度与直径相比，往往不到1/10，因此，可以认为是弹性地基上的薄板，用薄板理论进行计算。

4. 顶板及其他

为了防污及安全,调压井顶部有时要设置顶板,即顶盖。历史上曾有电站因石头从调压井落入,引起水轮机导叶被卡住的事故。对于直径不大的调压室,可用圆的平顶盖,有时还可利用差动式调压室升管的突出部分作为支撑。在调压室半径较大的情况下,可以利用环形顶盖,受力条件较好,但施工复杂。顶部所承的荷载为自重及上面的回填土重等。

调压室的升管、闸门槽(若闸门设在调压室内)、通气孔等容易削弱调压室结构,要注意布置的合理性,同时对关键部位的结构尺寸、构造措施及钢筋配置要加强。处于调压室中部的升管抗振性能差,施工干扰大,但升管外四周受水压力;将其贴壁放置有利于克服抗振性能差、施工干扰大的缺点,但水力条件有很大改变,特别是将闸门井作为差动式调压室升管的情形,当闸门井(或升管)与室水位存在较大水位差的情况下,闸门井一侧受有很大的不平衡的水压力,对结构的受力不利,结构计算时要找出升管与室水位之间的最大水位差,要特别注意结构的安全。在寒冷地区修筑的调压室有防冻要求,应防止结冰影响调压室的作用及结构工作状态。

要注意调压井上部及边坡的稳定性,应进行应力分析,确保调压井与电站的安全。要做好岩石的加固处理工作,如加设锚杆、喷混凝土、设置排水设施等。

在设计调压井时,对其构造要求较为细致,注意满足构造要求。

习题及思考题

1. 简述调压室的功用和设置条件。
2. 调压室有哪几种主要类型?适用条件是什么?
3. 研究调压室水位波动的目的是什么?影响调压室水位波动稳定的主要因素有哪些?
4. 如何选择调压室水力计算的条件,以确定室内最大水位变化幅度?
5. 某电站引水系统隧洞长 $L=1000\mathrm{m}$,$H_0=60\mathrm{m}$,$d=8\mathrm{m}$,衬砌糙率 $n=0.011\sim 0.014$,正常发电引用流量 $Q_0=292\mathrm{m}^3/\mathrm{s}$。调压室为圆筒式,直径 $D=18\mathrm{m}$,试计算调压室水位的振荡幅度,圆筒式调压室的附加阻抗 $\xi=0$。
6. 题5的引水系统中若 $\sum \xi$(局部水头损失系数)为 0.7,$H_0=60\mathrm{m}$,$h_{w0}=1.2\mathrm{m}$,试校核上述调压室断面是否符合稳定要求。

参 考 文 献

[1] 王树人,董毓新. 水电站建筑物[M]. 北京:清华大学出版社,1992.
[2] 中华人民共和国水利部. SL 655—2014. 水利水电工程调压室设计规范[S]. 北京:中国水利水电出版

社,2014.
[3] 国家能源局. NB/T 35021—2014. 水电站调压室设计规范[S]. 北京:中国电力出版社,2014.
[4] 马吉明. 气垫式调压室水击穿室的理论分析[J]. 清华大学学报(自然科学版),1996(4):65-69.
[5] 王树人. 调压室水力计算理论与方法[M]. 北京:清华大学出版社,1983.
[6] 日本土木学会. 水力公式集(上集)[M]. 铁道部科学研究院水工水文研究室,译. 北京:人民铁道出版社,1977.
[7] 成都科学技术大学水力学教研室. 水力学[M]. 北京:人民教育出版社,1979.
[8] E. B. 怀利,V. L. 斯特里特. 瞬变流[M]. 清华大学流体传动及控制教研组,译. 北京:水利电力出版社,1983.

第 9 章　水电站厂房

9.1　厂房的功用、组成和类型

9.1.1　功用与特点

水电站厂房是水电站中安装水轮机、水轮发电机和各种辅助设备的建筑物。它是将水能转换为电能的场所,集中了水电站主要的机械和电气设备。

水电站厂房的功用为:①将水电站的主要机电设备集中布置在一起,使其具有良好的运行、管理、安装、检修等条件。②布置各种辅助设备,保证机组安全经济运行和发电质量。③布置必要的值班场所,为运行人员提供良好的工作环境。

水电站厂房是水工建筑物、机械和电气设备的综合体,厂房设计与施工、设备安装与运行需要水工、机电、建筑、暖通、给排水等各专业通力协作。水工专业主要进行厂房的合理布置和设计,以满足结构稳定、强度、防渗防潮、防火防爆等安全可靠性要求,以及交通、防噪隔音、通风、照明等方便舒适性要求。

9.1.2　组成

水电站布置发电、变电和配电建筑物的区域,称为水电站的厂区,主要由水电站厂房(包括主厂房和副厂房)(见图 9-1)、主变压器场、高压开关站和内外交通线路四部分组成。水电站设计中,通常将这些建筑物布置在一起,故又称为厂区枢纽或厂房枢纽。

1. 从设备布置、运行要求的空间划分

(1) 主厂房。布置水电站的主要动力设备(水轮发电机组)和主要辅助设备(主机间),及机电设备组装、检修时使用的场地(安装间)。如图 9-2 虚线所包围的范围。

(2) 副厂房。布置控制设备、电气设备和辅助设备,是水电站运行、控制、监视、通讯、试验、管理和工作的房间。如图 9-2 点划线所包围的范围。

主厂房和副厂房习惯上也称厂房。

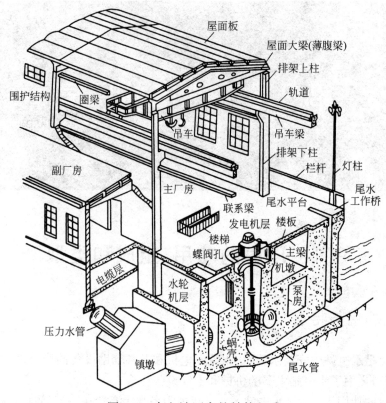

图 9-1 水电站厂房的结构组成

(3) 主变压器场。装设主变压器(简称主变)的地方。发电机出线端电压经主变压器升高至远距离送电所要求的电压后引到开关站。

(4) 高压开关站(户外配电装置)。为了按需要分配功率及保证正常工作和检修，发电机与主变之间以及主变与输电线路之间有不同的电压配电装置。发电机侧的配电装置通常设在厂房内，而其高压侧的配电装置一般布置在户外，称为高压开关站。高压开关站装设高压开关、高压母线和保护措施等高压电气设备，高压输电线由此送往用户。如图 9-2 细实线所包围的范围。

小型水电站常将主变压器和高压开关站布置在一起，合称升压变电站。

2. 从设备组成的系统划分

(1) 水流设备系统，指水轮机及其进出水设备，包括压力管道、水轮机前的进水阀、引水室(蜗壳)、水轮机、尾水管和尾水闸门等。如图 9-2 中有箭头的单实线经过的设备。

(2) 电流设备系统，即电气一次回路系统，包括发电机及其中性点引出线、母线、发电机电压配电设备(户内开关室)、主变压器、高压配电装置(户外高压开关站)等。如图 9-2 有箭头的双实线经过的设备。

(3) 电气控制设备系统，即电气二次回路系统，包括机旁盘、励磁设备系统、中央控制室、各种控制及操作设备，如各种互感器、表计、继电器、控制电缆、自动及远动装置、通信及调度设备等。

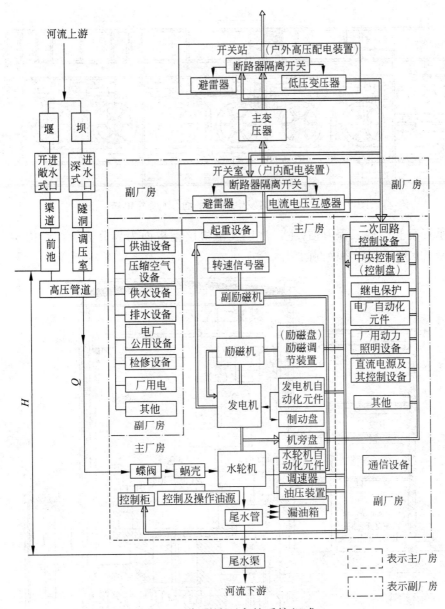

图 9-2 水电站厂房的系统组成

(4) 机械控制设备系统,包括水轮机的调速设备(接力器、油压装置及操作柜)、阀门的控制设备,以及其他各种闸门、减压阀、拦污栅等操作控制设备。

(5) 辅助设备系统,包括安装、检修、维护、运行所必须的各种电气及机械辅助设备,如厂用电系统(厂用变压器、厂用配电装置、直流电系统)、油系统、气系统、水系统、起重设备、电气和机械修理室、试验室、工具间、通风、采暖设备等。

3. 从主厂房的结构组成划分(主厂房的分段与分层)

(1) 水平面上可分为主机室和安装间。一台机组所占用的厂房空间称为一个机组段,主机室由机组段组成。图 9-3 所示密云水电站厂房主机室有 6 个机组段,安装间在厂房右端。

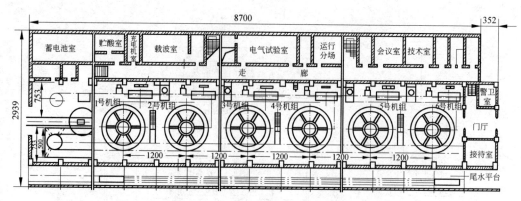

图9-3 密云水电站发电机层平面图(尺寸单位:cm)

(2)垂直面上根据工程习惯,主厂房以发电机层楼板面为界分为上部结构与下部结构。图9-4为密云水电站出厂房横剖面图。

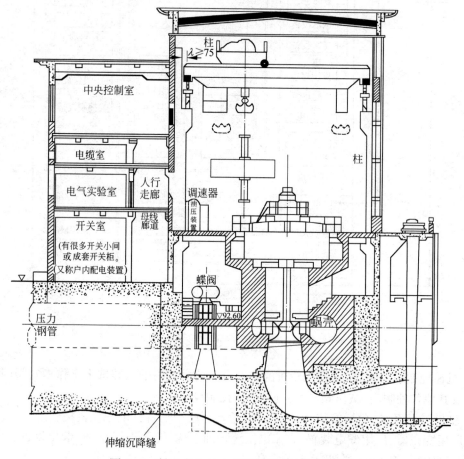

图9-4 密云水电站主厂房机组中心横剖面图

① 上部结构,与工业厂房相似,它是混凝土排架和围护结构,包括屋面系(屋面板、屋架或屋面梁系、顶拱或溢流顶板等)、吊车梁、排架、各层楼板梁系、内框架以及围护结构等。安装有发

电机励磁、机组操作控制系统、量测系统及低压配电装置,还有起重设备。地下厂房的上部结构相对简单,如果采用岩锚吊车梁,则不需要排架和混凝土围护结构,只做轻型吊顶和防潮隔层即可。

② 下部结构,为钢筋混凝土结构,布置过流系统,是厂房的基础。立式机组主机室除发电机层地板外,包括机墩、风罩、蜗壳外围混凝土、尾水管外围混凝土、防水墙(底墙)、尾水闸墩及平台、集水井、基础板(底板)等。安装有水轮发电机组、空气压缩机系统、供水排水系统、油系统(有时放在厂房外)、进水高压钢管、主阀、蜗壳、尾水管、尾水闸门、尾水拦污栅(抽水蓄能电站)等设备。

对于灯泡贯流式厂房,下部结构指流道结构顶面(流道顶地面称为运行层)以下部分。

立式机组主机室的下部结构一般分为4层,自上而下有:①发电机层,布置发电机顶部励磁设备、调速器、机旁盘等电气设备,要求宽敞明亮;②水轮机层,布置主要机电设备、油压装置、油气水系统等;③蜗壳层,布置水轮机主体、主阀门、水泵系统、各种管路等;④尾水管层,布置尾水管、集水井、集油箱、排水泵等。

9.1.3 类型

根据厂房与挡水建筑物的相对位置及其结构特征,与水能开发方式相对应,厂房可分为三种基本类型。

1. 坝后式厂房

厂房位于拦河坝下游,紧接坝后,与坝直接相连,发电用水直接穿过坝体引入厂房,如三峡(见图9-5)、丹江口、刘家峡、三门峡等水电站的厂房。

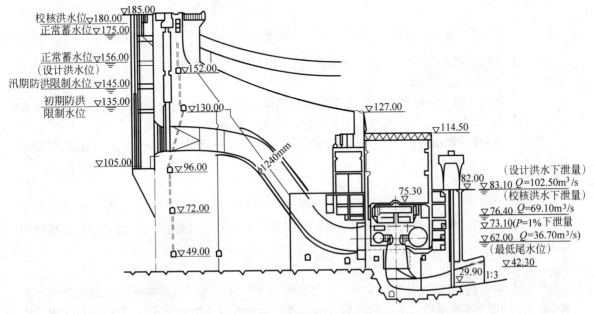

图 9-5 三峡水电站坝后式厂房横剖面图

在坝后式厂房的基础上,将厂坝关系适当调整,并将厂房结构加以局部变化,所形成的厂房型式还包括以下三种。

(1) 挑越式厂房。厂房位于溢流坝坝趾处,溢流水舌挑越厂房顶泄入下游河道,如图9-6所示的贵州乌江渡水电站厂房。

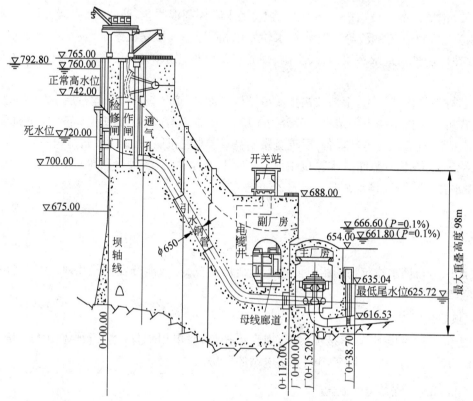

图9-6 乌江渡水电站坝后挑越式厂房横剖面图(单位:尺寸,cm;高程,m)

(2) 溢流式厂房。厂房位于溢流坝坝趾处,厂房顶兼作溢洪道,如浙江新安江水电站厂房(见图9-7)、贵州猫跳河三级水电站厂房。

(3) 坝内式厂房。厂房移入混凝土坝或砌石坝体空腹内,如江西上犹江水电站厂房设置在溢流坝坝体内(见图9-8),湖南凤滩水电站厂房设置在空腹重力拱坝内(见图9-9)。

挑越式、溢流式和坝内式厂房需妥善处理通风、照明、防潮、出线、交通、水雾等问题,现在已较少采用。

2. 河床式厂房

厂房位于河床中,本身起挡水作用,如广西西津水电站厂房。若厂房机组段还布置有泄水道,则成为泄水式厂房,长江葛洲坝水利枢纽大江(见图9-10)、二江电厂的厂房内均设有排沙用的泄水底孔。

3. 引水式厂房

厂房与坝不直接相接,发电用水由引水建筑物引入厂房。当厂房设在河岸处时称为引水式地面厂房,如图9-4所示密云水电站厂房。引水式厂房也可以是半地下式的,如浙江百丈漈一级水电站厂房;或地下式的,如图9-11所示的云南鲁布革水电站厂房。

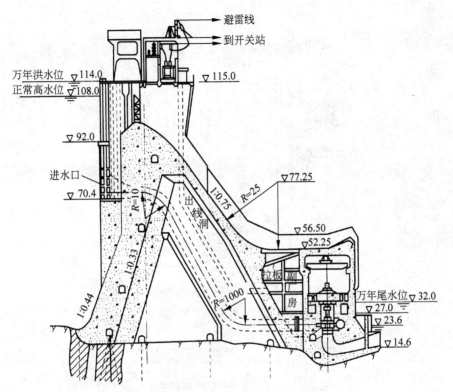

图 9-7　新安江水电站厂房（单位：m）

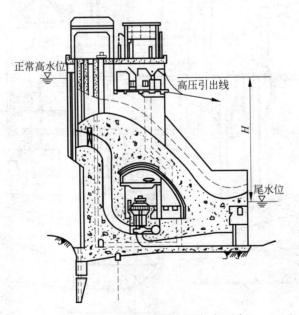

图 9-8　上犹江水电站坝内式厂房

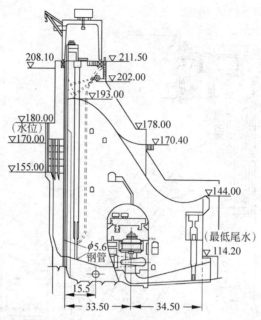

图 9-9 凤滩水电站坝内式厂房

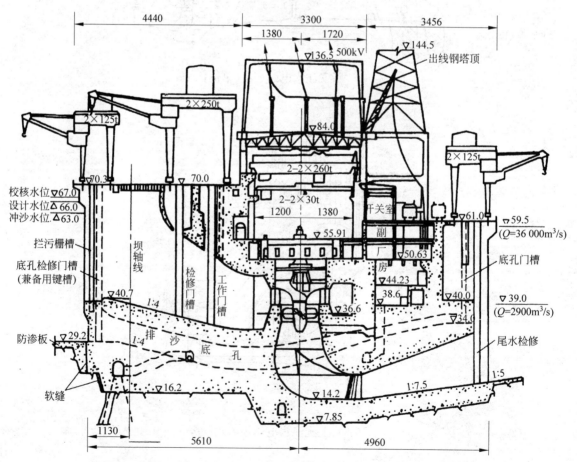

图 9-10 葛洲坝大江水电站厂房横剖面图(单位:尺寸,cm;高程,m)

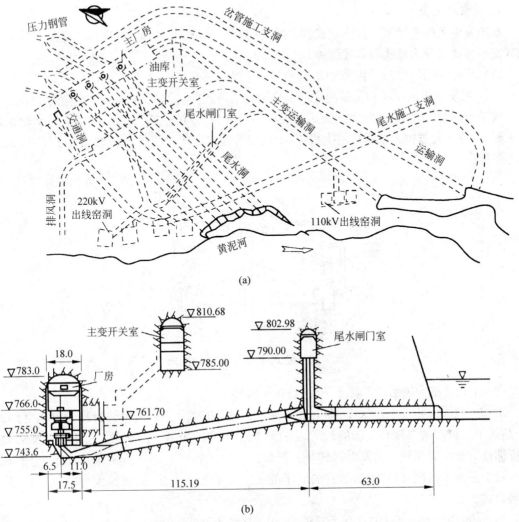

图 9-11 鲁布革水电站布置图(单位:尺寸,m;高程,m)
(a)平面布置;(b)尾水系统纵剖图

此外,水电站厂房还可按机组类型分为立式机组厂房与卧式机组厂房,按厂房上部结构的特点分为露天式、半露天式和封闭式厂房,按资源性质分为河川电站(常规水电站)厂房、潮汐电站厂房和抽水蓄能电站厂房。

9.2 厂房内的机电设备

9.2.1 发电机

水轮发电机组是水轮机、发电机及其传动装置的总称,对主厂房尺寸和布置有决定性的影响。

1. 发电机类型

水轮发电机的主轴可布置成立式的或卧式的，大中型机组多为立式布置。立式水轮发电机就其支承方式可分为悬式和伞式两种。

(1) 悬式(见图 9-12)。推力轴承位于转子上方，支承在上机架上。上机架支臂的数目为 4～12 个，由发电机的尺寸和重量而定。下机架支承防止摆动的下导轴承和刹车用的制动闸，可由两根平行的梁、十字梁或井字梁做成。机组转动部分(发电机转子、励磁机转子、水轮机转轮及主轴)的重量通过推力轴承传给上机架，上机架再通过定子外壳传给机墩。大于 150r/min 的高速机组多采用悬式发电机。

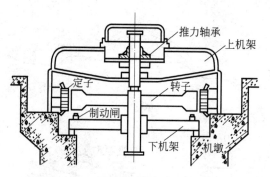

图 9-12 悬式水轮发电机剖面图

(2) 伞式。推力轴承位于转子下方，设在下机架上。

① 普通伞式(见图 9-13(a))(有上下导轴承)。推力轴承安装在水轮机和发电机之间的轴上，缩短了上机架的高度和主轴的长度，因而降低了厂房的净高。加之发电机重量比悬式轻，可不拆卸推力轴承而单独吊出发电机转子。但伞式发电机转子重心在推力轴承之上，重心较高，运行时更易发生摇摆，以致限制了它的应用范围。小于 150r/min 低转速大容量机组更多采用普通伞式。

② 半伞式(见图 9-13(b))(有上导轴承，无下导轴承)。通常将上机架埋入发电机层地板下。

③ 全伞式(见图 9-13(c))(无上导轴承，有下导轴承)。其转动部分重量通过推力轴承的支承结构传到水轮机顶盖上，通过顶盖传给座环。上机架仅支承励磁机定子的重量，结构简单，尺寸较小。下机架只支承下导轴承和制动器的反作用力，从而缩短了主轴长度，减轻了转子的重量，可降低厂房的高度和减小基础的厚度。

水轮发电机的主要数据，如定子和转子直径、有效铁心高度、轴长和总高度、转子带轴重量及总重量等，均由水轮发电机厂提供。一般可根据水轮机转速、功率，来初步选择发电机类型、额定容量、额定电压、飞轮力矩和定子、转子重量及总重量。

2. 发电机励磁系统

水轮发电机励磁系统是向发电机转子供给形成磁场的直流电源。如果中断励磁，发电机立刻全甩负荷，因此必须十分可靠。最好每台发电机都设各自独立的励磁系统。励磁系统包括：

(1) 励磁机。实际上它是直流发电机，其励磁方式有采用与水轮发电机同轴的励磁机的直接励磁系统；采用直流发电机，有水银整流器组成的离子励磁系统、半导体整流等的非直接励磁

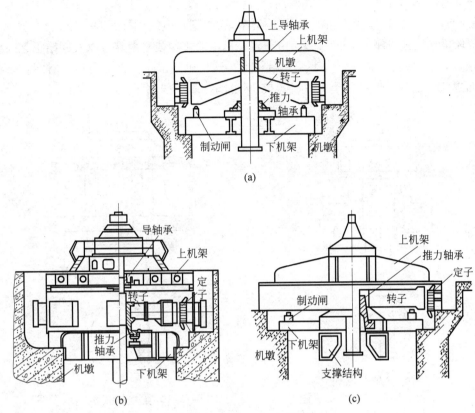

图 9-13 伞式发电机剖面图
(a) 普通伞式；(b) 半伞式；(c) 全伞式

系统。大型水轮发电机多采用静电可控硅励磁方式。

(2) 励磁盘。它是装置水轮发电机励磁回路的控制设备和自动调整装置的配电盘，其作用是控制和调整水轮发电机的励磁电流。每台发电机一般有 3～5 块励磁盘，包括电压校正器盘、复励盘、自动灭磁盘和自耦变压器架等。

3. 发电机机座

机座（或称机墩）是发电机（也包括水轮机的转轮和转轴）的支承结构。机座中间的空腔称为机坑或水轮机井。立式机组的机座承受水轮发电机组的全部动、静荷载，包括垂直荷载（转动及非转动部分的重量、水推力等）及扭矩（正常及短路扭矩）。因此，要求机座具有足够的刚度和强度，以及良好的抗振性能，振动幅度小，自振频率高（不会与机组发生共振）。

机座一般为钢筋混凝土结构，常见的型式有：

(1) 块体机座。发电机层以下除预留有水轮机井及必要的通道以外，机座全部为块体混凝土，如葛洲坝水电站厂房（见图 9-10）的机座。这种机座强度和刚度大，抗振性能好，大型机组特别是大型伞式发电机可考虑采用。

(2) 圆筒式机座（见图 9-14）。机座为厚壁（壁厚超过 1m）钢筋混凝土筒状结构。内部为圆形，外部为圆形或多角形。机井内径 D_c 应大于水轮机转轮直径 D_1，小于发电机转子直径 D_i，并考虑下机架支承等要求。对于悬式发动机，$D_c \leqslant D_i-(0.6\sim1.5)$m；对于伞式发电机，$D_c \geqslant (1.3\sim1.5)D_1$。这种机座受力性能好，结构简单，大中型水电站中被普遍采用。

(3) 环梁立柱式机座（见图 9-15）。由布置在机组的 4 根或 6 根立柱以及固结于立柱顶部的环形梁组成，立柱底部固结在蜗壳上部混凝土上。这种机座水轮机顶盖宽敞，立柱间净空大，便于设备布置、机组出线，但刚度不大，抗振、抗扭性能较差，一般用于中小型机组。

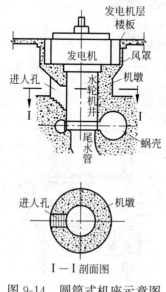

图 9-14 圆筒式机座示意图

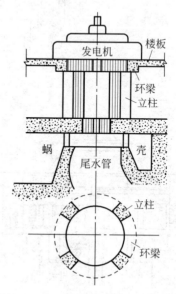

图 9-15 环梁立柱式机座示意图

(4) 平行墙或构架式机座（见图 9-16）。由两纵向平行墙或两个纵向平行梁（右下部柱子支承）及其间的两根横梁组成。这种机座构架下面的空间较大，机组安装、检修方便，但刚度小，仅适用于小型机组。

此外，还可以采用钢结构作为机座，直接与机组配套，结构紧凑，安装便捷，但应用还很少。

4. 发电机的布置型式

按照发电机与发电机层楼板的相对位置关系，立式发电机常见的布置型式有开敞式、埋入式及半岛式三种。

(1) 开敞式（见图 9-17(a)）。发电机定子完全露于发电机层地面以上。这种布置占用较多的发电机层底板空间，显得拥挤，水轮机层高度小，引出线布置较为不便，故通常用于中小型机组。

(2) 埋入式。又分为上机架埋入式和定子埋入式布置。单机容量在 100MW 以上的大型机组常采用上机架埋入布置，发电机定子和上机架全部位于发电机楼板以下，发电机层只留有励磁机。这样要增加一些厂房的高度，但厂房内较宽敞，检修场地大。发电机层与水轮机层之间的高度大，可增设夹层布置发

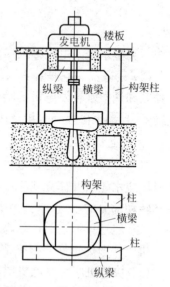

图 9-16 构架式机座示意图

机引出线及电气设备。中小型机组也常把发电机定子埋入发电机层楼板下,为定子埋入式布置,如图9-17(b)所示。这种布置上机架外露,占用厂房内部分空间,但便于检修悬式发电机的推力轴承、观察发电机上导轴承油位和测量机架摆度。

(3) 半岛式(见图9-17(c))。仅在机组一侧(上游侧或下游侧)设有水轮机层和发电机层。这种布置由于厂房内场地狭小,设备拥挤,安装检修不便,较少采用。

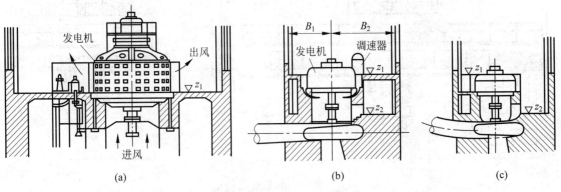

图 9-17 发电机的布置型式
(a) 开敞式;(b) 埋入式;(c) 半岛式

9.2.2 起重设备

1. 桥式起重机及其工作范围

厂房起重设备最常用的是桥式起重机(简称桥吊、桥机、天车)。厂内机电设备的安装和检修均可利用桥吊进行。起重设备的型式和吊运方式对厂房内部结构和尺寸影响较大,争取选择可减少厂房宽度或高度。

桥式起重机由桥架(或称大车)、小车、驱动操纵机构和提升机构等组成。桥架支承在吊车梁上,吊车梁支承在主厂房上下游侧的排架柱上。桥架可在吊车梁上沿主厂房纵向行驶,小车可沿桥架在厂房横向移动,这样桥吊上的两个吊钩就可以达到主厂房的绝大部分范围。桥架、小车、吊钩移动的极限位置,即构成了吊车的工作范围,如图9-18所示。所有被起吊的设备起吊中心均应在此范围内。

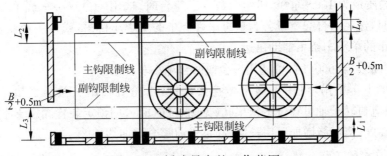

图 9-18 桥式吊车的工作范围

桥吊有单小车和双小车两种。单小车桥吊（见图9-19）设有主钩和副钩。双小车桥吊设有两台可以单独或联合运行的小车，每台小车只有一个吊钩，手动变速操作可作主钩和副钩使用，两台小车借助平衡梁可联合起吊最重部件。

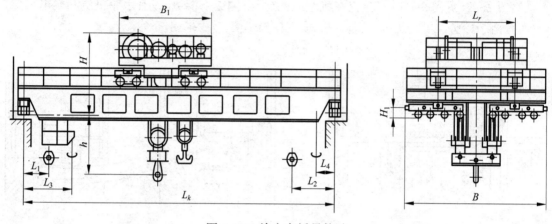

图9-19 单小车桥吊构造

双小车桥吊用平衡梁吊运带轴转子时，转子轴可以超出主钩最高限制位置以上，从而可降低主厂房的高度，对地下厂房或坝内式厂房比较有利，并且还容易满足设备在吊运过程翻身、倒置等要求。但双小车桥吊每台小车的活动范围较小，大车的轮压分布也比两台单小车桥吊集中，用平衡梁吊大件时，两台主钩需同步。如选用两台双小车桥机，起吊最重件需要三根平衡梁，给起吊工作带来不便。

2. 桥式起重机的起重量和台数

桥吊的选择取决于厂房类型、最大起重量和机组台数等，以经济合理、安全可靠、使用方便为原则。

最重的部件可能是发电机转子、水轮机转轮或主变压器。一般为发电机转子，悬式发动机的转子需带轴吊运，伞式发电机的转子可带轴吊运，也可不带轴。低水头电站的最重部件也可能是带轴或不带轴的水轮机转轮。主变压器需要进厂房内检修时，也可能成为最重部件。

（1）吊件的质量少于100t，机组台数少于4台时选用一台单小车桥吊，机组台数多于5台时选用两台单小车桥吊。

（2）吊件的质量为100～600t，机组台数少于4台时，选用一台双小车或单小车桥吊；机组台数多于5台时，选用两台起重量各为最重吊件一半的单小车桥吊，或设一台双小车桥吊，另设一台起重量较小的单小车桥吊辅助吊运。

（3）吊件质量大于600t时，可选用一台或两台单小车桥吊。

选用两台单小车桥吊，可用平衡梁做连接构件，水轮机轴用法兰盘连接于平衡梁上（见图9-20(a)），发电机转子轴可穿过平衡梁孔（见图9-20(b)），用锁定装置固定于平衡梁上。此时可以降低厂房高度，但可能增加厂房长度，起重量通常会增加约10%。

3. 桥式起重机的工作参数

（1）起重量，又称额定起重量，指起重机实际允许的起吊最大负荷量。根据起吊最重部件加

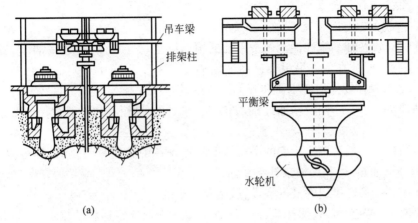

图 9-20 双小车桥吊利用平衡梁起吊示意图
(a) 起吊带轴的转子；(b) 起吊带轴的转轮

上平衡梁和吊具的重量,并参照国家标准起重量系列确定。如果用一台双小车桥式起重机(或两台单小车桥式起重机)联合吊起最重件,每台小车的额定起重量为总起重量的一半；同时,一台小车的起重量最好能满足起吊变压器或轴流式水轮机转轮带轴的要求。

(2) 跨度,指起重机大车轨道中心线的间距。可根据在吊钩活动极限范围内能吊运主设备定出的主厂房宽度来选定。如不符合起重机制造厂的起重机标准跨度时,可按每隔 0.5m 选取。必要时可能需要专门定制。

(3) 起升高度,指吊钩上限位置与下限位置之间的距离。主钩的上限位置通常根据吊运水轮机带轴或发电机转子带轴所需要的高度来确定。主钩的下限位置要满足从机坑(水轮机井)内吊出发电机转子和水轮机转轮,或从进水阀吊孔内吊出进水阀,并运至装配场的要求。副钩的下限位置应满足水轮机埋设部件的安装、检修的要求。双小车起重机每台仅有一套吊钩,它的下限位置应满足发电机转子或水轮机从机坑吊出和吊运进水阀、水轮机埋设部件及安装要求。

9.2.3 油系统

水电站的油系统分为透平油系统和绝缘油系统,前者供应机组轴承的润滑油、操作调速器接力器和进水阀用的压力油,后者供应各种电气设备(如变压器、油断路器等)用油。透平油用来润滑、散热和传递能量,绝缘油用来绝缘、散热及消弧。这两种油的性质、用途不同,不能相混,两个油系统必须分开设置。

一般中型水电站的用油量为数十至数百吨,大型水电站可高达数千吨。油在运行和储存过程中,会不同程度地被劣化和污染,成为污油和废油。水电站一般均设有污油机械净化设备,常见的有离心分离机、压滤机和真空滤油机。离心机利用离心作用将油与水及杂质分离,压滤机将油加压通过滤纸以除去水和机械杂质,真空滤油机是把油及所含水分在一定温度和真空下汽化,形成减压蒸发,除水脱氧。水电站废油不多,一般不设废油再生设备。

油系统设备有油泵、油罐、滤油机、油管和控制元件等,用来完成接受新油、贮备净油、设备充排油、添油、油的净化处理及化验等工作。

油系统的组成主要有以下几部分。

(1) 油库。放置各种油罐和油池。透平油的用油设备均在厂内,故透平油库一般布置在厂内,只有在油量很大时才在厂外另设存储新油的油库。主变压器和开关站的绝缘油用量较大,所有绝缘油库常布置在场外主变压器和开关站附近。

(2) 油处理室。设有净油及输油设备,如油泵、滤油机、烘箱等。一般设在油库旁,透平油和绝缘油可合用油处理室。

(3) 补给油箱。一般设置主厂房的吊车梁下。当设备中的油有消耗时,补给油箱自流补给新油。若不设补给油箱,可利用油泵补给新油。

(4) 废油槽。在每台机组的最低点设置,用以收集漏出的废油。

(5) 事故油槽。当变压器、油开关、油库发生燃烧事故时应迅速将油排走,可排入事故油槽,以免事故扩大。事故油槽应布置在便于充油设备排油的位置,并便于灭火。

(6) 油管。油的输送通道,一般布置在水轮机层。

9.2.4 压缩空气系统

厂房压气系统(风系统)为用气设备提供压缩空气。压缩空气系统设备有空气压缩机、贮气罐、阀门和管道等。根据用气设备需要的压力可分为:

(1) 高压压缩空气系统。供给厂房中所有调速器油压装置的压力油罐充气,或在油压装置运行过程中补充压力油罐中的空气损耗,其额定压强多为 2.5MPa 及 4MPa。配电装置如空气断路器的灭弧和操作的用气,以及隔离开关和少油断路器操作的用气,额定压强为 2～5MPa。

(2) 低压压缩空气系统。供给机组制动、调相运行压水(调相运行时需向水轮机顶盖下充以压缩空气以压低尾水管中的水位)、维护检修用的风动工具(如进行设备清扫)、进水阀的止水围带、水轮机主轴检修密封围带、拦污栅及闸门防冻等的用气,额定压强为 0.5～0.8MPa。

这两个系统通常分别设置。厂房内的高低压压缩空气系统均要设置,需设专用压气机室。压气机噪声大,压气机室应远离中控室,一般布置在水轮机层或安装间的下面,并满足防爆要求。储气罐一般与压气机室布置在一起,当储气罐特别大时可移至厂外。远离厂房如高压开关站、进水口的用气设备也可另设压气系统。

9.2.5 水系统

1. 供水系统

厂房供水系统提供技术用水、生活用水和消防用水。

(1) 技术用水,包括冷却及润滑用水。水轮发电机空气冷却器、推力轴承和导轴承、调速器油压装置集油箱、水冷式空气压缩机气缸、水冷式变压器等设备均需冷却水,水轮机导轴承、水轮机主轴密封处需要润滑水。技术用水中,发电机冷却用水耗水量最大,约占技术用水总量的80%。各用水部位对水质要求清洁、不含对管道堵塞的水草、泥沙及对管道破坏的化学成分。

(2) 生活用水。用水量根据运行人员人数而定。

(3) 消防用水。消防水龙头水束应能喷射到建筑物的最高部位,供水量保证有 15L/s 左右。发电机消防一般用水降温,当发电机直径大于 10m 时,在靠近发电机定子线圈处,设置上、下各半环的喷水灭火器。油处理室的消防采用耐温墙、耐火门,设事故排油槽等,采用水雾灭火,绝不允许用水柱灭火。

供水方式常用的有以下几种。

(1) 自流供水。当水头为 15～40m 时,可从水库、厂内压力钢管和水轮机顶盖等处取水;水头超过 40～50m 时,需增设减压阀以降低水压。

(2) 水泵供水。当水头低于 15m 自流水水压不足,或达到 80～90m 自流减压供水已不经济时,一般利用水泵从尾水渠取水,也可考虑利用地下水取水。应设备用水泵,并有可靠的备用水源。

(3) 自流和水泵混合供水。当水头变幅很大时,可采用此供水方式。

2. 排水系统

厂房的排水系统包括检修排水系统和渗漏排水系统。

1) 检修排水系统

机组检修时,有时需要放空蜗壳和尾水管中的水。为此先将厂房上游的进水口闸门或进水阀关闭,然后使蜗壳和压力管道内的积水先自流经尾水管排到下游,待蜗壳、尾水管中水位与下游水位相同时,再关闭尾水闸门,用水泵将余水排出。

检修排水可采用以下方式:

(1) 集水井。各尾水管与集水井之间以管道相连,并设阀门控制,尾水管的积水可自流排入集水井,再用水泵排走。

(2) 排水廊道。在厂房最低处沿纵轴线设廊道,各尾水管的积水直接排入廊道,再以水泵排走。

(3) 分段排水。在每两台机组之间设集水井和水泵,担负两台机组的检修排水。适用于容量不大的电站。

(4) 移动排水。检修某台机组时,临时移动水泵在该处进行排水。适用于容量不大的电站。

2) 渗漏排水系统

厂房内技术用水,生活用水,机组顶盖与主轴密封漏水(轴流式水轮机的顶盖与主轴密封漏水单独设泵排至下游),钢管伸缩节漏水,各部供、排水阀门和管道漏水以及厂房基础渗水等,均需要排走。渗漏水经排水管和排水沟,引到集水井,然后用渗漏排水泵排到下游。

渗漏和检修集水井可布置在安装间下层、厂房一端、尾水管之间或厂房上游侧,井底高程足够低能够自流集水。每个集水井至少设两台排水泵,水泵宜采用深井泵。渗漏集水井一台工作泵,一台备用泵,应能自动操作,集水井设置水位报警信号装置。检修集水井的两台水泵均为工作泵,可不考虑自动操作。水泵集中布置在集水井上面的水泵房内,其电动机在顶端,安装要高,防潮防淹。

两系统对于大型水电站应分开设置;对中型水电站,宜分开设置,经论证后可共用一套排水设备,但必须在两系统管路和集水井之间设止回阀、隔离阀,只允许集水井中的水通过水泵向下游排水,严防尾水倒灌水淹厂房。

9.3　主厂房平面尺寸的确定

主厂房的平面尺寸的确定,应综合考虑机组台数、水轮机过流部件、发电机及风道尺寸、起重机吊运方式、进水阀和调速器位置、厂房结构要求、主要设备的安装检修、场内交通等因素。

9.3.1　主厂房的长度

主厂房的长度 L 可以表示为

$$L = nL_0 + \Delta L + L_1 \tag{9-1}$$

式中,n 为机组台数;L_0 为一个机组段的长度;ΔL 为边机组段加长的长度;L_1 为安装间的长度。

1. 机组段长度

机组段的长度指相邻两台机组中心线之间的距离,即机组间距。它应根据各层主要设备(如发电机及其风罩、蜗壳、尾水管)的纵向尺寸,综合考虑各层的布置要求,包括机组附属设备、主要交通通道等的布置要求来确定。

以机组中心线上一点为原点建立水平平面坐标系 Oxy,x 轴沿厂房纵轴线方向并指向右岸,y 轴垂直于厂房纵轴线并指向下游,则机组段的长度 L_0 是其 $-x$ 方向的长度 L_{-x} 和 $+x$ 方向的长度 L_{+x} 之和,即

$$L_0 = L_{-x} + L_{+x} \tag{9-2}$$

L_{-x} 和 L_{+x} 分别考虑发电机层、蜗壳层和尾水管层确定,然后取其中的最大值。

考虑发电机层,如图 9-21(a)所示,两方向的机组段长度均为

$$L_{-x} = L_{+x} = \frac{\phi_3}{2} + \delta_3 + \frac{b}{2} \tag{9-3}$$

式中,ϕ_3 为发电机风罩内径;δ_3 为发电机风罩壁厚;b 为两风罩外壁净距,一般取 1.5~2.0m,如两台机组间设楼梯时取 3~4m。为了减小机组间距,最好不要将调速器、油压装置和楼梯等布置在两台机组中间。

考虑蜗壳层,如图 9-21(b)所示,两方向的机组段长度分别为

$$L_{-x} = R_1 + \delta_1, \quad L_{+x} = R_2 + \delta_2 \tag{9-4}$$

式中,δ_1 和 δ_2 为蜗壳外部混凝土厚度,至少取 0.8~1.0m,大型机组可取 1.5~2.0m。

考虑尾水管层,如图 9-21(c)所示,两方向的机组段长度分别为

$$L_{-x} = \frac{B}{2} + \delta_2 \pm d, \quad L_{+x} = \frac{B}{2} + \delta_2 \mp d \tag{9-5}$$

式中,B 为尾水管宽度;δ_2 为尾水管边墩混凝土厚度,至少取 0.8~1.0m,大型机组取 2.0m;d 为尾水管偏心距,对于对称的尾水管,$d=0$。某些情况下,尤其是低水头电站,尾水管的平面尺寸可能控制了机组段长度,此时可将尾水管做成不对称形状。

一般地,中低水头水电站的机组段的长度一般受蜗壳和尾水管的尺寸控制,高水头水电站

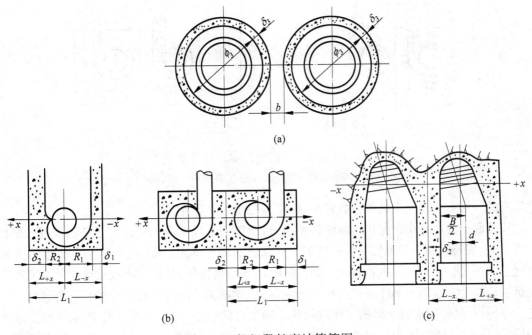

图 9-21 机组段长度计算简图
(a) 发电机层；(b) 蜗壳层；(c) 尾水管层

由于单机流量小，可能由发电机风罩尺寸及其周围附属设备的布置决定。

根据国内已建水电站资料，机组段长度 L_0 对于坝后式厂房约为 $4D_1$，对于河床式厂房为 $(3.0\sim3.8)D_1$，对于岸边引水式厂房为 $(4.4\sim4.6)D_1$，其中 D_1 为水轮机转轮直径。小容量电站机组周围由于设备布置的缘故，达到 $6D_1$ 以上。

对于隧洞引水式厂房，机组段长度应与压力管道之间的岩石厚度相适应，坝后式厂房宜与坝体分缝相协调。

2. 边机组段

一般主厂房的一端是安装间，另一端的机组称为边机组。如果安装间在主厂房的中部，则主厂房两端的机组都是边机组。由于边机组外侧有主厂房的端墙，为了使机组设备和辅助设备处于桥吊工作范围内，边机组段需要在机组段长度的基础上加长。

如果安装间在厂房的左端，则右端边机组应按桥吊吊装发电机转子的要求加长，要求机组中心线在吊钩或平衡梁（采用两台桥吊吊装时）的工作范围内，并有 0.2~0.3m 的安全距离（见图 9-22(a)）。如果安装间在厂房的右端，则左端边机组应按桥吊吊装主阀（如果有主阀）的要求加长，要求主阀中心线在吊钩的工作范围内，并有 0.2~0.3m 的安全距离（见图 9-22(b)）。

一般边机组的附加长度为

$$\Delta L = (0.1\sim 1.0)D_1 \tag{9-6}$$

安装间在厂房左端时取小值，在厂房右端时取大值。

3. 安装间长度

安装间的位置与对外交通关系密切，对外交通运输道路必须直达安装间。安装间一般设在

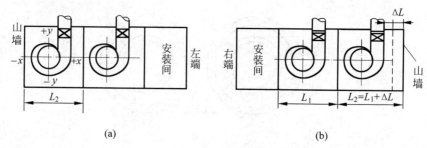

图 9-22 边机组段加长示意图
(a) 安装间在厂房左端；(b) 安装间在厂房右端

主厂房的一端或中间。当机组台数较多时，厂房两端都设安装间。

安装间应与主厂房跨度相同以便桥吊通行，所以安装间的面积就决定了它的长度。装机 6 台以下时，安装间的面积可按一台机组扩大性检修的需要确定，要求能容纳 1 台机组的主要部件，包括发电机上机架、发电机转子、水轮机顶盖、水轮机转轮，其余较小或较轻部件可堆置于发电机层地板上。这四大部件应布置在桥吊主钩的工作范围内，其中发电机转子应全部处在主钩起吊范围内，且周围应有必要的工作空间和运输工具的通行空间，如图 9-23 所示。如发电机转子周围应留 2m 的空间（用于安装磁极），发电机上机架、水轮机转轮和水轮机顶盖周围要留有 1～2m 的空间（作通道用）。

为放置发电机转子，安装间楼板相应位置留有孔口，孔径比转子主轴上的法兰盘直径大 0.5m，转子主轴伸入安装间下层的转子主轴支承台柱，台柱上设有用以固定主轴的螺栓，螺栓数与主轴法兰上孔数相符；支承台柱的高度应使主轴竖立时转子底面距安装间楼板有 0.5～0.8m，以便在磁极下放进千斤顶和垫板，如图 9-24 所示。在不进行转子装配或检修期间，孔口上应用盖板盖严。

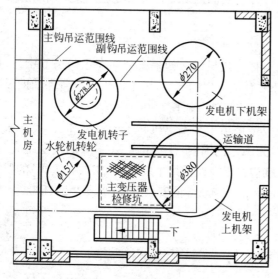

图 9-23 安装间布置图

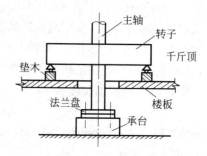

图 9-24 安装间发电机转子检修坑示意图

主变压器有时也需推入安装间检修,主变压器都较为高大,通常先沿轨道(大型水电站主厂房的安装间设有变压器轨道和铁路轨道,以便火车和变压器直接进入厂房)将主变压器推进安装间,再利用主厂房内的桥吊将变压器铁芯从铁壳内吊出。为避免增加厂房高度,在安装间需设变压器检修坑或检修孔(每侧比变压器拆去散热器后的外形大 0.25m),检修前先将主变压器整体吊入坑中,或通过检修孔吊入安装间下层,再吊出铁芯。要求铁芯吊起后离安装间楼板高度不小于 0.2m,如图 9-25(a)所示。由于变压器检修与机组检修不同时进行,检修坑或检修孔的位置可与四大部件的位置重叠。坑口平时也应用盖板盖严。如果采用钟罩式变压器,检修时只需将钟罩吊起即可,起重量和起吊高度都大为减少,变压器检修坑或检修孔也可不设,如图 9-25(b)所示。如果可以在主变压器场露天检修,也不用设置变压器检修坑或检修孔。

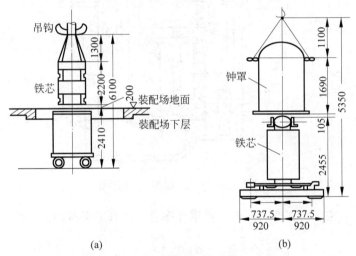

图 9-25 主变压器吊装示意图(单位:mm)
(a) 检修变压器吊出铁芯;(b) 检修钟罩式变压器吊起钟罩

安装间设有进厂大门,布置在厂房下游侧或山墙上,尺寸由运输车辆运进最大部件要求的空间而定。如通行标准轨距的火车,其宽度一般不小于 4.2m,高度不小于 5.4m;通行载重汽车的大门宽度一般不小于 3.3m,高度不小于 4.5m。有的电站主变压器需进厂检修,大门尚需根据主变压器尺寸确定。

按上述对安装间布置的要求,安装间的长度一般为

$$L_1 = (1.25 \sim 1.5) L_0 \tag{9-7}$$

对于高水头混流式水轮机和悬式发电机的电站采用偏小值,对于低水头轴流式水轮机和伞式发电机、贯流式机组采用偏大值。多机组电站的安装间面积可根据需要增大或加设副安装间。

9.3.2 主厂房的宽度

主厂房宽度 W 可分为上游侧宽度 L_{-y} 和下游侧宽度 L_{+y},如图 9-26 所示,即

$$W = L_{-y} + L_{+y} \tag{9-8}$$

L_{-y} 和 L_{+y} 分别考虑发电机层、水轮机层和蜗壳层确定,然后取其中的最大值。

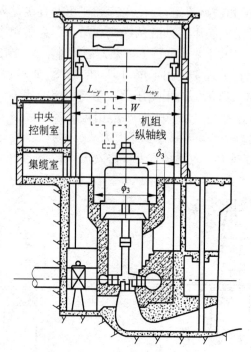

图 9-26 主厂房宽度示意图

考虑发电机层，主厂房宽度由发电机风罩外缘直径及其上下游的空间要求确定，即

$$L_{-y}=\frac{\phi_3}{2}+\delta_3+d_1, \quad L_{+y}=\frac{\phi_3}{2}+\delta_3+d_2 \tag{9-9}$$

式中，d_1 和 d_2 分别为发电机风罩外缘至上、下游墙的净距，应考虑发电机层主要交通通道、附属设备的布置、吊运方式以及运行管理方便等因素确定。

发电机层主要通道一般宽 2~3m，次要通道宽 1~2m。机旁盘前应留有 1m 宽的工作场地，盘后应有 0.8~1m 宽的检修场地。部件有不同的调运方式，从上游侧或下游侧吊运，则相应地该侧应满足吊运最大、最宽部件的要求，就应较宽些；从机组顶上吊运，对厂房宽度影响不大，但可能会增加厂房高度。

考虑水轮机层，该层布置的水轮机辅助设备如油、气、水管路等和发电机辅助设备如电流互感器、电压互感器、电缆等，一般靠墙、风罩壁布置或在顶板布置，不影响水轮机层交通，对厂房宽度影响不大。

考虑蜗壳层，厂房宽度由蜗壳尺寸和结构要求、附属设备布置以及交通等要求确定，即

$$L_{-y}=l_1+\delta_4+w, \quad L_{+y}=l_2+\delta_4 \tag{9-10}$$

式中，l_1 和 l_2 分别为蜗壳在厂房横向上游侧、下游侧的最大尺寸；δ_4 为蜗壳上、下游侧外围混凝土的结构厚度，至少取 0.8~1m，大型机组可达 2m；w 表示主阀室宽度，为方便主阀的安装和维护，当压力管道装有主阀时，其上下游应有足够的安装和维护的空间，主阀室净宽一般为 4~5m。

蜗壳层还布置有检查廊道、进人孔等，要保持交通通畅。

主厂房宽度还要满足桥吊标准跨度的要求,因此基本确定后可能需要予以适当调整,必要时也可定制所需跨度的桥吊而不必调整。

9.4 主厂房高程的确定

主厂房各个高程的确定应满足机组及附属设备布置、安装检修、结构尺寸和建筑空间的要求。

水电站主厂房的各个高程中,水轮机安装高程是控制性高程,据此向下依次可确定主阀室底板高程、尾水管底板高程、主厂房基础开挖高程等,向上依次可确定水轮机层地面高程、发电机装置高程、发电机层地面高程、吊车轨道顶部高程、天花板高程和厂房顶高程,如图 9-27 所示。

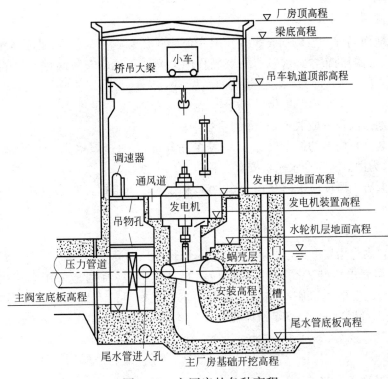

图 9-27 主厂房的各种高程

1. 主阀室底板高程

机组前压力管道上设有主阀时,为便于主阀的安装、检修和维护,主阀室不仅要有一定的平面尺寸,在高度上也有要求。一般取钢管底部至主阀室底板的高度 h_1 为 1.8~2.0m。因钢管中心线与水轮机安装高程 z_0 同高,若钢管直径为 D,则主阀室地板高程为

$$z_1 = z_0 - \frac{D}{2} - h_1 \tag{9-11}$$

2. 尾水管底板高程

对于立轴水轮机,水轮机安装高程在导叶中心线上,向下减去导叶高度 b_0 的一半,再减去导叶底部至尾水管底部的高度 h_2,即为尾水管底板高程 z_2,亦即

$$z_2 = z_0 - \frac{b_0}{2} - h_2 \tag{9-12}$$

式中 h_2 由机组安装需要确定,由制造厂提供,包括尾水管高度和尾水管顶部至导叶底部的高度。

3. 主厂房基础开挖高程

若尾水管底板混凝土厚度为 δ_5,则主厂房基础开挖高程为

$$z_3 = z_2 - \delta_5 \tag{9-13}$$

式中 δ_5 根据地基性质、电站大小和结构型式而定,在初设阶段,小型水电站或岩质基础取 $1 \sim 2m$,大中型水电站或土基取 $3 \sim 4m$。

4. 水轮机层地面高程

水轮机层地面高程一般由蜗壳尺寸及蜗壳顶部混凝土厚度决定,须保证蜗壳底部混凝土强度和设备(如接力器)的布置。水轮机安装高程向上增加蜗壳从安装高程向上的最大尺寸 ρ 和蜗壳顶部混凝土厚度 h_3,即为水轮机层地面高程 z_4,亦即

$$z_4 = z_0 + \rho + \delta_6 \tag{9-14}$$

水轮机层地面高程一般取 100mm 的整数倍。

蜗壳从安装高程向上的最大尺寸 ρ,一般在进口断面,对金属蜗壳,为其进口断面半径;对于混凝土蜗壳,为进口断面在水轮机安装高程以上的高度。

蜗壳顶部混凝土厚度应根据结构计算决定,初设阶段可根据经验采用,取 $0.8 \sim 1.0m$,大型机组可取 $2 \sim 3m$。

5. 发电机装置高程

发电机装置高程指发电机定子基础板高程,即机座顶面高程。

水轮机层至发电机装置高程的高度,应满足选定机组(特别是采用套用机组)的主轴长度要求,还应满足发电机机座的结构和布置要求。机座一般布置有进人孔,进人孔高 h_3 为 $1.8 \sim 2.0m$,孔上部厚度 h_4 应满足机座混凝土结构的强度要求,一般为 1.0m 左右。这样发电机装置高程为

$$z_5 = z_4 + h_3 + h_4 \tag{9-15}$$

6. 发电机层地面高程

发电机层地面高程一般考虑以下要求,并选用满足以下要求的最大值:

(1) 保证水轮机层中发电机出线和油气水管路布置和运行管理所需要的空间

水轮机层净高 h_5 一般不小于 $3.5 \sim 4.0m$。如果发电机层楼板与水轮机层地面之间加设出线层,则出线层底面到水轮机层地面净高也不宜小于 3.5m。因此,发电机层地面高程

$$z_6 = z_4 + h_5 \tag{9-16}$$

(2) 满足发电机布置方式和定型配套机组对高度的要求

采用发电机开敞式布置时,发电机层地面高程与发电机装置高程相同,即

第9章 水电站厂房

$$z_6 = z_4 \tag{9-17}$$

采用发电机定子埋入式布置时,发电机层地面高程为发电机装置高程加上定子高度 h_6,即

$$z_6 = z_4 + h_6 \tag{9-18}$$

采用发电机上机架埋入式布置时,发电机层地面高程为发电机装置高程加上定子高度和上机架的埋入深度 h_7,即

$$z_6 = z_4 + h_6 + h_7 \tag{9-19}$$

(3) 满足水电站厂房设计规范要求的防洪标准,保证下游设计洪水不淹厂房

大中型水电站厂房发电机层地面应高于下游设计洪水位 Z,并根据厂房等级有一定的防洪超高 ΔZ,一般为 $0.5\sim1.0\text{m}$,则

$$z_6 = Z + \Delta Z \tag{9-20}$$

为了消除洪水从发电机层进厂的威胁,除做好厂区的防洪设计外,对一般大中型水电站尽量将发电机层地面设在设计洪水的尾水位之上。有的河流,尤其是山区河流,洪水期与枯水期水位相差悬殊,也可将发电机层地面高程布置在下游设计洪水位以下。但厂房窗台下的墙体应采用混凝土防渗,沿进厂的交通道路应设防水墙,厂房大门和对外的交通口应设临时性挡水插板,或者将安装间地面高出发电机层地面(一般安装间与发电机层的地面是齐平的)并高于洪水位,仅做主机间的墙体防渗。

7. 吊车轨道顶部高程

吊车轨道顶部高程也是吊车的安装高程,其确定的原则为吊车应能在不影响其他机组运行的情况下,安全地将最大最高的吊件吊运到指定位置。在调运过程中,吊件与机组、设备、墙、柱、地面要保持一定的安全距离,一般水平净距 0.3m,垂直净距 $0.6\sim1.0\text{m}$(如采用刚性夹具,可减为 $0.25\sim0.5\text{m}$)。据此,桥吊轨顶高程

$$z_7 = z_6 + h_8 + h_9 + h_{10} + h_{11} + h_{12} \tag{9-21}$$

式中,h_8 为运送线路上最高固定设备的高度(如从机组上方通过,当发电机采用开敞式布置时,为定子加上机架的高度;采用定子埋入式布置,为上机架的高度;采用上机架埋入式布置时为0。变压器在安装间检修时也为0);h_9 为吊件与机组或设备的垂直净距;h_{10} 为最大吊件的高度;h_{11} 为吊件与吊钩间的距离,取决于吊运部件的起吊方式和挂索、卡具(见图9-28);h_{12} 为主钩最高位置(上极限位置)至轨顶面的距离。

8. 天花板高程(或屋架底高程)

天花板高程或屋架底高程,是在吊车规定高程的基础上,根据吊车尺寸、小车顶面与天花板或屋面大梁之间的距离,并考虑安装和检修吊车的需要确定的。

$$z_8 = z_7 + h_{13} + h_{14} \tag{9-22}$$

式中,h_{13} 为吊车轨顶至小车顶面的净空高度,是桥吊的主要参数;h_{14} 为小车顶与屋面大梁或屋架下弦底面的净矩,不小于 0.3m。

9. 厂房顶高程

$$z_9 = z_8 + h_{15} \tag{9-23}$$

式中,h_{15} 为屋面大梁或屋架的高度、屋面板厚度、屋面保温防水层的厚度之和。

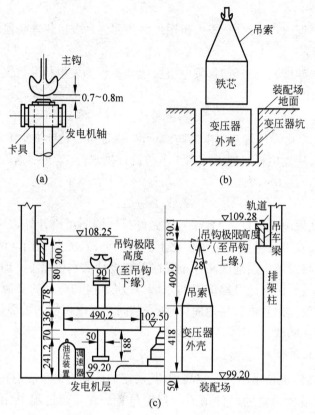

图 9-28 起吊方式及挂索、卡具(单位:高程,m;其他,cm)

9.5 厂房典型结构的结构设计

9.5.1 厂房的结构特点

1. 厂房的受力和传力

厂房的主要荷载包括:①结构自重(包括压力管道、蜗壳和尾水管中水重)、②机电设备自重、③水压力(尾水压力,基底扬压力,压力管道、蜗壳和尾水管中的水压力,永久缝内的水压力,河床式厂房的上下游水压力)、④围岩压力、⑤活荷载(吊车运输荷载、人群荷载、运输工具荷载等)、⑥温度荷载、⑦风荷载、⑧雪荷载、⑨冰荷载(严寒地区)、⑩地震荷载。

作用于厂房的各种荷载,通过各承重构件的传力途径如图 9-29 所示。

2. 厂房混凝土浇筑的分期和分块

厂房混凝土浇筑分为两期,称为一期和二期混凝土。一期混凝土包括尾水管、上下游墙、排架柱、吊车梁、部分楼板和梁等,在施工时先期浇筑,以便利用桥吊进行机组安装。二期混凝土

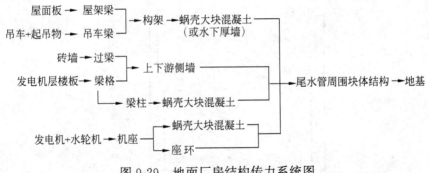

图 9-29 地面厂房结构传力系统图

是为了主机组安装和埋件需要而预留的,要等到尾水管圆锥段钢板内衬和金属蜗壳安装完毕后,再进行浇筑。二期混凝土包括蜗壳的外围混凝土、尾水管圆锥段的外包混凝土、机座、发电机风罩外壁以及与之相连的部分楼层的梁板等。

厂房混凝土体积大、形状复杂,为了便于施工和确保工程质量,每期混凝土需分块浇筑。一般从以下几方面的考虑进行浇筑分块:

(1) 分块应保证主要设备安装方便。

(2) 浇筑缝应设在构件内力最小的部位,这常与施工方便的要求有矛盾,不易做到。

(3) 分块大小应和混凝土的浇筑强度及方法相适应,力求同一层浇筑分块的几何尺寸基本一致,几何形状避免薄片或锐角,保证混凝土不发生冷缝。一般对体形复杂的构件或多钢筋的构件,混凝土震捣的强度起控制作用,而对于大体积混凝土和含钢率低的混凝土,混凝土的生产和运输能力起控制作用,在设计中应加以区别对待。

(4) 在保证质量的前提下,浇筑块尽可能分得大些,每次浇筑高些,注意最有效地利用现有设备和机械,以加速施工进度。

(5) 尽量使工作过程具有重复性,以简化施工和重复使用模板。采用跳仓浇筑,以免浇筑时扰动邻近的尚未达到足够强度的混凝土。

图 9-30 表示了厂房混凝土浇筑的分期和分块,图中Ⅰ、Ⅱ分别代表一、二期混凝土,下标序数表示浇筑的次序。

3. 厂房结构的分缝和止水

厂房结构受温度荷载产生温度应力,会导致部分结构开裂,因此需要设置缝隙,称为伸缩缝或温度缝,减小结构的尺寸,从而降低温度荷载对结构的影响。由于基础不均匀沉降,会导致墙壁和构件开裂,也需要设缝,称为沉降缝。伸缩缝有的只设在上部结构,有的则贯通至地基。沉降缝必须贯通到地基,可兼起伸缩缝作用。伸缩缝和沉降缝均属永久缝。根据施工条件设置的混凝土浇筑缝,称为施工缝,是一种临时缝。

厂房上部结构伸缩缝间距,视气候温度条件、结构型式、地基地质情况和温控措施而定;横向伸缩缝间距还取决于机组段的长度。下部结构伸缩缝间距主要与地基条件有关,岩基上一般为 20～40m,软基上可放宽到 45～50m。岩基上的大型厂房通常一个机组段设一横向伸缩缝,中小型厂房 2～3 个机组段设一横向伸缩缝,伸缩缝贯通至岩基。软基上厂房如伸缩缝间距较大,可在中间设只贯通上部结构的伸缩缝。在主机房与安装间之间、主副厂房高低跨分界处,由

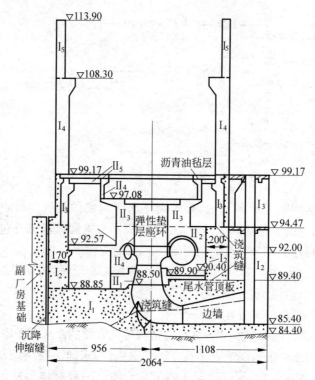

图 9-30 厂房一、二期混凝土的划分和浇筑分层（单位：高程，m；其他，cm）

于荷载悬殊,需设沉降缝。

永久缝的宽度,根据地基情况、可能发生的温度变形、缝间距的大小、厂房高度及预计不均匀沉降引起水平位移量等条件而定。缝宽一般为 1~2cm,常采用 1cm,软基上可宽些,但不超过 6cm。

为了防止厂房下部结构的永久缝被上下游水流渗入,在迎水面应设置一道止水,重要部位设两道止水,中间设沥青井,次要部位可不设沥青井。厂房下部结构的施工缝,尤其是垂直的冷缝,都应设置止水,常采用木片止水或钢片止水。

9.5.2 厂房的整体稳定和地基应力计算

水电站厂房是一种重力式结构,在施工、运行、检修期间承受各种水平力和垂直力,应核算沿基面的抗滑、抗倾和抗浮等整体稳定及地基应力。当厂房地基存在不利软弱结构面时,还应进行厂房沿软弱结构面的深层抗滑稳定计算。

1. 荷载及荷载组合

作用在厂房上的荷载有：厂房结构自重、永久设备重、回填土石重、水重、扬压力、静水压力、浪压力、泥沙压力、冰压力、地震力等。各种荷载的计算可参考相关规范。

荷载组合按照设计规范采用。例如,对河床式厂房,上游正常蓄水位和下游最低水位时的上游静水压力最大,在上游设计洪水位和下游相应水位时的基底扬压力最大,对厂房整体稳定不利。对坝后厂房和岸边厂房,下游水压力对厂房的影响很大。机组未安装时二期混凝土和机组设备重不计,检修时机组设备重不计。

2. 计算方法和要求

应分别考察中间机组段、边机组段和安装间段的稳定性和地基应力。边机组段和安装间段,还应考虑侧向水压力的作用。

厂房抗滑稳定性可按抗剪强度公式和抗剪断强度公式计算。抗剪强度计算公式为

$$K = \frac{f \sum W}{\sum P} \tag{9-24}$$

式中,K 为抗剪强度的抗滑稳定安全系数;f 为滑动面的抗剪摩擦系数;$\sum W$ 和 $\sum P$ 分别为全部荷载对滑动面的法向力和切向力。抗剪断强度计算公式为

$$K' = \frac{f' \sum W + c'A}{\sum P} \tag{9-25}$$

式中,K' 为抗剪断强度的抗滑稳定安全系数;f' 和 c' 分别为滑动面的抗剪断摩擦系数和抗剪断黏聚力;A 为基础面受压部分的计算面积。

厂房整体抗滑稳定的安全系数 K 应至少大于1,K' 应至少大于2,具体规定见设计规范。

厂房抗浮稳定性可按下式计算:

$$K_f = \frac{\sum W'}{U} \tag{9-26}$$

式中,K_f 为抗浮稳定安全系数,任何情况下都大于1.1;$\sum W'$ 为机组段的全部重量;U 为作用于机组段总的扬压力。

厂房基础面上一点的法向应力,记作 σ_z,可按下式计算:

$$\sigma_z = \frac{\sum W}{A} \pm \frac{\sum M_x y}{J_x} \pm \frac{\sum M_y x}{J_y} \tag{9-27}$$

式中,$\sum M_x$ 和 $\sum M_y$(或 J_x 和 J_y)分别为作用于考察段的全部荷载对基础面形心轴 x 和形心轴 y 的力矩(或惯性矩);x、y 分别为基础面上计算点到形心轴 y 和形心轴 x 的距离。

厂房基础面上的最大法向应力不应超过地基允许承载力,地震情况下地基允许承载力可适当提高;最小法向应力(计入扬压力),正常运行情况下都应大于0,其他情况下通常允许出现不超过0.1MPa 的拉应力。

9.5.3 发电机机墩结构设计

1. 荷载及荷载组合

机墩荷载应根据水轮发电机组的型式、结构和传力方式确定。作用在机墩上的荷载可分为以下4种。

(1) 垂直静荷载。机墩结构自重、发电机定子重、机架和附属设备重等。

(2) 垂直动荷载。发电机转子连轴重、励磁机转子重、水轮机转轮连轴重和轴向水推力。

(3) 水平动荷载。由机组转动部分质心和机组中心偏心距引起的水平离心力,通过导轴承传给机墩。水平动荷载,在正常运行时为

$$P_m = eM\omega_0^2 \qquad (9-28)$$

式中,M 为机组转动部分的质量;ω_0 为机组的额定角速度。在机组飞逸时为

$$P'_m = eM\omega_r^2 \qquad (9-29)$$

式中,ω_r 为飞逸角速度。

(4) 扭矩荷载。机组运行时转子磁场对定子磁场的引力使定子受到切向力的作用,通过定子基础板的固定螺栓传给机墩形成扭矩。机组的正常转矩为

$$T = \frac{S\cos\varphi}{\omega_0} \qquad (9-30)$$

式中,S 为发电机容量;$\cos\varphi$ 为发电机功率因数。

发电机短路时,因巨大的短路电流而产生的突然扭矩是一个冲击荷载,其值比正常扭矩大得多。短路扭矩为

$$T' = \frac{S\cos\varphi}{\omega_0 X'} \qquad (9-31)$$

式中,X' 为发电机暂态电抗,其值为 0.18~0.33Ω,由厂家提供。

机墩荷载组合按设计规范采用。

2. 圆筒式机墩的静力计算

圆筒式机墩简化为上端自由(不计发电机层楼板的刚度)、下端固定的等截面圆筒(设圆筒平均半径为 r_0)。

将作用在机墩上的每个垂直荷载,按实际作用圆周分别换算为半径为 r_0 的圆周上的垂直均布轴力和均布弯矩。设所有垂直荷载的垂直均布轴力为 P_0,均布弯矩为 M_0,如图 9-31 所示。

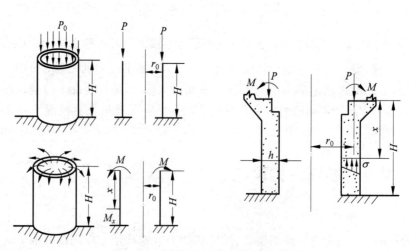

图 9-31 圆筒式机墩结构计算简图

对直接承受动荷载的结构进行静力计算时应考虑动力系数,水轮发电机组垂直、水平动荷载的动力系数 β 为 1.5~2.0,圆筒式机墩取小值,环形梁柱式、构架式机墩取大值。

当圆筒高度 $H < \pi s$,其中 $s = \sqrt{r_0 \delta}/\sqrt[4]{3(1-\mu_c^2)}$(式中,$\mu_c$ 为混凝土泊松比,δ 为圆筒壁厚),按上端自由、下端刚接的偏心受压柱考虑,此时单宽圆筒固端截面最大轴向力为 P_0,最大弯矩为 M_0。

当圆筒高度 $H \geqslant \pi s$,按无限长薄壁圆筒考虑,此时距机墩顶端 x 处截面的轴力为 P_0,弯矩 M_x 为

$$M_x = M_0 \left(\cos\frac{x}{s} + \sin\frac{x}{s} \right) \exp\left(-\frac{x}{s} \right) \tag{9-32}$$

因此,单宽机墩距其顶端为 x 处截面上的正应力为

$$\sigma_x = \frac{P_0}{F} \pm \frac{M_x y}{2I} \tag{9-33}$$

式中,F 为单宽机墩的截面积;y 为计算截面上计算点到截面中和轴的距离;I 为计算截面对其中和轴的惯性矩。

水平离心力作用下机墩水平截面的环向剪应力,在机组正常运行时为

$$\tau_{x\theta 1} = \frac{\beta P_m}{F'} \tag{9-34}$$

式中,F' 为圆环截面积。飞逸时为

$$\tau_{x\theta 2} = \frac{\beta' P'_m}{F'} \tag{9-35}$$

式中,β' 为发电机飞逸时的冲击系数,可由下式确定

$$\beta' = 2 \frac{1 + [1 - \exp(-t_1/T_a)] T_a/t_1}{1 + \exp(-0.01/T_a)} \tag{9-36}$$

式中,T_a 为发电机定子绕组时间常量,由厂家提供,一般为 0.15~0.40s;$t_1 = \pi/\omega_r$。

在扭矩作用下的环向剪应力,在机组正常运行时为

$$\tau_{x\theta 3} = \frac{\beta T r}{I_p} \tag{9-37}$$

式中,r 为计算点到圆筒中心线的距离;I_p 为圆环断面的极惯性矩。当发电机短路时为

$$\tau_{x\theta 4} = \frac{\beta T' r}{I_p} \tag{9-38}$$

按第三强度理论,机墩内、外壁的最大主拉应力均应满足下式

$$\frac{1}{2}(\sigma_x - \sqrt{\sigma_x^2 + 4\tau_{x\theta}^2}) \leqslant \frac{f_t}{K} \tag{9-39}$$

式中,f_t 为混凝土的抗拉强度;K 为混凝土抗拉强度安全系数;$\tau_{x\theta}$ 为机墩内、外壁计算点的切应力,正常运行时 $\tau_{x\theta} = \tau_{x\theta 1} + \tau_{x\theta 3}$,二相短路时 $\tau_{x\theta} = \tau_{x\theta 1} + \tau_{x\theta 4}$,飞逸时 $\tau_{x\theta} = \tau_{x\theta 2}$。

3. 圆筒式机墩的动力计算

1) 强迫振动频率计算

机组转动部分偏心引起的振动圆频率为

$$\omega_1 = \omega_0 (或 \omega_r) \tag{9-40}$$

水轮机转轮叶片与导叶叶片每重合一次，转轮周边就会出现一次不平衡力，形成一次水力冲击，由此引起的振动圆频率可按下式计算

$$\omega_2 = \frac{\omega_0 z_1 z_2}{z'} \tag{9-41}$$

式中，z_1 为导叶叶片数；z_2 为转轮叶片数；z' 为 z_1 和 z_2 的最大公约数。

2) 自振频率计算

将机墩混凝土的全部质量乘以 0.35 后移至机墩顶部，底端与蜗壳顶板连接构成一个弹性系统。在蜗壳进口断面处沿径向取单宽圆筒与单宽顶板，并以单宽顶板作为支承水平梁，梁的外端固结于蜗壳边墙，内端铰接于座环。研究此简化模型的无阻尼振动问题，可求出机墩垂直、水平及扭转自振频率。

垂直自振圆频率为

$$\omega_{01} = \pi \sqrt{\frac{g}{G_1 d_1}} \tag{9-42}$$

式中，$G_1 = \sum P_i + G_0 + G_s$，$\sum P_i$ 为机组垂直荷载，G_0 为机墩自重，G_s 为蜗壳顶板自重；d_1 为单位垂直力作用下的结构垂直变位（包括机墩压缩变位 d_p 和蜗壳顶板垂直变位 d_s），$d_1 = d_p + d_s$，其中 $d_p = H/(E_c F')$，d_s 跟蜗壳顶板尺寸、材料以及机墩在顶板上的位置有关。

水平横向自振圆频率为

$$\omega_{02} = \pi \sqrt{\frac{g}{G_2 d_2}} \tag{9-43}$$

式中，G_2 为集中在机墩顶端的当量荷载，$G_2 = \sum P_i + 0.35 G_0$；$d_2$ 为机墩顶端在单位水平力作用下的水平变位，$d_2 = H^3/(E_c I')$，其中 I' 为机墩水平截面对中和轴的惯性矩。

水平扭转自振圆频率为

$$\omega_{03} = \pi \sqrt{\frac{g}{I_\phi \phi}} \tag{9-44}$$

式中，$I_\phi = \sum P_i r_i^2 + 0.35 G_0 r_0^2$，相当于集中作用于机墩顶端的全部垂直荷载的绕轴惯性矩；ϕ 为机墩顶端在单位水平扭矩作用下的扭转角，$\phi = H/(G_c I_p)$，其中 G_c 为混凝土的剪切模量。

为避免共振，动力荷载的强迫振动频率 ω_i 不能接近机墩的自振频率 ω_{0i}，应满足 $|(\omega_{0i} - \omega_i)/\omega_{0i}| > 20\% \sim 30\%$，或者 $|(\omega_i - \omega_{0i})/\omega_i| > 20\% \sim 30\%$。

3) 振幅计算

垂直振幅用下式计算：

$$A_1 = \frac{P_1}{\dfrac{G_1}{g} \sqrt{(\omega_{01}^2 - \omega_1^2)^2 + 0.2 \omega_{01}^2 \omega_1^2}} \tag{9-45}$$

式中，P_1 为作用在机墩上的垂直振动荷载。

水平横向振幅用下式计算：

$$A_2 = \frac{P_2}{\frac{G_2}{g}\sqrt{(\omega_{02}^2-\omega_2^2)^2+0.2\omega_{02}^2\omega_2^2}} \tag{9-46}$$

式中，P_2 为作用在机墩上的水平振动荷载。

水平扭转振幅用下式计算：

$$A_3 = \frac{Tr'}{\frac{I_\phi}{g}\sqrt{(\omega_{03}^2-\omega_2^2)^2+0.2\omega_{03}^2\omega_2^2}} \tag{9-47}$$

式中，根据实际情况正常扭矩 T 也可换成短路扭矩 T'；r' 为机墩外圆半径。

机墩最大振幅要求，垂直振幅 $A_1 \leqslant 0.10\sim0.15\text{mm}$，水平振幅 $\sqrt{A_2^2+A_3^2}\leqslant 0.15\sim0.20\text{mm}$。

4) 动力系数的核算

动力系数可按下式计算：

$$\beta = \frac{1}{1-\left(\frac{\omega_i}{\omega_{0i}}\right)^2} \tag{9-48}$$

式中，ω_i 为机墩强迫振动圆频率；ω_{0i} 为机墩在相应 i 方向的自由振动圆频率。若计算出的 β 值小于 1.5，按 1.5 取值。

4. 圆筒式机墩的结构配筋

圆筒式机墩一般采用 C20 混凝土，Ⅰ级钢筋，沿圆筒圆周配置竖向钢筋、水平环向钢筋、孔口钢筋。

竖向受力钢筋按偏心受压柱计算确定，一般按构造要求配筋。竖向受力筋除受力外还起架立筋作用，直径不小于 16mm，间距不大于 30cm，沿圆筒内外各布置一层，一般沿机墩高度不予切断，与风罩的竖向钢筋应协调布置，以便连成整体钢筋骨架。

环向钢筋起固定竖向筋、抵抗温度应力、混凝土收缩应力及环向力的作用。由于机墩水平环向截面大，环向应力相对较小，一般均按构造配筋。直径不小于 12mm，间距不大于 30cm。

9.5.4 蜗壳结构设计

1. 金属蜗壳外围混凝土结构设计

1) 结构受力情况

金属蜗壳是圆形薄壁结构，承受内水压力性能好，但不宜承受外压，外荷载应全部由蜗壳外围混凝土承担。目前，常采用以下构造方法：

(1) 外压全部由外围混凝土承受，钢蜗壳则承受全部内水压力。在蜗壳上部 2/3 范围内设弹性垫层(铺 2~4 层厚 2~4cm 的沥青油毛毡或软木玛碲脂)，再浇外围混凝土，两者各自独立变形，不相互传力。如图 9-32 所示，在弹性软垫层的最低处预留排水管，排走进入垫层的水，以防弹性层内有承压水传递压力。

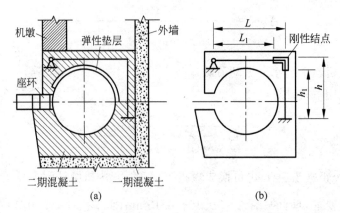

图 9-32 钢蜗壳外围混凝土结构计算简图

(2) 外围混凝土承受全部外压和部分内水压力。在浇筑外围混凝土前先临时封堵蜗壳进口及座环,并向蜗壳内充水加一定的压力,待外围混凝土浇筑 3～7 天卸除内压再浇筑蜗壳座环下面未填实部分,在混凝土凝固过程中一直保持这一压力。运行时蜗壳内水压力超过施工时所加的部分由外围混凝土及钢蜗壳共同承担。该方法使蜗壳在运行时紧贴外围混凝土,可减轻蜗壳的振动,提高蜗壳的抗疲劳性能。

2) 荷载及荷载组合

荷载包括:结构自重、机墩传来的荷载(机墩静力计算中求出的底部断面正应力假定为直线分布)、水轮机层地面活荷载、内水压力(包括水击压力)、外水压力、温度荷载。

荷载组合按设计规范采用。

3) 计算简图及内力计算

从蜗壳进口到机组轴线选择 2～3 个典型断面,将蜗壳外围混凝土结构沿径向切成单宽的平面结构,并简化成 Γ 形刚架,不考虑环向约束作用。刚架与座环连接端成铰接,蜗壳边墙底部固结于蜗壳底部或安装高程处,如图 9-32(a)所示。因一、二期混凝土之间存在施工缝,故截面厚度仅取二期混凝土厚度。

取 Γ 形刚架计算时,若杆件截面高度与跨度之比较大,如大于 1/5,应考虑剪切变形的影响。可将横梁和立柱相交处截面高度范围内的杆段取为刚性段,如图 9-32(b)所示。为简化计算,可按构件中心线长度 L 和 h 构成的 Γ 形刚架计算跨中弯矩,用净长 L_1 和 h_1 构成的 Γ 形刚架计算结点弯矩。

沿蜗壳边墙中心线切取单宽 1m 的 Γ 形刚架,如图 9-33(a)所示,在平面图中是一个扇形圆环,需将刚架上作用的荷载换算成单宽上的荷载。机墩均布荷载 q 作用于阴影区,则单宽上均布荷载 $q'=qr_1/r_2$。水轮机层楼面活荷载及单宽顶板自重,应同样地化为 1m 单宽的 Γ 形框架荷载,其荷载分布见图 9-33(b)。

根据计算简图及荷载,可用结构力学方法求出 Γ 形刚架内力。

4) 结构配筋

蜗壳除了进口断面和包角 0°断面按计算配筋外,其余部位由于断面小的地方用 Γ 形刚架计

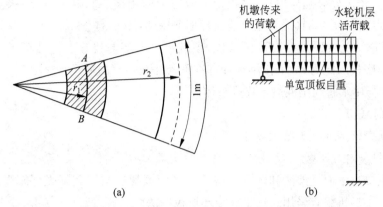

图 9-33 单宽顶板 Γ 形刚架荷载转化简图

算内力不很合理,可采用计算值的 80% 配筋或按构造配筋。蜗壳顶板按受弯构件配筋,受力筋径向辐射等间距布置,上下各一层。上层钢筋可分区按一定等差切断,但切断点应伸出边墙外周边 30 天以上。下层钢筋可沿金属蜗壳表面整环布置,两端与座环焊接。在顶板与边墙的环向配置构造钢筋及温度筋,直径不小于 10~12mm,间距不大于 20~30cm,顶板上下及边墙内外各有一层。蜗壳的边墙按偏心受压构件配筋,受力钢筋垂直向布置,分内外两层,直径不宜小于 12~16mm,间距不大于 20~30mm。

2. 钢筋混凝土蜗壳结构设计

1) 结构组成

钢筋混凝土蜗壳组成如图 9-34(a)所示。

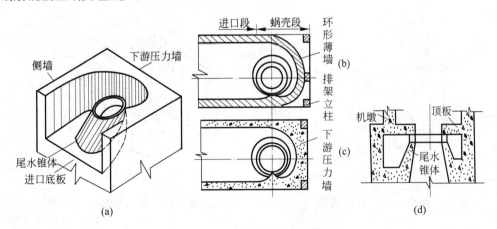

图 9-34 钢筋混凝土蜗壳构造

(1) 进口段。由顶板、边墙、底部块体结构组成。当进口段横截面跨度较大时,可在跨中设置中墩。

(2) 蜗壳段。由顶板、侧墙、下游压力墙及底部块体结构组成。顶板为螺旋形环形板,内周边为圆形,支承于水轮机座环上,外周边支承于水轮机侧墙及下游压力墙上。蜗壳侧墙为螺旋形厚壁块体墙,三个边界分别与顶板、底板及下游压力墙相接。下游压力墙一般为下游面平直的变厚度变高度墙体(图 9-34(b)),也可能为环形薄壁墙(图 9-34(c))。

(3) 尾水锥体。为变厚度变高度圆锥体,顶端水平圆环上装置水轮机座环,支承顶板内周边。顶板和蜗壳底板以此为界,下接尾水管直锥段,如图 9-34(d)所示。

(4) 底板。与尾水管周围混凝土连成整体。

2) 荷载及荷载组合

同于金属蜗壳外围混凝土结构设计。

3) 计算简图及内力计算

内力计算主要有平面框架法和环形板墙法。平面框架法与金属蜗壳外围混凝土结构的计算方法相同,中、小型机组宜采用。这里介绍环形板墙法。

(1) 顶板。螺旋形顶板作为环形板计算,或将其分成数块,每块均作为环形板的一部分计算,如图 9-35 所示。环形板外周视为固定端,内周根据机墩的型式和座环的支承情况可作为固接、铰接或悬臂。顶板荷载有自重、机墩传来的荷载、水轮机层底板传来的荷载及内水压力等。顶板的配筋按径向和环向两个方向进行,根据径向弯矩和径向力配置径向钢筋,切向弯矩配置环向钢筋。

(2) 边墙。如图 9-36 所示,根据边墙的结构特征分为若干部分,分别进行计算。ABCD 部分上、下边分别与顶板和底板连接,两侧边与相邻块体连接,可简化为四边固接的等厚矩形板进行内力计算。HFGI 部分可作为上下两边固接、上游边自由、下游边固接的等厚矩形板计算内力。HFGI 部分上游的蜗壳前室边墙可按上下端固接的竖梁考虑。右边墙计算方法相同。CDHF 部分为一块体结构,不专门进行内力分析。

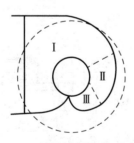

图 9-35　顶板计算分块示意图

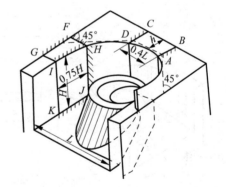

图 9-36　蜗壳墙体计算简图

当下游边墙为等厚环形薄墙时,通常将蜗壳进口断面下游边墙取为半个等厚圆柱壳进行分析,壳的高度为蜗壳进口断面的高度,直径为蜗壳前室的宽度,上下端分别固接于蜗壳的顶板和底板上,蜗壳内作用梯形分布的轴对称内水压力,边墙上还有竖直轴力。

(3) 尾水锥体。为一变厚、变高的厚壁锥形圆筒,上端水平,下端为螺旋形曲面,如图 9-37(a)所示。计算时可简化为上端自由、下端固接于尾水管弯管和边墩上的等厚等高圆筒,圆筒高度取进水口处锥体最大高度 H,厚度与直径取上、下端平均值,如图 9-37(b)所示。圆筒顶部承受水轮机座环传来的垂直荷载 P 及自重(见图 9-37(c)),圆锥体转化为正圆筒后,P 的作用点移至正圆筒中心周长处,并产生弯矩(见图 9-37(d))。圆筒环向作用有蜗壳内水压力与尾水管内水压力之差,近似按均布荷载考虑,作用于正圆筒外壁。

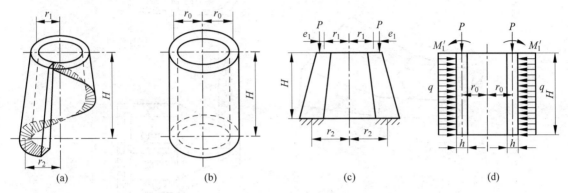

图 9-37　钢筋混凝土蜗壳尾水锥体计算简图

4) 结构配筋

钢筋混凝土蜗壳为水下混凝土的一部分,除强度计算外,还应按不允许开裂进行校核。

蜗壳边墙应配置竖向和水平钢筋,沿内外壁各布置一层。竖向筋按偏心受拉构件计算,由最大弯矩确定钢筋的直径和间距,上下保持不变。水平钢筋按构造要求配置时,可取直径 16mm,间距 30mm。

蜗壳顶板配置径向和环向钢筋,沿上下面各布置一层。径向钢筋按偏心受拉构件计算,根据顶板内缘处的要求配置钢筋的直径和间距,径向布置到边墙处,中间根据受力需要加密钢筋,在边墙处顶板径向筋的配置应与边墙的竖向钢筋协调一致。

顶板与边墙的交角处应布置斜向钢筋,其直径和间距也与顶板径向钢筋保持一致。

9.5.5　弯肘形尾水管结构设计

1. 结构组成

弯肘形尾水管由直锥管段、肘管段和扩散段三部分组成。直锥管段内衬钢板,四周为大块体混凝土,可不做结构计算,直接按构造配筋。肘管段和扩散段为顶板、底板、边墩和中墩组成的复杂结构,如图 9-38 所示。

尾水管扩散段底板有以下结构型式:

(1) 建筑在软基或破碎岩基上的尾水管底板,宜做成整体式底板。底板与边墩、中墩及肘管段浇筑成整体,形成箱型框架结构。大中型工程整体式尾水管底板厚度大多在 1m 以上。

(2) 若地基为坚硬完整的岩基,尾水管底板宜与边墩、中墩及肘管段底板用永久缝分开,整个厂房的荷载由墩子传给地基,改善底板受力条件,减少底板厚度;也可不做底板而只在岩基表面衬护抹光。当分离式底板设有可靠排水设施时,作用在底板上的浮托力可折减 40%～60%。

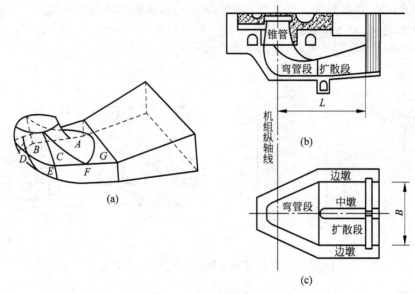

图 9-38 尾水管结构

2. 荷载及荷载组合

尾水管的荷载包括：结构自重、尾水管顶板上部的结构和设备重、内水压力、外水压力、扬压力等。

荷载组合按设计规范采用。

3. 计算简图及内力计算

将尾水管在顺水流方向切取若干单宽截面，按单宽平面结构计算内力，如图 9-39 所示。根据各剖切构件的相对刚度，分别假定按上端固定的倒框架、下端固定或铰接的框架、弹性地基上的框架进行计算。

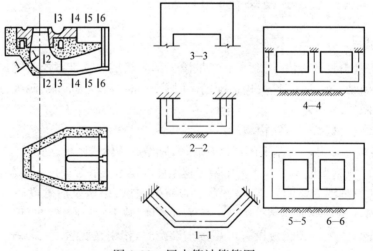

图 9-39 尾水管计算简图

在尾水管计算简图上除施加必要的荷载,还需确定由厂房与地基相互作用产生的地基反力,这可由厂房整体地基应力计算结果确定。

对整体式尾水管,可以认为,底板刚度较大时($\beta L<1$),垂直水流方向的地基反力为均匀分布,荷载分布强度为 $q=V/(2L)$,其中 V 为基础反力的合力,如图 9-40(b)实线所示;底板刚度中等($1<\beta L<3$),反力为曲线分布,一般近似地取作三角形分布,如图 9-40(b)中虚线所示;底板刚度较小($\beta L>3$),反力按三角形分布,如图 9-40(c)所示,反力的分布宽度 $a_0=1.5/\beta$,反力的最大强度 $q=V/(2a_0)$。上述特征系数 $\beta=\sqrt[4]{Kb/(4E_cI)}$,$b$ 为底板的计算宽度(取 1m),K 为岩基的弹性抗力系数,E_c 为底板混凝土的弹性模量,I 为计算宽度内底板的截面惯性矩。

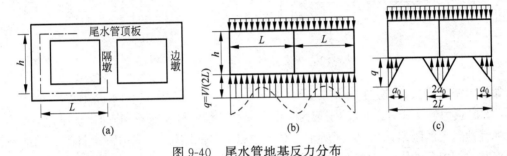

图 9-40 尾水管地基反力分布

1) 扩散段

沿水流方向切取若干单宽截面按平面框架计算。通常计算中做一些简化和假定:

(1) 框架计算跨度和计算高度,可以取截面中心轴线的距离,但尾水管框架的杆件截面尺寸较大,跨高比小,这样计算结果所用钢筋偏多,也可以取净跨和净高,后者采用较多。

(2) 由于整个厂房的地基反力是沿水流方向通过总体计算求得的,故在按单宽平面框架计算时,每一框架上的全部竖向荷载(包括自重与扬压力)与该截面地板上的地基反力之间往往不相互平衡,其差值由切取相邻截面间相互作用的剪力所平衡。此剪力以一定规律分配给中墩、边墩、顶板和底板,作为外荷载作用其上,使框架处于平衡状态。

(3) 当尾水管底板较厚,相对刚度较大时,可假定框架与底板分开计算,如图 9-41 所示。即框架墩子固定在底板上,求出传给底板的荷载(轴力和弯矩)后,再将底板按弹性地基梁计算。

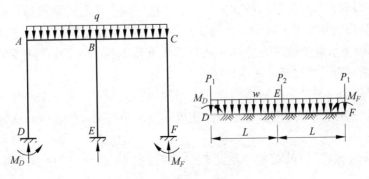

图 9-41 尾水管上部框架与底板分开计算简图

如为分离式底板(或底板很薄,或不设底板),而墩子又不挖齿槽时,则框架底端按铰接处理,如图 9-42 所示。荷载有上部结构传来的垂直荷载及自重,按平面问题用结构力学方法计算内力,尾水管底板视为独立结构。因检修时抗浮稳定所需,底板上一般设有钢筋和排水孔,底部荷载为自重和扬压力,可作为以锚筋为支点的无梁板计算。

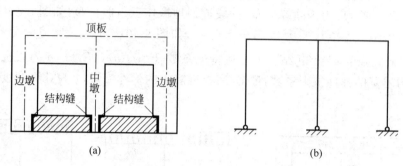

图 9-42 分离式底板尾水管计算简图

如岩石坚硬完整,在挖槽、加锚筋、回填混凝土处理后,框架底端按固定端计算。

(4) 底板为整体式时,切取的刚架为一由边墙、中墩、顶板和底板构成的闭口刚架,计算时可视为弹性地基上的刚架,如图 9-43 所示。对于左右对称的刚架,可只取一半计算。一般不计刚性结点和剪切变形的影响,按净跨作为高、宽的闭口刚架考虑。

(5) 当尾水管顶板特别厚时,不能再按平面刚架计算。尾水管跨度 L 与截面高度 h 之比 $L/h \leqslant 2.5$ 时,顶板截面内力分布完全不同于浅梁,须按深梁计算,如图 9-44 所示。

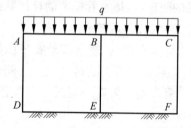

图 9-43 尾水管按弹性地基上刚架计算

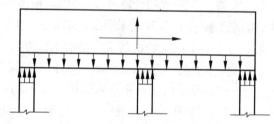

图 9-44 尾水管顶板按深梁计算

2) 弯管段

尾水管弯管段通常指中间的隔墩到锥管以下的这一段。该段的结构特点是顶板很厚,底板相对较薄,而两侧边墩在水平方向为变厚度。弯管段上部通常为块体混凝土,底板下游侧的边界条件通常是:当尾水管扩散段为分离式底板或无底板时为自由边;当扩散段用整体式底板时,则可考虑中墩对弯管段底板的简支作用。

实际上弯管段为一复杂的空间结构,精确计算其内力是很困难的,其计算简图的选取要视底板、边墩、顶板三者之间相对刚度及上下游边界的支承条件而定。在设计实践中,一般有 3 种简化方法:

(1) 当底板、边墩、顶板的结构厚度比较一致时,底板、边墩、顶板为一整体框架结构,如图 9-45(a) 所示。

(2) 当顶板厚度很大时,可按简支深梁计算内力,如图 9-45(b)所示。

(3) 当顶板比较薄,两边边墩较厚、刚度较大时,按两端固定的梁式板计算。

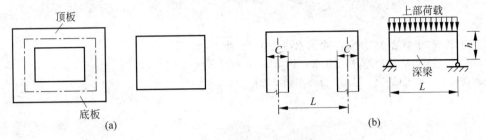

图 9-45　弯管段结构计算简图

4. 结构配筋

尾水管结构允许发生开裂,但应限制裂缝开裂宽度。

尾水管各部分尺寸较大,有的属少筋混凝土,有的仅按构造配筋以抵抗温度应力即混凝土收缩应力。受弯构件、大偏心受拉构件和大偏心受压构件的受拉钢筋配筋率不得小于 0.05%。大偏心受压构件和大偏心受拉构件的受压钢筋,若计算结果不需配置时,可不配或按构造配置适量钢筋。轴心受压或小偏心受压构件,一般能满足强度条件,可按构造配筋。在非受力方向也应布置构造钢筋。

直锥管段表面布置斜直钢筋和水平环向钢筋。

肘管段顶板顺水流方向的钢筋可沿肘管内壁均匀分布,间距与直锥管段协调,或直接由直锥管段钢筋下延。底板为双向配筋,环向为受力筋,直径及间距与侧墙钢筋互相协调。

扩散段按垂直水流和平行水流两个方向双向配筋,垂直水流方向为受力钢筋,平行水流方向为构造钢筋,一般内外壁各布置一层。

在所有结构转角处,应加设填角,布置交叉斜钢筋,直径和间距与构造钢筋一致。

习题及思考题

1. 简述水电站五大系统的组成情况。
2. 水电站厂房有哪几种布置型式?各有何优缺点?适用条件如何?
3. 地面式厂房有哪几个主要组成部分?其厂区布置应考虑哪些主要因素?
4. 水轮机层和发电机层的高程如何确定?
5. 安装间的位置如何布置?确定其尺寸和高程时应考虑哪些因素?
6. 如何正确拟定主厂房的轮廓尺寸?
7. 水电站副厂房主要有哪些用房?对其布置有何要求?
8. 确定中央控制室的位置一般应考虑哪些因素?
9. 厂房构架起什么作用?其布置有什么特点?
10. 厂房分缝的一般原则是什么?

参 考 文 献

[1] 于永海,许健. 水电站[M]. 北京：中国水利水电出版社,2008.
[2] 徐国宾,张丽,李凯. 水电站[M]. 北京：中国水利水电出版社,2012.
[3] 张丽,韩菊红. 水电站[M]. 郑州：黄河水利出版社,2009.

第 10 章　地下厂房与抽水蓄能电站

地下水电站的发展，多在 20 世纪 50 年代之后，比如北欧所建的水电站，电站的安全是驱动因素，技术的进步也进一步推动了地下水电站的发展。中国的水电资源主要分布在西南地区，这一地区的河谷地貌以高山峡谷为主，水电站在布置上以河岸引水式电站为主，且多采用地下厂房。这一方面可解决泄洪布置与厂房布置之间的矛盾，另一方面采用地下厂房，可能更为经济。事实上，现在中国的大型水电站，多属地下水电站。

抽水蓄能电站在我国有广阔的发展空间，由于普遍采用可逆式的机组即水泵-水轮机，机组的安装高程很低，因而多采用地下厂房。

10.1　地下厂房的布置及地下水电站的优缺点

10.1.1　地下厂房的布置

如果水电站所在位置是高山峡谷地区，河道相对较窄，在枢纽布置上就需要解决泄洪、排沙、供水、通航（若有）以及发电之间所存在的矛盾。河谷较窄的情况下，主河道首先要给泄洪留下空间，用来安排泄洪建筑物，于是，河床位置就不再有布置电站厂房的空间；如果采用当地材料坝的方案，厂房不可能处于坝身，处于坝后的情况也较少。针对以上两种情况，最好的布置型式就是采取河岸引水的地下厂房方案。在地质条件好的情况下，地下厂房（underground powerhouse）有很多优点，也可能比地面厂房经济。

根据厂房所在水道上的位置，地下厂房的布置方案可分为首部式、中部式以及尾部式（见图 10-1）三种。以埋藏方式划分，则有全地下式、半地下式、窑洞式。

首部式方案的电站厂房靠近水库，因而上游引水隧洞（headrace tunnel）很短，不需要设置调压室（surge chamber）。但下游尾水隧洞（tailrace tunnel）很长，在有压流的情况下，可能需要设置下游调压室；但若尾水隧洞采用明流方案，或者隧洞采用变顶高方案，则可以免去调压室，加之尾水隧洞要比上游压力隧洞造价低廉，这样可能更为经济。首部式布置方案的厂房位置较高，因而出线洞（outgoing tunnel）、通风洞（ventilation tunnel）、交通洞（traffic tunnel）的长度较短。

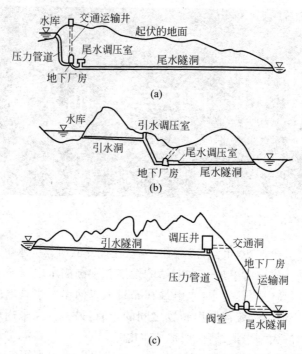

图 10-1 厂房布置的三种方式
(a) 首部式地下厂房；(b) 中部式地下厂房；(c) 尾部式地下厂房

首部式布置方式，适用于近库之处有较高的山体，有适宜建造地下厂房的条件，但山势逐渐变矮，不方便布置水平引水隧洞的情形。首部式布置方式由于厂房距离水库较近，厂房存在防渗和防潮问题。需要采取必要的工程措施。

国外的如加拿大丘吉尔瀑布水电站、葡萄牙撒拉蒙德电站等，以及国内的如构皮滩、溪洛渡、小湾、二滩等大型厂房，采用的是首部式布置方式。

中部式布置方式，适用于前半段山岭较高、后半段山岭较低，水头又相对较大的场合。前部山岭较高，厂房布置没有问题，但交通洞的布置、出线可能带来不便；尾部山势较低，又为厂房的布置带来困难。在此情况下，在山势降落之处布置斜井，施工较为方便。

尾部式布置方式，适应于沿程山体较高、水头较大的场合，沿程山体较高，便于近似水平布置引水隧洞；在水平隧洞的末端，通过设置斜井将水流引入厂房。由于管线较长，在斜井上游，通常需要布置上游调压井。之所以采取这种布置方式，主要原因在于从下游开始施工，便于布置交通洞，进场方便，出线、通风都比较容易布置；运行期进场也比较方便，便于运行管理。正因为此，在地下水电站中，采用尾部式方案的较多，据规范统计，国内已建高水头地下电站 70%以上为尾部式。如潭岭、鲁布革、锦屏二级、映秀湾水电站，均采用尾部式布置。

需要说明的是，即或沿途山势都比较高，为了协调厂房上、下游的管线长度，也可以采用中部式布置方案，原因是可能取消上下游调压井；但如果引水线路过长则往往需要设置上下游调压井。当尾水洞较短时，经论证可采用变顶高尾水洞方案替代下游调压室，如彭水电站等。

无论是首部方式、中部方式还是尾部方式,发电引水隧洞的纵剖面一般都有折线,因而有近似的水平段、压力较大的斜井段;为了照顾斜井的布置,或者为了布置调压室,必须协调地形条件,这是采用常规开敞式调压室的情形。20 世纪 70 年代以后,挪威人发明了密闭的气垫式调压室(air cushion surge chamber),它的采用为发电引水线路的布置带来了极大的方便性和灵活性。首先是线路在平面布置上的方便性,即线路的选择可以更为方便地避开地质条件不利的区域;其次,是线路纵剖面采用一坡到底的方案,坡度很小,直线隧洞比折线隧洞线路短,也方便了排水与出渣时的交通。需要注意的是,当采用气垫式调压室时,洞线就不宜再采用角度很大的折线方案(有时甚至采用 90°的竖井)。常规开敞式调压室之所以采用折线方案,是因为斜井上游的引水隧洞布置在较高的位置,可以减小调压井的挖掘深度,采用气垫式调压室时则不存在该问题。最后,采用气垫式调压室还有附带的美学效益,即不会因为采用高出地面的调压塔或修建上井公路而对地貌景观造成影响,也有生态环境效益。图 10-2 为采用气垫式调压室的发电引水剖面示意图。

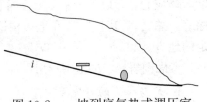

图 10-2　一坡到底气垫式调压室地下厂房方案示意图

隧洞的坡度 $i=1:10\sim1:15$,在岩石条件好的情况下,调压室与厂房之间的压力引水管道可以采用不衬砌方案,即不必采用钢衬管。所谓压力管道或高压引水管道(penstock),是相对于调压室上游的管道而言,这一段管道要承受较大的内水压力,特别是水击压力(water hammer pressure)。

10.1.2　地下厂房方案的优缺点

水电站走向地下的直接原因可归结为两个方面:一是安全的原因。水电站是重要的设施,早期因为考虑战争的因素,电站走向地下。二是从技术层面来讲,在高山峡谷地区,修建地下水电站是客观的需要。当然,洞挖及地下施工技术的进步,为水电站走向地下提供了技术支撑,也使得地下水电站具有经济上的优越性。

与地面水电站相比,采用地下厂房,具有如下的优点:可为总体布置带来方便性,可使引水线路、站址位置灵活地避开地质条件不利的区域,从而可以充分地利用有利的地形地质条件;地下厂房机组的安装高程较低,这有利于机组的抗空蚀性能;厂房位于地下,实际上属于密闭环境,不会受到下游洪水的影响;具有施工的方便性,能避开与其他建筑物之间的施工干扰;受风、雨、雪的影响很小,从而可以避开不利的气候条件,任何季节都能施工;有利于抗震,有利于人防,具有较高的安全性。

地下水电站也具有自身的缺点:如需要人工照明、通风;具有较高的防潮、防渗要求,地下水位较高时,厂房周围必须有有效的防渗(anti-seepage)、排水(drainage)措施;如果地下电站有人值守,还需要考虑工作人员所需要的环境和视觉要求;支护方面的费用较大。为了克服地下水电站这些固有缺点,就需要有相应的工程措施,相应的费用也会增加。

10.2 地下厂房设计中的围岩稳定问题

地下厂房与地面厂房相比,有其特殊性,其中最重要的为围岩(surrounding rock mass)的稳定问题。围岩的稳定,受多种因素的影响,影响围岩稳定性的主要因素有:①岩体结构;②岩体应力;③地下水;④工程因素,比如洞室大小、洞室间距、洞室形状、施工方法、开挖次序等。总之,厂房应布置在地质构造简单、岩石条件好、覆盖层厚度适宜、地下水微弱、山体稳定的地方。

考虑围岩稳定的地下厂房设计,一般按下述步骤进行。

1. 厂房位置的确定

好的厂房位置,不仅仅是安全的问题,而且要有良好的经济效益,在确保厂房安全的条件下,要同水力学上调压室的设置条件一起考虑,避免隧洞过长,并尽可能地取消调压室,比如,将厂房设成中部开发式,上下游的隧洞长度都会减小,这样,有可能不设调压室。下面的内容,主要从岩石和结构方面考虑。

首先是洞线上部的岩石厚度,厂房设计规范中的原则是"上覆岩体厚度适宜",这样就要采用经验类比法参阅相近岩石条件下的已有工程经验,该方法在地下工程的建设中非常重要。覆盖层太薄,岩层节理间的正应力小,难以形成稳定的承载拱,规范规定,厂房上部的岩体厚度一般不小于最大跨度的 2 倍;覆盖层太厚,地应力又过大,也是不利的。一般来说,顶拱(heading arch)上边的完好岩石厚度要大于 5m,也存在厚度高达数百米的情况。

其次,在地应力方面,洞线位置应当避开应力过高的区域。水平地应力一般与河谷的深度、河岸坡度的倾角有关。当河谷深度大于 500m,河岸坡角大于 25°时,如果河岸内没有卸荷带的存在,在垂直河谷方向会有过大的地应力存在,这不但不利于洞室的稳定,还可能存在岩爆现象。

最后是岩体质量状况。地下厂房的位置,要尽量避开地质条件的不利区域,包括断层、泥化夹层、破碎带等软弱构造带。陡倾角的弱面,如果与边墙平行,则对边墙的稳定不利;缓倾角的弱面,则对顶拱的稳定不利。

总之,要根据厂房的高度与跨度,根据岩石状况与应力状况,综合确定厂房的位置。见图 10-3。

另外还需要注意,厂房及附属洞室洞口的位置,除了尽量避开地质条件不利的区域之外,还要避开雾化区。

2. 厂房主洞室纵轴方向的确定

厂房主洞室长轴方向的确定需要考虑两方面的因素:一是构造弱面,二是应力。

构造弱面包括断层(fault)、节理(joint)、裂隙(fissure)、层面(layer)等,要使纵轴与主构造带呈较大的夹角,同时考虑次要弱面的影响。比如,将长轴布置在两组主弱面的分角线上,但不要与可能存在的第三、第四组次要弱面平行,或其他次要的弱面。此外还要特别注意节理裂隙中的摩擦性质。

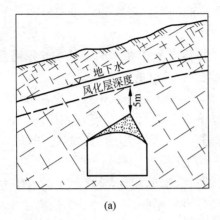 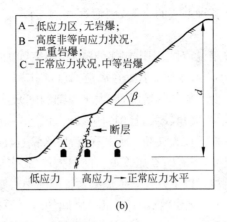

图 10-3 地下厂房位置的确定

(a) 浅埋洞室洞顶最小覆盖厚度；(b) 有断层带的陡谷边坡中地下洞室应力状况（陡谷边适宜布置地下洞室的地区）

在应力方面，对于高应力区，应使厂房纵轴与大主应力的投影呈现较小的夹角，这样有利于洞室稳定。但也要注意，平行于大主压应力、或中间主压应力的洞壁常会出现岩爆与剥落现象，要尽可能地减少与之平行的洞壁。若岩层呈层状，且主压应力方向与层状面方向相接近，则厂房轴线与这些弱面的交角一般不要小于35°。图 10-4 是一个示例。

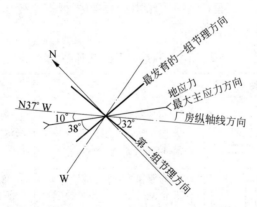

图 10-4 厂房纵轴与地应力关系示例

3. 洞型与尺寸

应当通过优化布置和优化机电设备的选型，来压缩地下洞室的规模，减小隧洞的尺寸，选择合理的洞型。压缩洞室规模，不仅与经济性相关，更为关键的是，洞室规模与洞室的安全稳定关系密切，特别是洞室的跨度，宁可增加厂房的长度，不要增加厂房的跨度。

围岩较坚固完整且地应力不大时，宜采用直墙曲顶拱的型式，底部根据尾水管的形状予以开挖。在岩体较差、水平地应力较大的情况下，侧边墙可以做成曲线形状，整个断面近似为卵型。为使得受力条件良好，洞室的轮廓宜避免突变和锐角，尽量避免应力集中。

4. 洞室间距

地下主厂房为地下洞室空间结构的核心，从空间安全角度考虑，希望洞室间的距离大一些，但从布置设备、便于管理的角度讲，希望洞室布置得紧凑些。另外，各种洞室也可能与厂房洞室之间存在各种型式的交叉,因而存在洞室间安全距离的问题。要区分周边相邻和上下相邻的情况。

一般来说,对于周边相邻的隧洞,洞室间的岩柱厚度要大于相邻洞室平均开挖跨度的1.0倍,不得小于0.5倍;若处在高应力区,则应大于大洞开挖跨度的1.5倍。

对于上下相邻的情况,应大于下部洞室开挖跨度的1倍。洞室水平投影的夹角对于洞室稳定有影响,当夹角较大,且围岩坚硬时,可适当减少岩柱的厚度,但要进行详细论证。洞室相交,轴线间宜采用较大夹角;压力管道、尾水管、母线廊道,一般都与主厂房正交,这样,可以避免加大洞口尺寸,但有时高压管道斜向引入厂房,可以减小厂房跨度。

需要注意以下几点:一是压力管道的中心距要超过3倍的洞径,确保承受内水压力时管道的安全;二是尾水管(draft tube)之间的岩柱厚度要尽可能厚些,因为此处为应力集中部位,受力情况复杂;三是尾水管的形状可设计为窄高的型式,扁平的尾水管多为地面厂房所采用,但不利于地下厂房受力。窄高的尾水管可能效率还高些,可与水轮机厂家协调,因为尾水管属于水轮机部件。

5. 主要洞室的布局

所谓主要洞室,是指主厂房(main powerhouse chamber)、主变压器室(main transformer chamber),以及调压室这三大洞室。垂直于纵剖面,一般是三大洞室并列地布置。这三大洞室的布置为洞室群布置的核心,常起着制约的作用。表10-1根据主变压器位置的不同,总结了几种布置的优缺点,可供设计单位参考。

表10-1 洞室布置的几种型式

方案	主变压器位置	简 图	优 点	缺 点
一	位于主厂房与尾水调压室之间		①布置紧凑,运行维护方便;②主厂房与主变压器分开布置,可减轻事故的危害程度	主厂房与尾水调压室间距压缩余地较小,否则不利于洞室围岩稳定
二	位于主厂房上游侧		①布置紧凑,运行维护方便;②可减轻事故的危害程度;③可缩短尾水管长度	①在厂房和压力斜井间布置主变压器室及防渗排水系统难度大;②厂房围岩稳定相对较差
三	位于主厂房内		①母线最短,电能损耗小;②运行管理方便;③可缩短尾水管长度	①主变压器靠近机组,失火爆炸危害程度较大;②主厂房尺寸增大,工程量增大
四	位于主厂房与尾水调压室之上,呈品字形		①可缩短主厂房与尾水调研室间距,缩短尾水管长度;②可减轻事故的危害程度	①运行、维护不方便;②母线较长,增加投资,电能损耗大,通风散热问题复杂;③起吊设备、通风设备以及运输通道增加

主变压器室与开关站的关系,存在三种情况:①二者均位于地下,这种布置方式紧凑,便于管理,省去了较长的母线,也省去了出线(母线)竖井的开挖,但可能导致主洞室尺寸的增大。随着高压配电装置的发展,将二者均放置于地下的方案是一种发展趋势,目前国内不少大型电站

(包括抽水蓄能电站)都采取了这种方式,如溪洛渡、拉西瓦、锦屏一级、锦屏二级、天荒坪、鲁布革、十三陵、东风等水电站;②主变压器室放于地下,开关站放置于地面,这是最多的一种情况,典型的如构皮滩、小浪底、二滩、瀑布沟等水电站;③主变压器室和开关站均布置于地面,这是浅埋厂房的一种型式,典型的如彭水水电站。主变压器或开关站布置于地面时,应注意泄洪雾化的影响,这与地面厂房是一样的。

10.3 缩小地下厂房空间尺寸的主要措施

对于地面厂房,要设法降低厂房的高度;对地下厂房而言,不但要设法降低厂房的高度,也要设法减小厂房的跨度,这不仅仅是经济问题,厂房的跨度与高度还对厂房的稳定性有着重要的影响。下面几条途径,是缩小地下厂房尺寸的主要措施。

(1) 采用喷锚支护,取消厚重的顶拱与混凝土墙。目前,由于新奥法的推行,地下工程施工中已经广泛使用喷锚支护。即或是局部碰到地质条件差的岩石,可通过局部措施予以加固。在岩石条件非常好的情况下,边墙甚至可以采用裸露的方案,完全不用衬砌(lining)。

(2) 采用岩锚式吊车梁(rock-bolted crane girder),或者悬挂在钢筋混凝土顶拱拱座上的悬挂式吊车梁。现在新修的地下水电站,已经很少采用墙、柱式吊车梁,这样至少可以缩减排架柱的宽度。

(3) 选择性能优越的机组及附属设备。主要指机组、吊车和一次电器设备。新型伞式发电机的轴长较短,可减小厂房的高度;有的吊车尺寸很小,可以降低厂房高度,需要进行市场调查。两个桥吊共同抬起机组,也可减小厂房的高度;采用六氟化硫密闭式组合电器,可大大减小高压开关站所需的场地,或者将高压开关站设于地面,这种情况居多。其他有可能影响厂房尺寸的设备也尽可能选用性能优越、尺寸较小的设备,如选择窄高的尾水管。

(4) 采用副厂房(auxiliary powerhouse)放置在一端的布置方案。这种方案虽然需要加长主厂房的长度,但可缩小厂房的跨度,对厂房稳定很有好处,但不便于运行管理。

(5) 压力管道斜向进厂,如鲁布革、广蓄、东风、二滩、水布垭等电站。

(6) 其他方面的措施,如不设防潮墙,减小蜗壳外围混凝土厚度,改进机墩结构,优化结构设计等;凡能布置到地面的设备尽量不要放在地下。

10.4 地下厂房其他方面的特殊事项

地下厂房比之于地面厂房,有其特殊性的要求,主要表现在通风、防潮、照明、安全通道等方面。要满足电站运行环境的要求。

地下厂房的通风是非常重要的一环,通风防潮涉及机组的安全运行,潮湿的空气不及时排除,会影响到电器、机械设备的耐久性,引起锈蚀,使设备失灵。通风和工作人员的舒适度和健康有关,因此风流组织要科学合理,不留死角,风速合理,使得空气的舒适度、温度、湿度都在合理的范围之内。一般风速要小于1m/s,温度低于30°,相对湿度小于70%。通风设计所遵循的主要原则为：必须设置专门的通风洞，此外，交通洞、出线井、无压隧洞、主厂房顶棚，都可用作为通风的通道；要与消防设计相协调；通风机要远离主副厂房，避免噪声污染；设置在尾水调压室的通风洞洞口要有可靠的安全措施，要避免受到调压室内水体振荡的影响。

注意蓄电池室应有专门的通风系统，以免酸性气体腐蚀其他设备。

主厂房、主变压器室及高压开关站的防潮问题与防渗、排水问题应结合起来一起考虑，应根据工程地质、水文地质以及工程布置予以确定。一般满足下述要求：在水源区一侧，包括水库、河床或地下水丰富地区，加强防渗与排水，具体的工程措施可以沿洞室群与厂房顶部设置防渗帷幕与排水洞，并在排水洞内设置排水帷幕，形成厂外排水系统；如果自流排水不能满足要求，则应设置抽排设施。

要特别注意，地下厂房安全出口的设置，要至少有两个安全出口通至地面，这在规范中是特别予以强调的。

地下洞室群非常复杂，在防火、逃生等方面要特别引起注意。挪威在地下厂房的大门上都要设置单向小门，即或大门锁闭，处于室内侧的人员，在任何情况下，不使用任何设备都可以推开小门向厂外方向走，但单向门不能够再走回去，而在地面上画有由颜色标记的安全导引线（比如绿线），沿着这条安全线往外走，任何情况下都可以获得新鲜空气，安全走出地面。另外，主交通线路上应当标识距离出口的距离，比如以 50m 为间隔。

10.5 地下水电站的结构设计

地下水电站的结构设计，主要内容包括围岩的稳定分析、支护设计、顶棚及吊车梁设计等内容。

无论是进行稳定性分析，还是进行支护设计，其依赖的基础参数是最为重要的，应根据地质勘察、现场和室内试验成果、工程类比等综合分析研究确定。根据规范的规定：洞室围岩稳定性应根据岩体地质构造、岩石力学性质、围岩分类、地应力大小与方向、地下水影响、洞室群布置及施工等因素，采用地质分析、工程类比结合数值分析做出评价。地下厂房洞室围岩支护设计应以工程类比为主，结合数值分析，根据施工期围岩监测成果进行动态设计。规范建议的数值方法为有限元法，有限元法在我国地下工程实践中应用得最为广泛。

10.5.1 支护设计

地下洞室开挖之后，一般都要适时支护。如果不加以支护，并不意味着洞室就会立即坍塌，但随着应力松弛、裂隙贯通、局部塌落等现象出现，可能出现局部失稳现象，甚至影响较大范围的稳定性，因而适时支护是必要的。

所谓"适时支护"，就是支护的时机要恰到好处。从图 10-5 中可以看出，支护过早，支护结构就要承受很大的"形变压力"，将是不经济的；支护过迟，围岩会过度松弛而导致失稳，将是不安全的。一般说来，稳定性较好的围岩可以在开挖完一段时间之后再做支护；稳定性差的，为防止塌滑，在开挖后应及时支护。

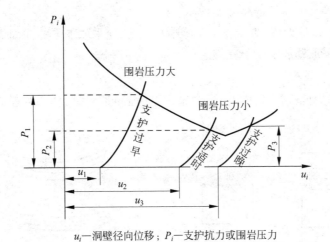

u_i—洞壁径向位移；P_i—支护抗力或围岩压力

图 10-5　洞壁位移与支护抗力关系图

围岩支护型式可分为三类：柔性支护(flexible support)、刚性支护(rigid support)和组合支护(combined support)。刚性支护是指沿洞壁浇筑一层厚重的钢筋混凝土，这种支护的设计思想是将围岩完全作为荷载考虑的，而没有围岩自承的概念，刚性支护是最早采用的支护方式；柔性支护指由喷混凝土(shotcrete)、钢筋网、锚杆(包括预应力锚杆)、锚索(anchor rope)和钢筋拱肋等中的一种或几种组合而成的具有一定柔性的支护，柔性支护是支护方式的新发展。

自然界有稳定的天然岩洞，现代地下工程理论和工程实践均证明，围岩是有自承能力的，地下工程建设中要充分发挥围岩的自承能力。要做到这一点，就要尽量减少对围岩的扰动。为此，可采取预裂爆破(presplitting blasting)、光面爆破(smooth blasting)的措施，减少炸药的用量，以减轻对围岩的爆破；爆破之后要适时支护，尽可能地维持住围岩的相对完整性。在地下工程理论中，有所谓的关键块体理论，该理论认为，维持住关键块体的稳定，就可以保持住围岩的稳定，这就进一步说明了保持围岩相对稳定性的重要性。

采用柔性支护之后，就可以省去厚重的刚性支护。有的柔性支护内侧再做一层钢筋混凝土衬砌形成组合式衬砌，主要是出于以下三点考虑：①满足水力学上的要求而减小糙率；②增加安全储备；③在心理上为人增加一份安全感。现在主要采取的支护方式为柔性支护，但刚性支护并没有被抛弃。刚性支护是将围岩作为荷载来考虑的，而没有考虑围岩的自承能力，在岩石条件好时，这种支护理论上是有缺陷的，但岩石如果破碎程度大，刚性支护理论是合适的。

1. 支护设计的原则及相关注意事项

(1) 支护设计应遵循"以柔性支护为主、刚性支护为辅；系统支护为主，局部加强为辅，并与随机支护相结合"的原则。

(2) 对软弱破碎，节理裂隙密集发育的场合，在单独使用柔性支护难以满足稳定要求时，宜结合刚性支护形成组合支护，或者采用刚性支护。

(3) 在围岩Ⅳ～Ⅴ类围岩宜采用钢筋混凝土衬砌型式的刚性支护或组合式支护。

(4) 对特殊地质条件洞段或部位，可采用固结灌浆、混凝土置换等超前支护措施。

(5) 在洞口段，一般埋深浅，岩体破碎风化严重；在隧洞交叉部位，存在应力不平衡区，这样的场合应选用刚度较大的钢筋混凝土支护。

(6) 在地下水丰富的地段,难以直接实施喷混凝土,应采取加强的锚固支护;在采取有效的止水、排水的同时,采取钢筋混凝土支护。

2. 喷锚支护的模型及设计

常用的喷锚支护模型有悬吊模型、组合梁模型、锚固锥模型、锚固拱模型等,各种模型的示意图见图10-6。

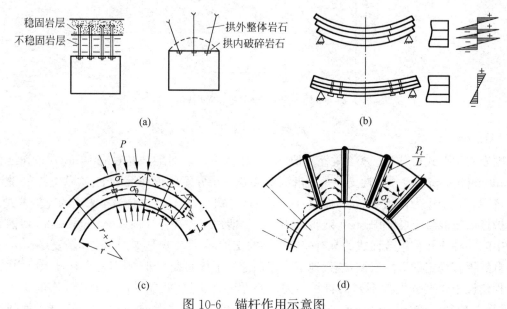

图 10-6 锚杆作用示意图
(a)悬吊模型;(b)组合梁模型;(c)锚固锥模型;(d)锚固拱模型

喷混凝土具有加强岩石表面的完整性,封闭已经张开的节理裂隙、断层破碎带,防止围岩状况进一步恶化,防止剥落掉块的作用,是保证施工期安全的一种快速施工方法。喷混凝土与锚杆(anchor bar)联合作用,可使得洞室周围的岩石尽快形成封闭的承载环,从而保证洞室的安全。

图10-7是喷混凝土的计算模型,是新奥法的创始人之一——拉布西维兹(L. V. Rabcewicz)教授首先提出的。他提出喷混凝土层的剪切破坏理论,即认为围岩破坏型式为洞周两侧的锥形剪切体,喷混凝土因为剪切体的移动而破坏。根据支护力与变形压力之间相互平衡的条件,可以得出计算喷混凝土的厚度公式为

$$t = \frac{P_t h_1 \sin\alpha_1}{2\tau}$$

$$\alpha_1 = 45° - \frac{\varphi}{2}$$

(10-1)

公式中各符号的意义见图10-7。

喷锚支护参数可根据经验类比法和岩石分类予以选择。经验类比法在地下工程中是非常重要的方法;岩石分类与支护设计除依照我国的规范外,也可参阅挪威的 Q 方法,可参阅相关

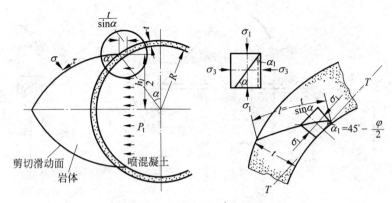

图 10-7 喷混凝土计算模型

的技术文献。

3. 钢筋混凝土支护的结构型式及设计

钢筋混凝土结构刚性支护共有三类型式：①顶拱钢筋混凝土肋拱衬砌；②顶拱全封闭钢筋混凝土衬砌，边墙不衬砌或薄层混凝土衬砌；③洞室全断面钢筋混凝土衬砌。可根据初期支护和围岩情况选择。

刚性支护的厚度，需要根据受力计算确定，并满足构造要求和施工方法。围岩压力与围岩条件、洞室埋深、洞室断面形状与大小、施工方法及支护情况等因素有关。对于薄层及松散围岩，按式(10-2)和式(10-3)分别计算垂直方向和水平方向的受力，并根据实际情况予以修正。

竖直方向：
$$q_v = (0.20 \sim 0.30)\gamma_R B \tag{10-2}$$

水平方向：
$$q_h = (0.05 \sim 0.10)\gamma_R H \tag{10-3}$$

式中，q_v 为竖直均布围岩压力，kN/m^2；q_h 为水平均布围岩压力，kN/m^2；γ_R 为岩体重度，kN/m^3；B 为洞室开挖宽度，m；H 为洞室开挖高度，m。

10.5.2 岩锚吊车梁与顶棚

前边已经叙述过，地下厂房可以采用常规的墙、柱结构与吊车梁，这与地面厂房没有差别，但为了缩小厂房的宽度，根据情况可以选用岩锚吊车梁，或者悬挂在钢筋混凝土顶拱拱座上的悬挂式吊车梁。采用这两种型式的吊车梁时，厂房就缩减了排架柱所占有的宽度。图 10-8 为地下水电站中不同型式的吊车梁：图(a)悬挂式；图(b)岩台式；图(c)、(d)岩壁式，虽然同为岩壁式，但锚固方法不同。

在地下工程中，岩锚吊车梁现在应用得很普遍，是成熟的技术。采用岩锚吊车梁时，需要有良好的岩石条件，一般要求洞室围岩为Ⅲ类及以上，如果局部地段的岩石条件不能满足要求，可通过置换的方法，将不符合要求的岩石置换为钢筋混凝土，如水布垭水电站地下厂房就采取了这种方法。

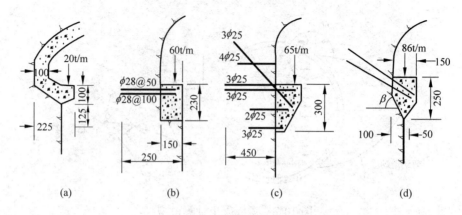

图 10-8　不同型式的吊车梁

岩锚吊车梁分两种：岩壁吊车梁和岩台吊车梁。为保证岩锚吊车梁的安全，在洞室开挖施工时，要进行施工方法设计，严格控制炸药用量，选择合理的爆破方法及参数，严格控制超欠挖，以保证岩壁（台）的成型。岩锚式吊车梁应进行专门的监测设计，对重要的或大吨位岩锚式吊车梁应进行现场承载试验。

无论是岩台式吊车梁，还是岩壁式吊车梁，都要特别重视岩台下的悬空区域，即重视下层洞室（比如交通洞、母线洞等）开挖对吊车梁基础的影响，并采取相应的结构措施。

岩壁式吊车梁因为没有较宽的岩台支撑体，吊车梁的安全性充分依赖于锚固的质量，因此，应当要特别引起重视，规范对此予以特别的规定：其受拉锚杆入岩深度应穿过围岩爆破松弛区，锚入稳定岩体内的锚固长度可按计算和工程类比确定，并不小于该部位系统锚杆的深度。受拉锚杆既可采用普通砂浆锚杆，也可采用预应力锚杆。当采用普通砂浆锚杆时，应充分考虑下部开挖时围岩变形对锚杆受力的不利影响，预留足够的安全余度或补强措施；当采用预应力锚杆时，可采用部分预应力（prestressing）或完全预应力结构，并应满足可进行二次张拉要求。受拉锚杆宜全部进行无损检测，检查其注浆密实度。

地下厂房顶部宜设置顶棚。地下厂房与地面厂房不同，不需要做承重的屋顶，顶棚为轻型结构，可支撑在边墙拱座处，也可悬挂在顶拱围岩上，不需要专门的立柱支撑。顶棚设计应结合通风、防潮、防水、照明及装饰的需要综合考虑，并预留上人的通道。

10.6　抽水蓄能电站

10.6.1　抽水蓄能的概念及发展历程

抽水蓄能电站（pumped storage powerstation）是以水为储能介质，在电力负荷低谷期抽水储能，再于负荷高峰期放水发电的一种水电站，因此，电站有抽水与发电两种运行工况，所装机组也兼具有抽水和发电的功能。对电力系统来讲，具有储能、调峰、填谷、调频、调相、事故备用、改善电能质量等多种功能，是现代电网系统中不可或缺的一类电站。从能量守恒的角度看，抽水蓄能施行了能量的转换,因而,抽水蓄能电站没有净的电力输出,但峰电和谷电的价值是不一样的。目前我国电力系统中的抽水蓄能容量还偏低。

现代电力系统的容量很大,因而峰谷差巨大,如何将负荷低谷期多余的电能储存起来,是一个非常重要的问题。储能分为物理储能和化学储能,无论哪种储能型式,以放电功率和放电时间来衡量,抽水蓄能为目前唯一一种能够进行大容量能量储存的成熟技术。

1882 年,世界第一座抽水蓄能电站建成于瑞士,1968 年我国第一座抽水蓄能电站于河北岗南投入运行,初期仅装有一台装机容量 11MW 的机组,水头 28~64m。1975 年,密云又装设两台 11MW 的抽水蓄能机组。我国抽水蓄能电站的大规模发展始于 20 世纪 90 年代,截至 2021 年底,我国抽水蓄能电站装机 36GW。

由于新能源的开发利用,电力系统中对抽水蓄能容量提出了新的要求,如核电站一般平稳运行,不具有调峰的能力,因而需要抽水蓄能予以配合,典型的如广州抽水蓄能电站配合大亚湾核电站运行;再如光伏发电、风电都属于间歇性的电力,电力品质不好,也需要抽水蓄能的配合,表 10-2 为我国不同地区为配合风电的发展而计划兴建的抽水蓄能容量。鉴于我国光伏发电、风电的发展步伐很快,尤其是风电,其装机容量已多年跃居世界第一,为配合新能源的发展,在相当长的一段时间内,我国抽水蓄能都将保持较快的发展步伐。

表 10-2 2020 年我国不同地区抽水蓄能电站规划表

地 区	抽水蓄能装机/MW	消纳风能/MW	占系统有效装机的比例/%
东北电网合计	11 800	44 000	9.57
华北电网合计	21 870	41 000	6.06
华东电网合计	26 470	40 300	7.19
华中电网合计	15 990	24 250	6.01
西北电网合计	6800	32 400	4.69
广东	12 080	2400	7.19
海南	1200	640	13.19
西藏电网	90	10	—

注:表中数据引自《中国水力发电科学技术发展报告(2012 年版)》。

早期的抽水蓄能电站装设两套机组,一组用于抽水,一组用于发电;后来出现了三机式机组,即一根轴上装设有发电电动机(generator-motor)、水泵(pump)和水轮机(turbine);随着科学技术的进步,20 世纪 60 年代出现了可逆式机组,即一套水力机械可实现水泵和水轮机两种工况,现在一般称之为水泵水轮机(pump-turbine),加上发电电动机,为二机可逆式,是现代抽水蓄能的主要机组。

10.6.2 抽水蓄能电站的主要分类型式及特点

抽水蓄能电站的建筑物布置型式比较简单,典型的布置方案是具有上库(上池)、下库(下池)、水力系统以及厂房,管线较长时需要设置调压井,如图 10-9 所示。

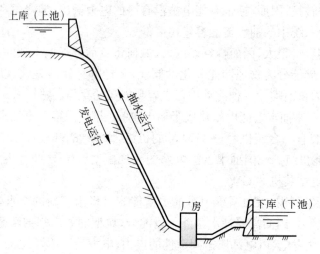

图 10-9　抽水蓄能电站建筑物布置示意图

抽水蓄能电站有不同的分类方式，下面叙述最常用的类别。

1. 按有无天然径流分类

（1）纯抽水蓄能电站(pure pumped storage power station)。这种电站是专门为电网修建的电站，没有天然径流或只有很少的天然径流。由于抽水蓄能的工作过程本身并不耗水，所以只要水源能够补充蒸发与渗漏即可。这类电站是典型的为电力系统配置的电站，一般不担任常规任务，其主要的职能是担任调峰填谷的任务，以及作为事故备用。鉴于这类电站对水源的要求不高，容量一般可以装设大一些，因而电站选址灵活。纯抽水蓄能电站应建设在距离负荷中心较近的地方。广州抽水蓄能电站、天荒坪抽水蓄能电站都属于纯抽水蓄能电站。

这类抽水蓄能电站一般需要专门修建上库(池)、下库(池)。

（2）混合式抽水蓄能电站(mixed pumped storage power station)。这种电站是在常规的水电站上加设抽水蓄能机组的水电站，通常修建在天然河流上。在丰水期，可由常规机组及蓄能机组共同发电，但在枯水季节，则可由蓄能机组抽水，然后由常规机组及蓄能机组共同发电，如潘家口电站。

对于混合式抽水蓄能电站，上水库(池)及其他各类水工建筑物已经存在，因而这类电站在投资上是节省的，但作为电源点，可能就不是理想之地，因为，常规的水电站一般不在负荷中心附近。

需要说明的是，抽水蓄能本身只是一种概念，只要符合这个概念，就是抽水蓄能的方式，因而，如果来流受到限制，可以只加抽水泵站，利用常规机组发电，这就完成了抽水蓄能的任务，总之，要灵活地理解抽水蓄能的意义。也可以利用梯级电站装设抽水蓄能机组，即利用上一级水库作为抽水蓄能的上库(池)，下一级梯级作为下库(池)，这样，完全不必为抽水蓄能专门修建上库(池)或下库(池)，以节约工程投资，如白山抽水蓄能电站。

为了进一步延拓抽水蓄能的概念，可关注跨流域调水。目前跨流域调水工程增多，有的跨流域调水工程是可以装设发电机组的，如澳大利亚的雪山调水工程。将甲流域一侧的水抽调到流域乙,在流域乙一侧可以灵活地装设电站按调峰方式运行,这也是抽水蓄能。将来的南水北调西线工程,抽水完全可以在负荷低谷期运行,而发电在峰荷(peak load)期输出,这就在西南、西北两大地域范围内实行了抽水蓄能,对电网系统是极为有利的。此外,西南的光伏资源非常丰富,大容量的光伏电站完全可与抽水蓄能结合起来,也是消耗光伏电力的有效途径。

2. 按厂房的类型分类

抽水蓄能电站的厂房有地下式、半地下式以及地面式。

(1) 地下式。这是最常见的一种类型。抽水蓄能机组因有抽水运行的工况,要求有较大的负吸出高度,因而机组常常比下库的最低运行水位低出很多,特别是对于高水头、大容量的抽水蓄能电站,采用地下厂房方案几乎是唯一的选择。十三陵抽水蓄能电站、天荒坪抽水蓄能电站都是这种情况。

(2) 半地下式。这是一种较为特殊的情况,如果安装高程比下池最低运行水位低得有限,且不具有修建地下厂房的条件,可采用半地下式方案,以避免完全地面厂房方案所带来的开挖量过大,以及水下混凝土方量过大等问题。可在接近下池的地方寻找合适的位置,在基岩中开挖深槽,将厂房的一部分嵌固在基岩中,一部分出露,形成半地下式厂房。我国宁波溪口抽水蓄能电站就是这种型式。如果半地下式厂房埋入水下较深,要注意厂房四周的水压力问题,采取改善应力条件的措施。

(3) 地面式。如果安装高程(setting elevation)比下池最低运行水位低得不多,也可以采用地面厂房方案,但此时可能带来另一问题,即最高运行水位会高于发电机层楼板高程,为使发电机层高于下游最高水位,就需要增加发电机轴长。

对于混合式抽水蓄能电站来说,必须面对这样的问题:蓄能机组的安装高程要低于常规机组。如何将两种类型的机组放在一个主厂房内,有以下两种做法:

一是将发电机层设计的不一样高。比如密云抽水蓄能机组的吸出高度(suction height)为$-3.5m$,而常规机组的吸出高度为$+1.0m$,二者很难统一,最后蓄能机组所定出的楼板高程为$95.4m$,常规机组的高程为$99.2m$。当然这种做法的条件是二者不能相差太大。

二是改变机组的容量,将常规机组的容量定得大一些,将蓄能机组的容量定得小一些。机组的容量与其部件尺寸是相关的,而所需要的吸出高度与机组转轮直径成比例,也就是说,机组的容量小,所需要的吸出高度的负值小,尾水管底板的高程也相应地高一些,而常规机组的吸出高度高于蓄能机组,这样,两种机组尾水管的高程可以尽量接近。潘家口电站常规机组容量150MW,蓄能机组容量90MW,尽管二者的发电机层楼板高程不一致,但尾水管底板高程是接近的。当然,最好通过调整机组容量,结合改变机组轴长,实现将发电机层布置在同一高程,这样会带来诸多便利。

3. 抽水蓄能电站的主要特点

前已述及,抽水蓄能电站的水工建筑物在布置上与有压引水式电站类似,但有其特点。

(1) 安装高程低。原因在于需要满足低水位时抽水的要求,要满足吸出高度的要求以避免空蚀,这种情况下,机组安装高程必然很低,这也是为什么抽水蓄能电站多为地下电站的原因。

(2) 水流为双向流动。在抽水与发电两种工况下,输水流道是统一的,因而流道内水流是双向状态,这对中间的管段没什么影响,但对进水口、出水口的体型要求较高,即在正反两种流向情况下的水头损失都要小,因而体型曲线必须合理。如果体型曲线变化过快,那么出流状态流线是扩散的,这样水流就有脱离边界的趋势,容易出现负压,可能导致空蚀(cavitation erosion)现象的发生。与此相关联,流道中的渐变段较常规水电站长。

(3) 过渡过程复杂。除了具有与常规水电站相同的过渡过程(hydraulic transient)外,还存在两种工况间的快速切换问题,比如装设水泵水轮机的蓄能电站,在水泵工况下由于突然断电而转换为水轮机工况,此种情况下的导叶(guide vane)应当提早动作,否则有可能导致飞逸转速的发生;再比如,机组处于发电工况,因系统的要求,要转换为抽水方式运行,由于工况转换所要求的时间短,故而过渡过程非常复杂。无论是哪种工况转换,都是在短时间内完成的,比如在2~3min之内,因而所涉及的转速变化和水击压力的大小有可能是控制值,必须引起重视。

(4) 进出水口都需要设置拦污栅(trash rack)。常规水电站只有进口设置拦污栅,但蓄能电站的下池出口也是进口,下池内也有污物产生,因而也需设置拦污栅。拦污栅存在流激振动问题,因此过栅流速要满足规范要求,一般小于1m/s。较小的过栅流速也是减小水头损失的要求。曾有蓄能电站下池拦污栅破坏的事故,如美国托姆索可蓄能电站,应引以注意。

(5) 水位变幅大、变化迅速。为了提高抽水蓄能的效率,一般希望有较高的水头,比如500~600m的水头,水头高,所需要的上、下池的容积就可相应地减小,以降低投资。水头高,库岸与库底所承受的渗透压力就大,因而蓄能电站的防渗是个大问题,十三陵和天荒坪抽水蓄能电站上池的整个库岸与池底全部由防渗钢筋混凝土和沥青砖衬砌起来,且在衬砌之下设计了排水系统,以减小渗透压力。大多蓄能电站都是依据日负荷曲线运行的,也就是说,一天之内水位要经历由最高到最低的变化,且变化迅速,在这种情况下,必须要求挡水坝与库岸能够保持稳定,这比常规的水库要求高得多。

(6) 机组的运行及电器设备复杂。蓄能机组从静态启动,以抽水方式运行,此时所要求的扭矩很大。为减小扭矩,可利用压缩空气将转轮室、蜗壳(spiral case)、尾水管中的水压出去,这样就需要一套压气设备(有调相任务的常规机组也需要这样一套设备,以压低尾水管中的水位);即或是这样,启动电流仍然很大,这就需要一套启动装置;另外,有时为了使水泵工况下机组能在高效区工作,所采用的转速要高于发电工况,也就要求能够自动改变磁极对数,这样电气设备就会变得复杂。上述情况,所需要的辅助设备要比常规水电站多,因而需要较大的空间布置这些设备。

习题及思考题

1. 按厂房所在水道的位置,地下水电站厂房可分为哪几种布置方式?简要说明各布置方式的适用范围。
2. 气垫式调压室的采用可为发电引水线路的布置带来方便性和灵活性,主要体现在哪些方面?

3. 简要叙述地下水电站洞室布置的几种型式及它们的优缺点。
4. 缩小地下厂房尺寸的主要途径有哪些？
5. 试分析几种锚固模型各适用于哪种地质情况？
6. 简要说明抽水蓄能电站厂房的布置类型及布置原则。
7. 相对于常规水电站而言，抽水蓄能电站有哪些主要特点？

参 考 文 献

[1] 王树人,董毓新.水电站建筑物[M].北京:清华大学出版社,1992.
[2] 中华人民共和国水利部.SL 266—2014.水电站厂房设计规范[S].北京:中国水利水电出版社,2014.
[3] 国家能源局.NB/T 35090—2016.水电站地下厂房设计规范[S].北京:中国电力出版社,2016.
[4] 谷兆祺,彭守拙,李仲奎.地下洞室工程[M].北京:清华大学出版社,1994.
[5] 李仲奎,马吉明,张明.水力发电建筑物[M].北京:清华大学出版社,2007.
[6] 杨述仁,周文铎.地下水电站厂房设计[M].北京:水利电力出版社,1993.
[7] 李协生.地下水电站建设[M].北京:水利电力出版社,1993.
[8] GOODMAN R E,SHI G H. Block Theory and Its Application to Rock Engineering[M]. N. J.：Prentice-Hall,Englewood Cliffs,1985.
[9] 陆佑楣,潘家铮.抽水蓄能电站[M].北京:水利电力出版社,1992.
[10] 梅祖彦.抽水蓄能发电技术[M].北京:机械工业出版社,2000.
[11] 中国水力发电工程学会,中国水电工程顾问集团公司,中国水利水电建设集团公司.中国水力发电科学技术发展报告(2012年版)[M].北京:中国电力出版社,2013.
[12] 邱彬如.世界抽水蓄能电站新发展[M].北京:中国电力出版社,2005.

附录　专业英语词汇

acting head	有效水头	capacity	装机容量
adjoining rock	围岩	cavitation coefficient	空蚀系数
air cushion surge chamber	气垫式调压室	central control room	中央控制室
air hole, air-breather, bleeder hole	通气孔	channel and tunnel	渠道和隧道
alcove, concave bank	凹岸	characteristic equation	特征方程
anchor line, anchorage cable	锚索	characteristic line	特征线
anchor rod, anchorage bar	锚杆	closing law	关闭规律
anchorage block	镇墩	collar beam	圈梁
angle of widening	扩散角	column	立柱
anti-seepage	防渗	conduit under pressure	有压管道
anti-sliding piles	抗滑桩	consolidation grouting	固结灌浆
approach channel	引水渠	contact grouting	接触灌浆
aqueduct	渡槽	continues beam	连续梁
automatic regulation channel	自动调节渠道	continuity equation	连续性方程
auxiliary power house, auxiliary room	副厂房	conventional hydropower station	常规水电站
		convex bank	凸岸
backfill grouting	回填灌浆	covers of generator	机盖
barrier pier	隔墩	crane	起重机
base load	基荷	crane beam	吊车梁
base rock	基岩	curtain	帷幕
battery charging room	充电机室	damping	阻尼
beam on elastic foundation	弹性地基梁	deep beam	深梁
bearing and pedestal	轴承和轴承座	deformation	变形
bell mouth, flare opening	喇叭口	degree of vacuum	真空度
bending moment	弯矩	deposit, sedimentation	淤积
bent	排架	difference equation	差分方程
bifurcated, branch pipe	岔管	direct water hammer	直接水击
blade	叶片	dolomite	白云岩
bottom board, plate, bed	底板	draft fan, ventilator	通风机
boundary condition	边界条件	drain hole	排水孔
branch tunnel, adit	支洞	draught tube, tail pipe	尾水管
bridge crane	桥式起重机	draught/suction height	吸出高度
bulb turbine	灯泡式水轮机	economical velocity of flow	经济流速
Bulkhead	闷头	egg-shaped cross section	卵形断面
buried/covered penstock	地下压力管道	elastic foundation	弹性地基
butterfly valve	蝴蝶阀	elastic resistance	弹性抗力
cable room constitution	电缆室	elbow tube section	肘管段
cantilever beam	悬臂梁	electric hydraulic governor	电气液压调速器

emergency spillway	非常溢洪道	hydraulic turbine, turbine	水轮机
erection bay	安装间	hydraulic turbine-generator unit	水轮发电机组
excavation	开挖	hydroelectric power station	水电站
exciter panel	励磁盘	hydrogenerator	水轮发电机
exciter, exciting dynamo, magnetizing exciter	励磁机	hydrostatic head	静水头
		ice pressure	冰压力
expansion and contraction joint	伸缩缝	impulse/Pelton turbine	冲击式水轮机
exposed penstock	地面压力管道	inclined flow turbine	斜流式水轮机
fault	断层	indirect water hammer	间接水击
filling valve	充水阀	installation elevation	安装高程
fissure, crack, fracture	裂隙	insulating oil	绝缘油
fixed-blade turbine	定桨式水轮机	intake	进水口
flat valve	平板阀	intake tower	进水塔
flexible support	柔性支护	intake water way	引水道
flood gate	泄洪闸	inverted siphon	倒虹吸管
fluid transient	瞬变流	joint	节理
flushing gate, wash-out gate	冲沙闸	Kaplan turbine, axial-flow/parallel-flow turbine	轴流式水轮机
flywheel moment	飞轮力矩		
forebay	前池	kinetic energy	动能
foundation	基础	lagging time	迟滞时间
Francis/mixed-flow turbine, rad-ialaxial flow turbine	混流式水轮机	laying-out	敷设
		limestone, calcareous rock, chalkstone	石灰岩
free flow channel	明渠	linear closure	直线关闭
free intake	无压进水口	lining	衬砌
free-flow tunnel	无压隧洞	load	荷载
full load	满负荷	lower pond	下池
gallery	廊道	low-head hydroelectric plant	低水头电站
gantry crane, trestle crane	门式起重机	machine-repairing department	机修车间
gate groove	闸门槽	main hook of crane	吊车主钩
generator	发电机	main power house	主厂房
generator floor	发电机层	main transformer	主变压器
geological condition	地质条件	manhole	进人孔
geomorphologic map	地貌图	mass concrete	大体积混凝土
governing system	调速系统	mass oscillation	水体振荡
granite	花岗岩	mechanical hydraulic governor	机械液压调速器
ground elevation	地面高程	metallic spiral case	金属蜗壳
grouting	灌浆	moment	力矩
guaranteed conditions for regulation	调节保证条件	moment of inertia	惯性矩
guide blade, wicket gate, guide vane	导水叶	multi-span beam	多跨梁
head loss	水头损失	needle gate	针阀
heading arch	顶拱	no-load running	空转
headstock gear	启闭机	nominal output	额定出力
high pressure conduit	高压管道	normal pool level	正常蓄水位
hydraulic devices	油压装置	normal tailwater elevation	正常尾水位

oil laboratory	油化验室	pumped storage hydro plant	抽水蓄能电站
oil pressure installation/device	油压装置	radial gate	弧形闸门
operation cabinet	操作柜	rated head	额定水头
orifice	孔口	rated speed	额定转速
outdoor transformer station	露天变电站	reaction turbine	反击式水轮机
outgoing tunnel	出线洞	regulating pond	调节池
output	出力	reinforced concrete spiral casing	钢筋混凝土蜗壳
overflow weir	溢流堰	rejection of load	弃荷
panel in machine hall	机旁盘	relay protection	继电保护
partial differential equation	偏微分方程	reservoir	水库
peak load, peak demand	峰荷	resistance to friction	摩擦阻力
Pelton turbine	冲击式水轮机	reversible pum-pturbine	可逆式水轮机
pendulum bearing	摇摆支座	rigid support	刚性支护
penstock on down-stream dam surface	坝后背管	rising shaft, shaft, vertical shaft	竖井
		roller support	滚动支座
penstock within dam; penstock embedded in dam	坝内埋管	rotor of generator	发电机转子
		roughness	糙率
penstock, pressure conduit	压力水管	runaway speed	飞逸转速
period of undulation	波动周期	runner	转轮
permissible velocity	允许流速	saddle bearing	鞍形支座
phase	相	sand basin	沉沙池
pier-shaped power house	闸墩式厂房	sandstone	沙岩
pipe in series	串联管	scoop-type turbine	水斗式水轮机
plane of weakness	软弱结构面	scroll case, spiral case	蜗壳
plant structure	厂房结构	secondary electric equipment	二次电气设备
plate-welded spiral case; sheet-metal casing	钢板焊接蜗壳	secondary surge chamber	副调压室
		sectional drawing	剖面图
potential energy	势能	sediment	泥沙
power house above ground, surface power house	地面电站厂房	sediment flushing	排沙
		servomotor	接力器
power house at the toe of the dam	坝后式厂房	setting height	安装高程
power house in river channel	河床式厂房	settlement joint	沉降缝
power station at the toe of the dam	坝后式水电站	shale	页岩
power station complex	厂区枢纽	shape of Horseshoe, U-shaped	马蹄形
power station in river channel	河床式水电站	shear strength, shearing strength	抗剪强度
powerhouse	厂房	side pier	边墩
power-house within the dam	坝内式厂房	side weir	侧堰
pressure conduit, penstock	压力钢管	siphon	虹吸
pressure energy	压能	sliding support	滑动支座
pressure relief valve	减压阀	specific speed	比转速
pressure tunnel	压力隧洞	speed governor /regulator	调速器
prestressing, prestressing force	预应力	spherical valve	球阀
pump house	水泵室	spiracle	通风口
pump turbine	水泵水轮机	spiral case	蜗壳

stability against sliding	抗滑稳定性	training wall	导水墙
stator	定子	trash rack	拦污栅
steel lining, plate-steel liner	钢衬	trash rack	拦污栅
steel penstock	压力钢管	truss	桁架
stiffening ring	刚性环	T-shaped beam	T形梁
stop log	叠梁	tubular type, injection type	贯流式
straight cone section of the tailrace pipe	尾水管直锥段	tunnel	隧洞
		turbine bearing(pit)	机墩(坑)
structure design	结构设计	turbine floor	水轮机层
sub-grade reaction	地基反力	turbine oil	透平油
suction head	吸出高度	umbrella type hydrogenerator	伞式水轮发电机
sump	集水井	underground powerhouse at head	首部式地下厂房
supporting pier, rest pier	支墩	underground powerhouse at middle	中部式地下厂房
supporting ring	支承环	underground powerhouse at rear	尾部式地下厂房
supporting/stay ring	座环	undulation	波动
surface penstock	露天压力管道	unit	机组
surge	涌浪	unit capacity	机组容量
surge amplitude	涌浪振幅	upper pond	上池
surge chamber, surge tank	调压井	valve	阀门
surrounding rock; adjoining rock	围岩	vent duct, wind tunnel, air duct	风道
suspended type hydrogenerator	悬式水轮发电机	ventilation	通风
switch yard	露天开关站	ventilation tunnel	通风洞
switchgear room	开关室	volute; spiral case	蜗壳
tailrace water level	尾水位	water hammer	水击
tailrace water way	尾水道	water head	水头
tailwater elevation	尾水位	water level	水位
the surrounding rock mass of tunnels	洞周围岩	water power resources, hydropower resources	水能资源
through flow/tubular turbine	贯流式水轮机	water system	供水系统
tidal power station	潮汐电站	water-hammer wave	水击波
topography	地形	wave equation	波动方程
torsion moment	扭矩	wave speed, wave velocity	波速
track curve	弯道	wave trough	波谷
track elevation	轨顶高程	weathering	风化
traffic tunnel	交通洞	wedge	楔形体